新世纪高职高专化工类课程规划教材
国家示范性高职院校项目建设成果

仪器分析技术

YIQI FENXI JISHU

新世纪高职高专教材编审委员会 组编

主编 薛 婷 郭洪强
副主编 杨秋菊 刘晓瑞 申万意
主审 杨百梅

大连理工大学出版社
DALIAN UNIVERSITY OF TECHNOLOGY PRESS

图书在版编目(CIP)数据

仪器分析技术 / 薛婷,郭洪强主编. — 大连：大
连理工大学出版社,2011.7
新世纪高职高专化工类课程规划教材
ISBN 978-7-5611-6332-0

Ⅰ. ①仪… Ⅱ. ①薛… ②郭… Ⅲ. ①仪器分析－高
等职业教育－教材 Ⅳ. ①O657

中国版本图书馆 CIP 数据核字(2011)第 135571 号

大连理工大学出版社出版
地址：大连市软件园路 80 号　邮政编码：116023
发行：0411-84708842　邮购：0411-84703636　传真：0411-84701466
E-mail：dutp@dutp.cn　URL：http://www.dutp.cn
大连美跃彩色印刷有限公司印刷　　大连理工大学出版社发行

幅面尺寸：185mm×260mm　　印张：15.5　　字数：358 千字
印数：1～2000
2011 年 7 月第 1 版　　2011 年 7 月第 1 次印刷

责任编辑：陈　畅　　　　　　　　责任校对：焉晓明
封面设计：张　莹

ISBN 978-7-5611-6332-0　　　　定　价：30.00 元

总 序

我们已经进入了一个新的充满机遇与挑战的时代,我们已经跨入了 21 世纪的门槛。

20 世纪与 21 世纪之交的中国,高等教育体制正经历着一场缓慢而深刻的革命,我们正在对传统的普通高等教育的培养目标与社会发展的现实需要不相适应的现状作历史性的反思与变革的尝试。

20 世纪最后的几年里,高等职业教育的迅速崛起,是影响高等教育体制变革的一件大事。在短短的几年时间里,普通中专教育、普通高专教育全面转轨,以高等职业教育为主导的各种形式的培养应用型人才的教育发展到与普通高等教育等量齐观的地步,其来势之迅猛,发人深思。

无论是正在缓慢变革着的普通高等教育,还是迅速推进着的培养应用型人才的高职教育,都向我们提出了一个同样的严肃问题:中国的高等教育为谁服务,是为教育发展自身,还是为包括教育在内的大千社会? 答案肯定而且唯一,那就是教育也置身其中的现实社会。

由此又引发出高等教育的目的问题。既然教育必须服务于社会,它就必须按照不同领域的社会需要来完成自己的教育过程。换言之,教育资源必须按照社会划分的各个专业(行业)领域(岗位群)的需要实施配置,这就是我们长期以来明乎其理而疏于力行的学以致用问题,这就是我们长期以来未能给予足够关注的教育目的问题。

众所周知,整个社会由其发展所需要的不同部门构成,包括公共管理部门如国家机构、基础建设部门如教育研究机构和各种实业部门如工业部门、商业部门,等等。每一个部门又可作更为具体的划分,直至同它所需要的各种专门人才相对应。教育如果不能按照实际需要完成各种专门人才培养的目标,就不能很好地完成社会分工所赋予它的使命,而教育作为社会分工的一种独立存在就应受到质疑(在市场经济条件下尤其如此)。可以断言,按照社会的各种不同需要培养各种直接有用人才,是教育体制变革的终极目的。

新世纪

随着教育体制变革的进一步深入,高等院校的设置是否会同社会对人才类型的不同需要一一对应,我们姑且不论。但高等教育走应用型人才培养的道路和走研究型(也是一种特殊应用)人才培养的道路,学生们根据自己的偏好各取所需,始终是一个理性运行的社会状态下高等教育正常发展的途径。

高等职业教育的崛起,既是高等教育体制变革的结果,也是高等教育体制变革的一个阶段性表征。它的进一步发展,必将极大地推进中国教育体制变革的进程。作为一种应用型人才培养的教育,它从专科层次起步,进而应用本科教育、应用硕士教育、应用博士教育……当应用型人才培养的渠道贯通之时,也许就是我们迎接中国教育体制变革的成功之日。从这一意义上说,高等职业教育的崛起,正是在为必然会取得最后成功的教育体制变革奠基。

高等职业教育还刚刚开始自己发展道路的探索过程,它要全面达到应用型人才培养的正常理性发展状态,直至可以和现存的(同时也正处在变革分化过程中的)研究型人才培养的教育并驾齐驱,还需要假以时日;还需要政府教育主管部门的大力推进,需要人才需求市场的进一步完善发育,尤其需要高职教学单位及其直接相关部门肯于做长期的坚忍不拔的努力。新世纪高职高专教材编审委员会就是由全国100余所高职高专院校和出版单位组成的旨在以推动高职高专教材建设来推进高等职业教育这一变革过程的联盟共同体。

在宏观层面上,这个联盟始终会以推动高职高专教材的特色建设为己任,始终会从高职高专教学单位实际教学需要出发,以其对高职教育发展的前瞻性的总体把握,以其纵览全国高职高专教材市场需求的广阔视野,以其创新的理念与创新的运作模式,通过不断深化的教材建设过程,总结高职高专教学成果,探索高职高专教材建设规律。

在微观层面上,我们将充分依托众多高职高专院校联盟的互补优势和丰裕的人才资源优势,从每一个专业领域、每一种教材入手,突破传统的片面追求理论体系严整性的意识限制,努力凸现高职教育职业能力培养的本质特征,在不断构建特色教材建设体系的过程中,逐步形成自己的品牌优势。

新世纪高职高专教材编审委员会在推进高职高专教材建设事业的过程中,始终得到了各级教育主管部门以及各相关院校相关部门的热忱支持和积极参与,对此我们谨致深深谢意,也希望一切关注、参与高职教育发展的同道朋友,在共同推动高职教育发展、进而推动高等教育体制变革的进程中,和我们携手并肩,共同担负起这一具有开拓性挑战意义的历史重任。

新世纪高职高专教材编审委员会

2001 年 8 月 18 日

前　言

　　《仪器分析技术》是新世纪高职高专教材编审委员会组编的化工类课程规划教材之一。

　　仪器分析技术是生化类工业分析与检验专业的专业核心课程之一。随着现代科学技术的迅猛发展,仪器分析技术被广泛应用于社会生产的方方面面。仪器分析中的各种方法和技术,与现代科学技术的发展互相渗透、互相促进,特别是伴随着微电子学和计算机科学的迅速发展,仪器分析技术已经成为分析化学的主要组成部分。

　　本教材按被分析对象的化学性质分为两大模块:无机产品分析示例和有机产品分析示例。无机产品分析示例模块选取了离子膜烧碱生产工艺流程的部分原料、辅助试剂,分析其主成分或杂质(涉及使用仪器分析方法进行分析的成分)含量;有机产品分析示例模块选取了药物头孢拉定和PVC产品进行分析。同时为了让读者更全面掌握某种分析方法,有些分析任务中还增加了附加任务。本教材具有如下编写特点:

　　1.本教材以工业生产项目为载体,以产品检测任务为驱动,依据分析工职业标准确定职业能力,根据高职教育课程改革与建设的要求,进行课程内容安排与调整,从而改变了传统学科体系课程教学与评价方式,充分体现了工业分析与检验专业高等职业教育人才培养规格和要求。

　　2.本教材涉及的分析方法包括电位分析法、紫外-可见分光光度法、原子吸收分光光度法、气相色谱法、高效液相色谱法、红外分光光度法,以实践教学为先导,边做边讲展开教学,将理论知识讲解渗透在实践训练过程中。

　　本教材由淄博职业学院薛婷、淄博职业学院郭洪强任主编,淄博职业学院杨秋菊、银川科技职业学院刘晓瑞、山东丝绸纺织职业学院申万意任副主编。项目一由郭洪强编写,项目二由薛婷、杨秋菊编写,项目三由薛婷编写,项目四由刘晓瑞、申万意编写,仪器使用手册(附录)由薛婷编写,全书由薛婷、郭洪强统稿。淄博职业学院杨百梅教授审阅了全部书稿并提出宝贵意见,在此表示诚挚谢意。

新世纪

本教材在编写过程中得到了中国石化公司齐鲁分公司氯碱厂、山东大成农药股份有限公司、山东新华制药股份有限公司等多家企业技术专家的大力支持和帮助,并参阅了有关文献资料,在此一并表示感谢。

由于编者水平有限,书中难免有疏漏和不当之处,敬请各位专家和读者批评指正。

所有意见和建议请发往:dutpgz@163.com
欢迎访问我们的网站:http://www.dutpgz.cn
联系电话:0411-84707492 84706104

编　者

2011 年 7 月

目　录

绪　论

分析化学是化学表征与测量的科学,也是研究分析方法的科学。它可向人们提供物质的结构信息和物质的化学组成、含量等信息。

通常,分析化学包括化学分析和仪器分析两大部分。化学分析是指利用化学反应以及化学计量关系来确定被测物质含量的一类分析方法,测定时使用化学试剂、天平以及玻璃器皿如滴定管、吸量管、烧杯、漏斗、坩埚等。化学分析是经典的非仪器分析方法,主要用于物质的常量测定。仪器分析是根据物质的物理和化学等性质来获得物质的组成、含量、结构以及相关的信息。仪器分析测量时使用各种类型的价格较贵的特殊分析仪器,具有灵敏、简便、快速而且易于实现自动化等特点。仪器分析的应用范围比化学分析广泛,已成为分析化学的重要组成部分。

一、仪器分析概述

1. 仪器分析的定义

所谓仪器分析是指那些采用比较复杂或特殊的仪器,通过测量表征物质的某些物理的或物理化学的性质参数及其变化规律来确定物质的化学组成、状态及结构的方法。

2. 仪器分析与化学分析的联系

(1)仪器分析是在化学分析的基础上发展起来的,其不少原理都涉及化学分析的基本理论。

(2)仪器分析离不开化学分析,其不少过程需应用到化学分析的理论。

3. 仪器分析与化学分析的区别(表1)

表1　　　　　　　　　　　仪器分析与化学分析的区别

	化学分析	仪器分析
从原理看	根据化学反应及计量关系	根据物质的物理或物理化学性质、参数及变化规律
从仪器看	主要为简单玻璃仪器	较复杂、特殊的仪器
从操作看	多为手工操作、较繁琐	多为开动仪器开关、操作简单,易实现自动化
从试样看	样量多、破坏性分析	样量少、有的为非破坏性分析,可进行现场或在线分析
从应用看	常量分析、定性、定量	微量、痕量的组分分析,状态、结构等分析

4. 仪器分析的特点

(1)灵敏度高,检测限低,比较适合于微量、痕量和超痕量的分析。

(2)选择性好,许多仪器分析方法可以通过选择或调整测定的条件,不经分离而同时测定混合的组分。

(3)操作简便,分析速度快,易于实现自动化和智能化。

(4)应用范围广,不但可以作组分及含量的分析,在状态、结构分析上也有广泛的应用。

(5)多数仪器分析的相对误差比较大,不适于作常量和高含量组分的测定。

（6）仪器分析所用的仪器价格较高，有的很昂贵，仪器的工作条件要求较高。

5. 仪器分析的分类

习惯上，仪器分析分为：电化学分析法、色谱法、光学分析法和其他方法。

电化学分析法是以物质在溶液或电极上的电化学性质为基础建立起来的分析方法，包括电位分析法、电流滴定法、库仑分析法、伏安法、极谱分析法以及电导分析法等。

色谱法是根据混合物中不同物质在两相间作用力的差异建立的分离分析方法。分离后的组分可以进行定性或定量分析，有时分离和测定同时进行，有时先分离后测定。色谱法包括气相色谱法和液相色谱法等。

光学分析法是基于电磁波作用于被测物质后辐射信号产生的变化建立的分析方法，包括原子发射光谱法、原子吸收光谱法、紫外-可见吸收光谱法、红外吸收光谱法、核磁共振波谱法和荧光光谱法等。

其他方法如热分析法，根据物质的质量、体积等性质与温度之间的关系建立的分析方法；质谱法是测量被电离物质的质荷比进行分析。

本教材重点介绍紫外-可见分光光度法、电位分析法、气相色谱法、高效液相色谱法、原子吸收光谱法、红外吸收光谱法。

表 2 列出了仪器分析的类型、测量的重要参数（或有关性质）以及相应的仪器分析方法。

表 2　　　　　　　　　　　　　　　仪器分析的分类

方法类型	测量参数或有关性质	相应的分析方法
电化学分析法	电导	电导分析法
	电位	电位分析法，计时电位法
	电流	电流滴定法
	电流-电压	伏安法，极谱分析法
	电量	库仑分析法
色谱法	两相间分配	气相色谱法，液相色谱法
光学分析法	辐射的发射	原子发射光谱法，火焰光度法等
	辐射的吸收	原子吸收光谱法，分光光度法（紫外、可见、红外），核磁共振波谱法，荧光光谱法
	辐射的散射	比浊法，拉曼光谱法，散射浊度法
	辐射的折射	折射法，干涉法
	辐射的衍射	X 射线衍射法，电子衍射法
	辐射的转动	偏振法，旋光色散法，圆二向色性法

二、分析仪器的组成

仪器分析测定时使用各种类型的分析仪器。分析仪器自动化程度越高，仪器越复杂。然而不管分析仪器如何复杂，一般它们均由信号发生器、检测器、信号处理器和读出装置四个基本部分组成，见表 3。

表 3　　　　　　　　　　　常见分析仪器的基本组成

仪　器	信号发生器	分析信号	检 测 器	输入信号	信号处理器	读出装置
pH 计	样品	氢离子活度	pH 玻璃电极	电位	放 大 器	表头或数字显示
库仑计	直流电源，样品	电流	电极	电流	放 大 器	数字显示
气相色谱仪	样品	电阻或电流（热导或氢焰）	检 测 器（热导或氢焰）	电阻	放 大 器	记录仪或打印机
紫外-可见吸收分光光度计	钨灯或氢灯，样品	衰减光束	光电倍增管	电流	放 大 器	表头、记录仪或打印机

信号发生器使样品产生信号，它可以是样品本身，例如，对于 pH 计，其信号就是溶液中的氢离子活度，而对于紫外-可见分光光度计，信号发生器除样品外，还有钨灯或氢灯等。

检测器（传感器）是将某种类型的信号变换成可测定的电信号的器件，是实现非电量电测不可缺少的部分。检测器分为电流源、电压源和可变阻抗检测器三种。紫外-可见分光光度计中的光电倍增管是将光信号变换成电流的器件。电位分析法中的离子选择电极是将物质的浓度变换成电极电位的器件等。

信号处理器将微弱的电信号用电子元件组成的电路加以放大，便于读出装置指示或记录信号。

读出装置将信号处理器放大的信号显示出来，其形式有表头、数字显示器、记录仪、打印机、荧光屏或用计算机处理等。

三、如何学好这门课程

仪器分析主要涉及分析对象、分析仪器和分析方法。其分析流程通常包括样品的采集、样品的预处理、仪器的校正、样品的测量或表征、分析数据的处理等五个基本环节。

学习本课程时，应该弄懂每一种方法的基本原理，掌握有关的基本概念和基本方法，了解仪器的基本结构、操作方法和测试条件；同时还要注意了解和比较每一种方法的适用范围、优缺点、局限性以及产生测定误差的原因；此外，各种仪器分析的数据处理方法也是必须重点掌握的内容。

模块一

无机产品分析示例

项目一 离子膜烧碱生产原料质量检验

【项目分析】

生产离子膜烧碱的某工厂有一批生产原料工业盐需要进行质量检验,作为质检人员,需要首先搜集相关标准分析方法,然后依据标准方法进行具体实验分析,一般依据国家标准(GB/T 5462—2003),其具体技术要求如下:

1. 外观

白色或微黄色、青白色晶体,无与产品有关的明显外来杂物。

2. 化学指标

工业盐的化学指标应符合表 1-1 规定。

表 1-1   工业盐的化学指标

指标	日晒工业盐			精制工业盐		
	优级	一级	二级	优级	一级	二级
氯化钠/% ≥	96.00	94.50	92.00	99.10	98.50	97.50
水分/% ≤	3.00	4.10	6.00	0.30	0.50	0.80
水不溶物/% ≤	0.20	0.30	0.40	0.05	0.10	0.20
钙镁离子/% ≤	0.30	0.40	0.60	0.25	0.40	0.60
硫酸根离子/%≤	0.50	0.70	1.00	0.30	0.50	0.90

3. 检验规则

由相同生产工艺、相同资源生产的一次交付的产品视为一批。检验结果中所有指标都应符合本标准相应等级的要求,否则应降级;如有一项指标不符合本标准最低一级的规定,应取该样品的备用样重新测定不符合项;如检验结果仍不符合本标准最低一级的规定,则判定该产品不合格。

子项目1 工业盐中氯离子含量的测定(电位滴定法)

【项目分析】

根据分析化学知识,工业盐中氯离子含量的测定可采用银量法、汞量法、电位滴定法等,本子项目利用电位滴定法完成测定。电位滴定法属于电位分析法中的一种定量分析方法,所以在此首先了解电位分析法,再具体学习电位滴定法。

任务1 认识电位分析法并学习仪器使用方法

【任务分析】

质检中心已经提供了完成本子项目所需要的仪器和试剂,包括电位滴定装置、电极、辅助试剂、分析用玻璃仪器、工业盐样品等。我们的任务是首先学习电位分析法的基本原理,然后学习如何使用这些仪器。

学习目标

1.知识目标

(1)了解电位分析法、直接电位法、电位滴定法的基本原理。

(2)熟悉指示电极、参比电极的定义、种类、基本构造、电极电位表达式及应用。

(3)熟练掌握常用电极的使用方法和使用注意事项。

2.能力目标

(1)会进行电极使用前的检查和处理,电极安装。

(2)会连接,组装直接电位法、电位滴定法的仪器装置。

3.素质目标

(1)具有高度的责任感和"质量第一"的理念。

(2)具有实事求是的工作作风。

(3)具有良好的团结协作能力。

子任务1 认识直接电位法、电位滴定法及实验装置

一、几个必备概念

电化学电池是化学能和电能进行相互转换的电化学反应器,它分为原电池和电解池两类。原电池能自发地将本身的化学能转变为电能,而电解池则需要外部电源供给电能,然后将电能转变为化学能。电位分析法是在原电池内进行的。电化学电池均由两支电极、容器和适当的电解质溶液组成(参见图1-1)。

1.电极反应

电极反应也称为半电池反应,通常写成还原反应的形式,即:

$$Ox^{n+} + ne^- \rightleftharpoons Red$$

2. 电极电位

金属电极插入含该金属的电解质溶液中产生的金属与溶液的相界电位。

金属电极的电极反应为：

$$M^{n+} + ne \rightleftharpoons M$$

电极电位 $\varphi_{M^{n+1}/M}$ 与 M^{n+} 离子活度的关系，可用能斯特方程式表示，

$$\varphi_{M^{n+}/M} = \varphi^{\ominus}{}_{M^{n+}/M} + \frac{RT}{nF} \cdot \ln a_{M^{n+}} \tag{1-1}$$

式中　$\varphi^{\ominus}{}_{M^{n+}/M}$——标准电极电位，V；

　　　R——气体常数，8.3145 J·mol^{-1}·K^{-1}；

　　　T——热力学温度，K；

　　　n——电极反应中转移的电子数；

　　　F——法拉第(Faraday)常数，96486.7 C·mol^{-1}；

　　　$a_{M^{n+}}$——金属离子 M^{n+} 的活度，mol·L^{-1}，当离子浓度很小时，可用 M^{n+} 的浓度
　　　　　代替活度。

在温度为 25℃时，能斯特方程式可近似地简化成下式：

$$\varphi_{M^{n+}/M} = \varphi^{\ominus}{}_{M^{n+}/M} + \frac{0.0592}{n} \cdot \lg a_{M^{n+}}$$

用浓度乘以活度系数来表示能斯特方程式，则可将含有标准电极电位与活度系数这两项合并，称为条件电极电位，用 $\varphi_{Ox/Red}$ 表示。

由式(1-1)可知，如果测量出 $\varphi_{M^{n+}/M}$，就可以确定 M^{n+} 的活度。但实际上，单支电极的电位是无法测量的，它必须用一支电极电位随待测离子活度变化而变化的指示电极和一支电极电位已知且恒定的参比电极与待测溶液组成工作电池，通过测量工作电池的电动势来获得 $\varphi_{M^{n+}/M}$ 的电位。

3. 电池的表示形式与电池的电动势

(1)表示形式

设电池为：$(-)M \mid M^{n+} \parallel$ 参比电极$(+)$

①溶液注明活度。

②用 $\mid$ 表示电池组成的每个接界面。

③用 $\parallel$ 表示盐桥，表明具有两个接界面。

④发生氧化反应的一极写在左，发生还原反应的一极写在右。

(2)电池的电动势(用 E 表示)

$$E = \varphi(+) - \varphi(-) + \varphi_{(L)}$$

式中，$\varphi(+)$为电位较高的正极的电极电位；$\varphi(-)$为电位较低的负极的电极电位；$\varphi_{(L)}$为液接电位，其值很小，可以忽略。

所以　　　　　　　　　　　$E = \varphi_{参比} - \varphi_{M^{n+}/M}$

式中，$\varphi_{参比}$在一定温度下都是常数，因此，只要测量出电池电动势，就可以求出待测离子 M^{n+} 的活度。

例如:原电池(铜锌电池)结构

图 1-1 铜锌原电池示意图

电池图示: (一) Zn | Zn^{2+}(1mol/L) || Cu^{2+}(1 mol/L) | Cu (+)

电极电位: $\varphi_{Cu^{2+}/Cu} = 0.377V$ $\varphi_{Zn^{2+}/Zn} = -0.763$ V

电极反应: (一)Zn 极 $Zn - 2e = Zn^{2+}$(氧化反应)

(+)Cu 极 $Cu^{2+} + 2e = Cu$(还原反应)

电池反应: $Zn + Cu^{2+} = Zn^{2+} + Cu$(氧化还原反应)

二、电位分析法

应用电化学的基本原理和实验技术,依据物质的电化学性质(电流、电位、电导、电量),在溶液中有电流或无电流流动的情况下,来测定物质组成及含量的分析方法称之为电化学分析或电分析化学。其特点:一是灵敏度、准确度高,选择性好,应用广泛;二是被测物质的最低量可以达到 10^{-12} mol·L^{-1} 数量级;三是电化学仪器装置较为简单,操作方便,尤其适合于化工生产中的自动控制和在线分析;四是适用范围广(无机离子、有机电化学、药物、活体分析等)。根据所测电物理量不同可分为电位分析法、电解与库仑分析法、极谱与伏安分析法和电导分析法。在此重点学习电位分析法。

1. 原理

电位分析法是将一支电极电位与被测物质的活(浓)度有关的电极(称指示电极)和另一支电位已知且保持恒定的电极(称参比电极)插入待测溶液中组成一个化学电池,在零电流的条件下,通过测定电池电动势,进而求得溶液中待测组分含量的方法。

根据分析应用的方式又可分为直接电位法和电位滴定法。

图 1-2 电位分析示意图

能斯特方程式是电位分析法的理论基础。电位分析法利用一支指示电极(对待测离子响应的电极)及一支参比电极构成一个测量电池(是一个原电池),如图 1-2 所示。在溶液平衡体系不发生变化及电池回路零电流条件下,测得电池的电动势(或指示电极的电位)。

$$E = \varphi_{参比} - \varphi_{指示}$$

由于 $\varphi_{参比}$ 不变，$\varphi_{指示}$ 符合 Nernst 方程式，所以 E 的大小取决于待测物质离子的活度（或浓度），从而达到分析的目的。

2. 分类

(1) 直接电位法

直接电位法（图 1-3，图 1-4）是将电极插入被测溶液中构成原电池，根据测得的电动势和待测组分的活度符合能斯特方程，通过计算求得待测组分含量的方法。直接电位法具有简便、快速、灵敏、应用广泛的特点，常用于溶液 pH 值和一些离子浓度的测定。

图 1-3　直接电位法实物装置图　　　　图 1-4　直接电位法示意图

(2) 电位滴定法

电位滴定法（图 1-5，图 1-6）是用已知准确浓度的滴定剂来滴定待测物质，根据消耗掉的滴定剂的量来计算待测物质的含量，和普通滴定分析不同之处在于判断滴定终点的方法不同，电位滴定法根据到达滴定终点时原电池电动势的突跃来判断滴定终点。电位滴定法分析结果准确度高，容易实现自动化控制，能进行连续和自动滴定，广泛用于酸碱、氧化还原、沉淀、配位等各类滴定反应终点的确定，特别适用于那些滴定突跃小，溶液有色或浑浊的滴定，可以获得理想的结果。

图 1-5　电位滴定法实物装置图　　　　图 1-6　电位滴定法示意图

1—滴定管；2—指示电极；3—参比电极；4—铁芯搅拌棒；5—电磁搅拌器；6—高阻抗毫伏计；7—试液

子任务 2　认识常用指示电极和参比电极

一、指示电极

电位分析法中，电极电位随溶液中待测离子活（浓）度的变化而变化，并指示出待测离子活(浓)度的电极称为指示电极。指示电极对被测物质的指示是有选择性的,一种指示电极往往只能指示一种物质的浓度,因此,用于电位分析法的指示电极种类很多。

常用的指示电极有金属基电极和离子选择性电极两大类。

1. 金属基电极

以金属为基体的电极,其特点是:它们的电极电位主要来源于电极表面的氧化还原反应,所以在电极反应过程中都发生电子交换。

常用的金属基电极有以下几种:

(1)金属-金属离子电极(第一类电极)

此类电极是由金属及其离子溶液组成的电极系统,其电极电位决定于金属离子的活度。组成这类电极的金属有:银、铜、镉、锌、汞等,铁、钴、镍等金属不能构成这种电极。此类电极主要用于测定金属离子。

(2)金属-金属难溶盐电极(第二类电极)

此类电极由金属、该金属难溶盐和难溶盐的阴离子溶液组成,其电极电位决定于溶液中该金属难溶盐阴离子的活度,再现性及稳定性均好,常用作参比电极。例如:甘汞电极和银－氯化银电极。此类电极主要用于测定阴离子。

(3)汞电极(第三类电极)

此类电极由金属汞浸入含少量 Hg^{2+}-EDTA 配合物及被测离子 M^{n+} 的溶液中组成。此类电极主要用于做以 EDTA 滴定 M^{n+} 的指示电极。

(4)惰性金属电极(零类电极)

此类电极由铂、金等惰性金属(或石墨)插入含有氧化还原电对(如:Fe^{3+}/Fe^{2+},Ce^{4+}/Ce^{3+},I_3^-/I^- 等)物质的溶液中构成。

2. 离子选择性电极

离子选择性电极是对特定离子具有选择性响应的一类电极。由对溶液中某种特定离子具有选择性响应的敏感膜及其他辅助部分组成。在其敏感膜上不发生电子转移,只是在膜表面上发生离子交换而形成膜电位。这是直接电位法中应用最广泛的一类指示电极。因为这类电极都具有一个敏感膜,又称为膜电极,常用符号"ISE"表示。

(1)分类

(2)基本结构

ISE 由四个基本部分组成(图 1-7):电极管由玻璃或高分子聚合物材料做成;内参比电极通常为 Ag/AgCl 电极;内参比溶液由氯化物及响应离子的强电解质溶液组成;敏感膜是对离子具有高选择性的响应膜。

（3）膜电位

将某一合适的离子选择性电极浸入含有一定活度的待测离子溶液中,在敏感膜的内外两个相界面处会产生电位差,这个电位差就是膜电位。膜电位产生的根本原因是离子交换和扩散。

图 1-7　ISE 基本结构示意图

离子选择性电极的膜电位与溶液中待测离子活度的关系符合能斯特方程,即:

$$\varphi_{膜}=K\pm\frac{RT}{nF}\ln a_i=K\pm\frac{0.0592}{n}\lg a_i\ （25℃时）$$

式中　K——离子选择性电极常数,在一定实验条件下为一常数,它与电极的敏感膜、内参比电极、内参比溶液及温度等有关;

a_i——i 离子的活度;

n——i 离子的电荷数。当 i 为阳离子时,式中第二项取正值;i 为阴离子时该项取负值。

离子选择性电极的电位为内参比电极的电位 $\varphi_{内参}$ 与膜电位 $\varphi_{膜}$ 之和,即:

$$\varphi=\varphi_{内参}+\varphi_{膜}$$

由于 $\varphi_{内参}$ 为常数,所以离子选择性电极的电位应为:

$$\varphi=K\pm\frac{0.0592}{n}\lg a_i\ （25 ℃时）$$

（4）性能

①选择性

理想的离子选择性电极应是只对特定的一种离子产生电位响应,其他共存离子不干扰,但实际上,目前所使用的各种离子选择性电极都不可能只对一种离子产生响应,而是或多或少地对共存干扰离子产生不同程度的响应。

设 i 为待测离子,j 为干扰离子;n_i、n_j 分别为 i 离子和 j 离子的电荷;K_{ij} 称为选择性系数,其意义为:在相同实验条件下,产生相同电位的待测离子活度 a_i 与干扰离子活度 a_j 的比值 K_{ij} 越小越好。如果 $K_{ij}<1$,说明电极对 i 离子有选择性的响应;当 $K_{ij}=1$,说明电极对 i 离子与 j 离子有同等的响应;当 $K_{ij}>1$,说明电极对 j 离子有选择性的响应。

例如,$K_{ij}=10^{-2}$,则表示溶液中仅有 i、j 响应离子时,电极对 i 离子的敏感性比 j 离子大 100 倍。可利用选择性系数 K_{ij} 的大小估算干扰离子对测定造成的误差,判断某种干扰离子存在下测定方法是否可行。计算式为:

$$K_{ij}=\frac{a_i}{(a_j)^{\frac{n_i}{n_j}}}$$

②响应时间

电极的响应时间又称电位平衡时间,它是指离子选择性电极和参比电极一起接触试液开始,到电池电动势达到稳定值（波动在 1mV 以内）所需的时间。离子选择性电极的响应时间愈短愈好。凡是影响电池中各部分达到平衡的因素都会影响响应时间。主要有敏感膜的组成和性质、参比电极电位的稳定性、测量对象及实验条件等。在实际测量中通常采用搅拌来缩短响应时间。

③温度和 pH 值范围

使用电极时,温度的变化不仅影响测定的电位值,还会影响电极正常的响应性能。各类选择性电极都有一定的温度使用范围。电极允许使用的温度范围与膜的类型有关。一般使用温度下限为$-5\ ℃$左右,上限为$80\sim100\ ℃$,有些液膜电极只适用于$50\ ℃$左右。

电极在测量时允许的 pH 值范围由电极的类别决定,还与测定离子有关,大多数电极在接近中性的介质中进行测量。

④电极的稳定性

电极的稳定性是指电极在恒定条件下,测定的电动势值可以保持恒定的时间。电极的稳定性可用电极的漂移程度和重现性来判断。电极的漂移程度指在恒定组成和温度下,指示和参比电极构成电池时,电位随时间缓慢而有序变化的程度。一般要求电极在24 h 的漂移应小于 2 mV。电极的重现性是指在$25\ ℃\pm2\ ℃$条件下,电极从浓度为10^{-3} $mol \cdot L^{-1}$ 的溶液中转移到浓度为$10^{-2}\ mol \cdot L^{-1}$的溶液中,三次重复测定,其电位读数值的平均偏差。

电极的重现性和稳定性直接影响电极的使用寿命。一般电极的使用寿命在一年以上,有的更短。

(5)常用的离子选择性电极

①pH 玻璃电极

pH 玻璃电极属于离子选择性电极中的非晶体膜刚性基质电极,就是对 H^+ 有响应的氢离子选择性电极,其敏感膜就是玻璃膜。pH 玻璃电极是测定溶液 pH 的一种常用指示电极。

a. 构造

pH 玻璃电极是由对 H^+ 有选择性响应的软质球状玻璃膜(含 Na_2O、CaO 和 SiO_2,厚度小于 0.1 mm),内部溶液(pH$=6\sim7$ 的膜内缓冲溶液和 $0.1\ mol \cdot L^{-1}$ 的 KCl 内参比溶液),内参比电极(Ag-AgCl 电极)组成的(图 1-8)。

b. 膜电位

pH 玻璃电极的玻璃膜由于 Na_2O 的加入,Na^+ 取代了玻璃中 Si(Ⅳ)的位置,Na^+ 与硅氧键中的 O^- 之间呈离子键性质,形成可以进行离子交换的点位—Si—O—Na^+。当电极浸入水溶液中时,玻璃外表面吸收水产生溶胀,形成很薄的水合硅胶层(图 1-9)。水合硅胶层只容许氢离子扩散进入玻璃结构的空隙并与 Na^+ 发生交换反应。

图 1-8　pH 玻璃电极结构示意图
1—绝缘套;2—Ag-AgCl 电极;
3—玻璃膜;4—内部缓冲溶液

当 pH 玻璃电极外膜与待测溶液接触时,由于水合硅胶层表面与溶液中的氢离子的活度不同,氢离子便从活度大的一方向活度小的一方迁移。这就改变了水合硅胶层和溶液两相界面的电荷分布,产生了外相界电位。pH 玻璃电极内膜与内参比溶液同样也产生内相界电位。可见,pH 玻璃电极两侧的相界电位的产生是由于氢离子在溶液和玻璃水化层界面之间转移的结果。

25 ℃时 pH 玻璃电极的膜电位大小可表示为：

$$\varphi_{膜} = K' + 0.0592 \lg \alpha_{H^+}（外）$$

或

$$\varphi_{膜} = K' - 0.0592 \, pH_{外}$$

式中，K' 由 pH 玻璃电极本身的性质决定，对于某一确定的电极，K' 是常数。在一定温度下，pH 玻璃电极的膜电位与外部溶液的 pH 呈线性关系。

内部缓冲液 a_2 表面点位 被 H^+ 占据	内水合硅胶层 ←0.05~1 μm→ 一价离子点位 被 H^+ 和 Na^+ 占据	干玻璃层 ←30~10 μm→ 一价阳离子点位 全被 Na^+ 占据	外水合硅胶层 ←0.05~1 μm→ 一价阳离子点位 被 H^+ 和 Na^+ 占据	外部试液 a_1 表面点位 被 H^+ 占据

图 1-9　pH 玻璃电极膜电位形成示意图

c. pH 玻璃电极的电极电位

$$\varphi_{玻璃} = \varphi_{AgCl/Ag} + \varphi_{膜} = \varphi_{AgCl/Ag} + K' - 0.0592 \, pH_{外}$$

$$\varphi_{玻璃} = K_{玻} - 0.0592 \, pH_{外}$$

其中

$$K_{玻} = \varphi_{AgCl/Ag} + K'$$

可见，当温度等实验条件一定时，pH 玻璃电极的电极电位与试液的 pH 呈线性关系。

d. pH 玻璃电极的特点

优点：不受溶液中氧化剂和还原剂的影响；玻璃膜不易因杂质的作用而中毒；能在胶体溶液和有色溶液中应用。

缺点：必须辅以电子放大装置（因其本身具有很高电阻）；电阻随温度变化，一般只能在 5~60 ℃使用；电极玻璃球泡很薄，很容易破损。

pH 玻璃电极的测量范围一般为 1~10。当试液 pH<1 时，电位值偏离线性关系，pH 的测量结果偏高，称为"酸差"。当试液 pH>10 时，测定结果偏低，称为"碱差"或"钠差"。

②氟离子选择性电极

氟离子选择性电极属于典型的均相晶体膜电极。氟离子选择性电极的敏感膜是掺入 EuF_2 的 LaF_3 单晶膜，单晶膜封在聚四氟乙烯管中，管中充入 0.1 mol·L^{-1} 的 NaF 和 0.1 mol·L^{-1} 的 NaCl 作为内参比溶液，插入银—氯化银电极作为内参比电极，氟离子可在 LaF_3 单晶膜中移动（图 1-10）。LaF_3 单晶膜表面存在晶格离子空穴，当晶膜与试液接触时，试液中的 F^- 能进入到晶

图 1-10　氟离子选择电极结构示意图

格离子空穴，而晶膜中的 F^- 也会扩散进入溶液而在膜中留下新空穴，当离子交换达到平衡时，晶膜表面与试液两相界面上形成双电层而产生膜电位。

氟离子选择性电极的电极电位计算如下：

$$\varphi = K - 0.0592 \lg a_{F^-}$$

式中　φ——氟离子选择电极电位；

a——氟离子活度；

K——常数。电位 E 与氟离子活度有关。

氟离子选择性电极对 F^- 活度的线性响应范围是 $10^{-6}\sim1\ mol\cdot L^{-1}$。溶液的酸碱度对其测定准确度有较大影响，pH 过低，溶液中的 H^+ 会与部分 F^- 反应生成 HF 或 HF_2^- 使测定结果偏低；pH 过高，OH^- 与晶体膜 LaF_3 发生反应释放出 F^-，使测定结果偏高。实践证明，氟离子选择性电极测定的适宜 pH 范围为 $5.0\sim5.5$。另外，当溶液中存在 Be^{2+}、Al^{3+}、Fe^{3+} 等能与 F^- 稳定配位的阳离子时，也会干扰 F^- 活度的测定，通常加入掩蔽剂来消除干扰。

常见的晶体膜电极的品种和性能见表 1-2。

表 1-2　　　　　　　　　　　　晶体膜电极的品种和性能

电极	膜材料	线性响应浓度范围/$(mol\cdot L^{-1})$	适用 pH 范围	主要干扰离子	可测定离子
Cl^-	$AgCl+Ag_2S$	$5\times10^{-5}\sim1\times10^{-1}$	$2\sim12$	$Br^-,S_2O_3^{2-},I^-,CN^-,S^{2-}$	Ag^+,Cl^-
Br^-	$AgBr+Ag_2S$	$5\times10^{-6}\sim1\times10^{-1}$	$2\sim12$	$S_2O_3^{2-},I^-,CN^-,S^{2-}$	Ag^+,Br^-
I^-	$AgI+Ag_2S$	$1\times10^{-7}\sim1\times10^{-1}$	$2\sim11$	S^{2-}	Ag^+,I^-,CN^-
CN^-	AgI	$1\times10^{-6}\sim1\times10^{-2}$	>10	I^-	Ag^+,I^-,CN^-
Ag^+,S^{2-}	Ag_2S	$1\times10^{-7}\sim1\times10^{-1}$	$2\sim12$	Hg^{2+}	Ag^+,S^{2-}
Cu^{2+}	$CuS+Ag_2S$	$5\times10^{-7}\sim1\times10^{-1}$	$2\sim10$	$Ag^+,Hg^{2+},Fe^{3+},Cl^-$	Cu^{2+}
Pb^{2+}	$PbS+Ag_2S$	$5\times10^{-7}\sim1\times10^{-1}$	$3\sim6$	$Cd^{2+},Ag^+,Hg^{2+},Cu^{2+},Fe^{3+},Cl^-$	Pb^{2+}
Cd^{2+}	$CdS+Ag_2S$	$5\times10^{-7}\sim1\times10^{-1}$	$3\sim10$	$Pb^{2+},Ag^+,Hg^{2+},Cu^{2+},Fe^{3+}$	Cd^{2+}

二、参比电极

指示电极的电极电位的绝对值尚无法测定，必须选择一个参比电极。对参比电极的要求是电位值已知且恒定，受外界影响小，对温度或浓度没有滞后现象，具有良好的重现性和稳定性，制作简便、使用寿命长。常用的参比电极是甘汞电极和银-氯化银电极。

1. 甘汞电极

（1）组成：纯汞和甘汞糊（Hg-Hg_2Cl_2）及一定浓度 KCl 溶液（图 1-11）。

（2）电极表示式：$Hg\mid Hg_2Cl_2(s)\mid KCl\ (c\ mol\cdot L^{-1})$

（3）电极反应：$Hg_2Cl_2+2e\rightarrow2Hg+2Cl^-$

（4）25 ℃时的电极电位为：

$$\varphi_{Hg_2Cl_2/Hg}=\varphi^{\ominus}{}_{Hg_2Cl_2/Hg}-\frac{0.0592}{2}lga^2{}_{Cl^-}$$
$$=\varphi^{\ominus}{}_{Hg_2Cl_2/Hg}-0.0592\cdot lga_{Cl^-}$$

图 1-11　甘汞电极结构示意图

1—导线；2—绝缘体；3—内部电极；4—橡皮帽；5—多孔物质；6—饱和 KCl 溶液

（图中标注：内部电极　导线　铂丝　汞　甘汞+汞　多孔物质）

因此，一定温度下，甘汞电极的电位取决于 KCl 溶液的浓度，当 Cl^- 活度一定时，其电位值是一定的。

按 KCl 溶液的浓度来分，甘汞电极可分为三种类型，即饱和型、标准型及 $0.1\ mol\cdot L^{-1}$ 型，其中最常用的是饱和甘汞电极（SCE）。表 1-3 给出了不同浓度 KCl 溶液制得的甘汞电极的电位值。

表 1-3　　　　　　　　　**25 ℃时甘汞电极的电极电位**

名　　　称	KCl 溶液的浓度/(mol·L^{-1})	电极电位/V
饱和甘汞电极(SCE)	饱和溶液	0.2438
标准甘汞电极(NCE)	1.0	0.2828
0.1 mol·L^{-1}甘汞电极	0.10	0.3365

在使用甘汞电极时应注意,其使用温度不宜高于 75 ℃。

2. 银-氯化银电极

(1)组成:将表面镀有 AgCl 层的金属银丝,浸入一定浓度的 KCl 溶液中(图 1-12)。

(2)电极表示式:　　　Ag,AgCl｜KCl (c mol·L^{-1})

(3)电极反应式:　　　AgCl + e → Ag + Cl$^-$

(4)25 ℃时的电极电位为:

$$\varphi_{AgCl/Ag} = \varphi^{\ominus}_{AgCl/Ag} - 0.0592 \lg a_{Cl}^{-} \ (25 ℃时)$$

可见,在一定温度下银-氯化银电极的电极电位同样也取决于 KCl 溶液中 Cl$^-$ 的活度。25 ℃时,不同浓度 KCl 溶液的银-氯化银电极的电极电位见表1-4。

图 1-12　Ag-AgCl 电极结构示意图

表 1-4　　　　　　　　　**25 ℃时银-氯化银电极的电极电位**

名　　　称	KCl 溶液的浓度/(mol·L^{-1})	电极电位/V
饱和银-氯化银电极	饱和溶液	0.2000
标准银-氯化银电极	1.0	0.2223
0.1 mol·L^{-1}银-氯化银电极	0.10	0.2880

银-氯化银电极是重现性最好的参比电极,常在 pH 玻璃电极和其他各种离子选择性电极中用作内参比电极。银-氯化银电极的温度滞后效应非常小,可在温度高于 80 ℃的体系中使用。

子任务 3　学习电极的规范使用

一、饱和甘汞电极的规范使用

(1)使用前应先取下电极下端口和上侧加液口的小胶帽,不用时戴上。

(2)电极内饱和 KCl 溶液的液位应保持有足够的高度(以浸没内电极为度),不足时要补加。为了保证内参比溶液是饱和溶液,电极下端要保持有少量 KCl 晶体存在,否则必须由上侧加液口补加少量 KCl 晶体。

(3)使用前应检查玻璃弯管处是否有气泡,若有气泡应及时排除掉,否则将引起电路断路或仪器读数不稳定。

(4)使用前要检查,电极下端陶瓷芯毛细管是否畅通。检查方法是:先将电极外部擦干,然后用滤纸紧贴瓷芯下端片刻,若滤纸上出现湿印,则证明毛细管未堵塞。

(5)安装电极时,电极应垂直置于溶液中,内参比溶液的液面应较待测溶液的液面高,以防止待测溶液向电极内渗透。

(6)饱和甘汞电极在温度改变时常显示出滞后效应,不宜在温度变化太大的环境中使用。

(7)当待测溶液中含有 Ag^+、S^{2-}、Cl^- 及高氯酸等物质时,应加置 KNO_3 盐桥。

二、pH 玻璃电极的规范使用

(1)使用前在蒸馏水中浸泡 24 小时。

(2)检查玻璃球泡是否有裂痕,检查内参比电极是否浸入内参比溶液中,检查内参比溶液中是否有气泡。有裂纹或内参比电极未浸入内参比溶液的电极不能使用。若内参比溶液内有气泡,应稍晃动以除去气泡。

(3)pH 玻璃电极在长期使用或贮存中会"老化",老化的电极不能再使用。pH 玻璃电极的使用期一般为一年。

(4)pH 玻璃电极玻璃膜很薄,容易因为碰撞或受压而破裂,使用时必须特别注意。电极不能倒置。

(5)使用前球泡外壁的溶液只能用滤纸吸干,不能擦。检查插线柱是否干燥。

(6)pH 玻璃电极在使用中沾污后必须清洗。对油污可用 $5\% \sim 10\%$ 的丙酮溶液清洗;对无机盐可用 $0.1\ mol \cdot L^{-1}$ 的盐酸溶液清洗。

(7)pH 玻璃电极不能应用于浓硫酸、铬酸洗液、95% 以上的乙醇溶液和含氟较高的试液等。

三、复合电极的规范使用

目前实验室使用的电极都是复合电极(即 pH 玻璃电极和甘汞电极的复合),其优点是使用方便,不受氧化性或还原性物质的影响,且平衡速度较快。

(1)初次使用或久置重新使用时,把电极球泡及砂芯浸在 $3\ mol \cdot L^{-1}$ KCl 溶液中活化 8 h。切忌用洗涤液或其他吸水性试剂浸洗。

(2)使用前,检查 pH 玻璃电极前端的球泡。正常情况下,电极应该透明而无裂纹;球泡内要充满溶液,不能有气泡存在。

(3)测量时拔去外罩,去掉橡皮套,将电极的球泡及砂芯微孔同时浸在被测组分溶液内。测量另一溶液时,先在蒸馏水中洗净,防止杂质带入溶液,避免溶液间交错污染,保证测量精度。内参比溶液为饱和的 $3.33\ mol \cdot L^{-1}$ KCl 溶液,从上端小孔补充,溶液量保持在内腔容量的 1/2 以上。不用时,小孔用橡皮套盖上。

(4)测量浓度较大的溶液时,尽量缩短测量时间,用后仔细清洗,防止被测液黏附在电极上而污染电极。

(5)测量中注意电极的银-氯化银内参比电极应浸入到球泡内氯化物缓冲溶液中,避免电极显示部分出现数字乱跳现象。使用前,注意将电极轻轻甩几下。

(6)清洗电极后,不要用滤纸擦拭玻璃膜,而应用滤纸吸干,避免损坏玻璃薄膜、防止交叉污染,影响测量精度。

(7)严禁在脱水性介质如无水乙醇、重铬酸钾等溶液中使用。

(8)电极避免长期浸在酸性氟化物溶液中。电极不能用于强酸、强碱或其他腐蚀性溶液。

(9)电极球泡或砂芯沾污会使电极响应速度减慢。根据污染物性质选用适当溶液清洗可使电极性能恢复。

四、氟电极使用注意事项

(1)为了避免 OH^- 的干扰,测定时溶液需要控制 pH 值为 5~6。

(2)当被测溶液中存在能与 F^- 生成稳定配合物或难溶化合物的阳离子(如 Al^{3+}、Ca^{2+})时,会造成干扰,须加入掩蔽剂消除。但切不可使用能与 La^{3+} 形成稳定配合物的配位剂,以免溶解 LaF_3 而使电极灵敏度降低。

(3)氟离子选择电极在测定试样与标准溶液时,应用磁力搅拌器搅拌,并使试样与标准溶液搅拌速度相等。

(4)氟离子选择电极在测定时,试样和标准溶液应在同一温度。在测量时,电极用蒸馏水清洗后,应用滤纸擦干后进行测试,以防止引起测量误差。

(5)氟电极在用毕后建议用去离子水清洗后干放,这样可以延长电极使用寿命,并且可以不影响下一次测量。

子任务 4 练习电位分析装置的安装

一、直接电位法装置安装

(1)准备电极,清洗。

(2)仪器预热,安装电极和温度传感器,搭建实验装置。

二、电位滴定法装置安装

(1)准备电极、滴定管,清洗。

(2)仪器预热,安装电极和滴定管,搭建实验装置。

技能训练测试题

一、简答题

1.直接电位法的测定原理是什么?

2.电位滴定法的测定原理是什么?

3.简述 pH 玻璃电极的工作原理。

4.何谓指示电极及参比电极? 试各举例说明其作用。

二、单选题

1.测定 pH 值的指示电极为(　　)。

A.标准氢电极　　　　B.pH 玻璃电极　　　　C.甘汞电极　　　　D.银-氯化银电极

2.电位分析法中,由一个指示电极和一个参比电极与试液组成( )。

A.滴定池　　　　　B.电解池　　　　　C.原电池　　　　　D.电导池

3.pH 玻璃电极在使用前一定要在水中浸泡几小时,目的在于( )。

A.清洗电极　　　　B.活化电极　　　　C.校正电极　　　　D.检查电极好坏

4.pH 玻璃电极产生的不对称电位来源于( )。

A.内外玻璃膜表面特性不同　　　　　　B.内外溶液中 H^+ 浓度不同

C.内外溶液的 H^+ 活度系数不同　　　　D.内外参比电极不一样

5.电位滴定法是根据( )来确定滴定终点的。

A.指示剂颜色变化　　B.电极电位　　　C.电位突跃　　　D.电位大小

6.玻璃膜电极能测定溶液 pH 是因为( )。

A.在一定温度下玻璃膜电极的膜电位与试液 pH 成直线关系

B.玻璃膜电极的膜电位与试液 pH 成直线关系

C.在一定温度下玻璃膜电极的膜电位与试液中氢离子浓度成直线关系

D.在 25 ℃时,玻璃膜电极的膜电位与试液 pH 成直线关系

三、判断题

1.使用甘汞电极一定要注意保持电极内充满 KCl 溶液,并且没有气泡。( )

2.氟离子选择性电极测定时需要控制 pH 值为 5~6。( )

3.pH 玻璃电极测定 pH<1 的溶液时,pH 值读数偏高;测定 pH>10 的溶液时,pH 值偏低。( )

4.玻璃电极上有油污时,可用无水乙醇、铬酸洗液或浓 H_2SO_4 浸泡、洗涤。( )

(附加)任务2　矿泉水 pH 值的测定

【任务分析】

为了更全面地了解电位分析法,熟练操作电位分析仪器,在完成工业盐中氯离子含量的测定任务前,先完成(附加)任务 2 和(附加)任务 3。

本任务是要完成矿泉水 pH 值的测定,pH 值是矿泉水的重要质量指标之一。首先要了解 pH 值的测定原理,然后利用直接电位分析仪器进行测定。

电位分析法中的直接电位法在工业分析中经常使用,直接电位法广泛应用于环境监测、生化分析、医学临床检验及工业生产流程中的自动在线分析等。表 1-5 列出了直接电位法中部分应用实例。

表 1-5　　　　　　　　　　　直接电位法部分应用举例

被测物质	离子选择电极	线性浓度范围/(mol·L^{-1})	适用 pH 范围	应用举例
F$^-$	氟	10^0~5×10^{-7}	5~18	水、牙膏、生物体液、矿物
Cl$^-$	氯	10^{-2}~5×10^{-5}	2~11	水、碱液、催化剂
CN$^-$	氰	10^{-2}~10^{-6}	11~13	废水、废渣
NO$_3^-$	硝酸根	10^{-1}~10^{-5}	3~10	天然水

（续表）

被测物质	离子选择电极	线性浓度范围/(mol·L^{-1})	适用 pH 范围	应用举例
H$^+$	pH 玻璃电极	$10^{-1}\sim10^{-14}$	1～14	溶液酸度
Na$^+$	pNa 玻璃电极	$10^{-1}\sim10^{-7}$	9～10	锅炉水、天然水、玻璃
NH$_3$	气敏氨电极	$10^{0}\sim10^{-6}$	11～13	废气、土壤、废水
脲	气敏氨电极			生物化学
氨基酸	气敏氨电极			生物化学
K$^+$	钾微电极	$10^{-1}\sim10^{-4}$	3～10	血清
Na$^+$	钠微电极	$10^{-1}\sim10^{-3}$	4～9	血清
Ca^{2+}	钙微电极	$10^{-1}\sim10^{-7}$	4～10	血清

pH 值测量广泛应用于化工、环保、造纸、食品、饮料、农业土壤、医药临床等行业。pH 值是这些行业产品分析中重要的分析指标之一。有些时候 pH 值测定的准确与否可直接关系到产品检验结果的成败。

测定溶液 pH 值通常有两种方法，即 pH 试纸法和酸度计法。最简便但较粗略的方法是用 pH 试纸，分为广泛和精密 pH 试纸两种。广泛 pH 试纸的变色范围是 pH＝1～14、9～14 等，只能粗略确定溶液的 pH 值。另一种是精密 pH 试纸，可以较精确地测定溶液的 pH 值，其变色范围是 2～3 个 pH 单位，例如有 pH＝1.4～3.0、0.5～5.0、5.4～7.0、7.6～8.5、8.0～10.0、9.5～13.0 等许多种，可根据待测溶液的酸、碱性选用某一范围的试纸。

本任务是以酸度计（直接电位法）精确测定矿泉水的 pH 值，酸度计法精确度可达0.005pH 单位。

🔆 学习目标

1. 知识目标

(1)熟悉 pH 测定的方法原理、基本装置、电极选择、测定方法、应用。

(2)熟悉标准缓冲溶液的配制和使用。

2. 能力目标

(1)会进行 pH 测定的仪器装置组装、使用、电极选择、处理。

(2)会配制标准缓冲溶液，并用来校正酸度计。

(3)能测定未知溶液的 pH，对照标准分析产品的该指标是否合格。

3. 素质目标

(1)具有高度的责任感。

(2)具有实事求是的工作作风。

(3)具有按规范、规程操作的习惯。

子任务 1 学习 pH 值的测定原理

一、pH 值测定的原理

pH 值是氢离子活度的负对数,即 $pH = -\lg a_{H^+}$。测定
溶液的 pH 值通常用 pH 玻璃电极作指示电极(负极),
甘汞电极作参比电极(正极),与待测溶液组成工作电池,
用精密毫伏计测量电池的电动势(图 1-13)。

工作电池可表示为:

玻璃电极|试液‖甘汞电极

组成电池的表示形式:

图 1-13　pH 值的电位法测定示意图

(一) $Ag, AgCl | 缓冲溶液(pH = 4 或 7) | 膜 | H^+(c \; mol \cdot L^{-1}) \parallel KCl(饱和) |$
$Hg_2Cl_2, Hg(+)$

25 ℃时工作电池的电动势为:

$$E = \varphi_{SCE} - \varphi_{玻} = \varphi_{SCE} - K_{玻} + 0.0592 \, pH_{试}$$

由于式中 φ_{SCE},$K_{玻}$ 在一定条件下是常数,所以上式可表示为:

$$E = K' + 0.0592 \, pH_{试}$$

可见,测定溶液 pH 值的工作电池的电动势 E 与试液的 pH 值呈线性关系,据此可以
进行溶液 pH 值的测量。只要测出工作电池电动势,并求出 K' 值,就可以计算试液的
pH 值。

但 K' 是个十分复杂的项目,它包括了饱和甘汞电极的电位,内参比电极电位,玻璃膜
的不对称电位及参比电极与溶液间的接界电位,其中有些电位很难测出。因此实际工作
中不可能采用上式直接计算 pH 值,而是用已知 pH 值的标准缓冲溶液为基准,通过比较
由标准缓冲溶液参与组成和待测溶液参与组成的两个工作电池的电动势来确定待测溶液
的 pH 值。即测定一标准缓冲溶液(pH_s)的电动势 E_s,然后测定试液(pH_x)的电动势 E_x。

25 ℃时 E_s 和 E_x 分别为:

$$E_s = K'_s + 0.0592 \, pH_s$$
$$E_x = K'_x + 0.0592 \, pH_x$$

在同一测量条件下,采用同一支 pH 玻璃电极和 SCE,则上二式中 $K'_s \approx K'_x$,将二式
相减得:

$$pH_x = pH_s + \frac{E_x - E_s}{0.0592}$$

式中 pH_s 为已知值,测量出 E_x、E_s 可求出 pH_x。通常将上式称为 pH 实用定义或 pH
标度。实际测定中,将 pH 玻璃电极和 SCE 插入 pH_s 标准溶液中,通过调节测量仪器上
的"定位"旋钮使仪器显示出测量温度下的 pH_s 值,就可以达到消除 K 值,校正仪器的目
的,然后再将电极对浸入试液中,直接读取溶液 pH。

E_x 和 E_s 的差值与 pH_x 和 pH_s 的差值呈线性关系,在 25 ℃时直线斜率为 0.0592,直
线斜率($s = 2.303 \frac{RT}{F}$)是温度函数。为保证在不同温度下测量精度符合要求,在测量中
要进行温度补偿。用于测量溶液 pH 值的仪器设有此功能。上式还表明 E_x 与 E_s 差值改

变 0.0592 V,溶液的 pH 值也相应改变了 1 个 pH 单位。测量 pH 值的仪器表头即按此间隔刻出进行直读。

由于上式是在假定 $K'_s \approx K'_x$ 情况下得出的,而实际测量过程中往往因为某些因素的改变(如试液与标准缓冲液的 pH 或成分的变化,温度的变化等),导致 K' 值发生变化。为了减少测量误差,测量过程应尽可能使溶液的温度保持恒定,并且应选用 pH 值与待测溶液相近的标准缓冲溶液(按 GB 9724-88 规定,所用标准缓冲液的 pH_s 值和待测溶液的 pH_x 值相差应在 3 个 pH 单位以内)。

二、pH 值测定的基本操作

1. pH 标准缓冲溶液的配制

(1)pH=4.00 溶液　用 GR 邻苯二甲酸氢钾 10.12 g,溶解于 1000 mL 的高纯去离子水中,贮于用所配溶液荡洗过的聚乙烯试剂瓶中,贴上标签。

(2)pH=6.86 溶液　用 GR 磷酸二氢钾 3.387 g,GR 磷酸氢二钠 3.533 g,溶解于 1000 mL 的高纯去离子水中,贮于用所配溶液荡洗过的聚乙烯试剂瓶中,贴上标签。

(3)pH=9.18 溶液　用 GR 硼砂 3.80 g,溶解于 1000 mL 的高纯去离子水中,贮于用所配溶液荡洗过的聚乙烯试剂瓶中,贴上标签。

注:配制(2)、(3)溶液所用的水,应预先煮沸 15～30 分钟,除去溶解的二氧化碳。在冷却过程中应避免与空气接触,以防止二氧化碳的污染。

上述标准缓冲溶液也可用袋装商品"成套 pH 缓冲剂"配制。配制标准缓冲溶液的实验用水应符合三级水的规格。标准缓冲溶液一般可保存 2～3 个月。若发现溶液中出现浑浊等现象则不能再使用,应重新配制。

2. 试剂和仪器

pH S-2 型酸度计,玻璃电极,甘汞电极,(或使用 pH 复合电极),被测溶液,pH 标准缓冲溶液。

3. 测定步骤

(1)仪器校准

①打开仪器电源开关,预热 30 分钟。

②将仪器面板上的"选择"开关置"pH"档,"范围"开关置"6"档,"斜率"旋钮顺时针旋到底(100％处),"温度"旋钮置此标准缓冲溶液的温度。

③先将电极用蒸馏水洗净,用滤纸吸干。

④将电极放入盛有 pH＝7 的标准缓冲溶液的烧杯内。按下"读数"开关,调节"定位"旋钮。使仪器指示值为此溶液温度下的标准 pH 值。

⑤放开"读数"开关,使仪器处于准备状态,此时仪器指针在中间位置。

⑥把电极从 pH＝7 的标准缓冲溶液中取出,用蒸馏水洗净,用滤纸吸干。

⑦将电极放入 pH＝4 或 pH＝9 的标准缓冲溶液中,把仪器的"范围"置"4"挡或置"8"挡,按下"读数"开关,调节"斜率"旋钮,使仪器指示值为该标准缓冲溶液在此溶液下的 pH 值,然后放开"读数"开关。

⑧将电极用蒸馏水洗净,用滤纸吸干。按④的方法重新再测 pH＝7 的标准缓冲溶液,但此时应将"斜率"旋钮维持不动。

仪器校准后绝不能再旋动"定位"、"斜率"旋钮。

注:标定的缓冲溶液一般第一次用 pH＝6.86 的溶液,第二次用接近被测溶液 pH 值

的缓冲液,如被测溶液为酸性时,缓冲溶液应选 pH＝4.00;如被测溶液为碱性时,缓冲溶液应选 pH＝9.18。

(2)测量 pH 值

①将电极用蒸馏水洗净,用滤纸吸干。

②将仪器的"温度"旋钮旋至被测样品溶液的温度值。

③将电极放入被测溶液中,仪器的"范围"开关置于此样品溶液的 pH 挡上,按下"读数"开关。如表针打出左面刻度线,则应减少"范围"开关值,如表针打出右面刻度线,则应增加"范围"开关值,直至表针在刻度上。

④读数。此时表针所指示的值加上"范围"开关值,即为此样品溶液 pH 值。

(3)实验结束工作

关闭酸度计电源开关,拔出电源插头。取出电极,用蒸馏水清洗干净,再用滤纸吸干外壁水分,套上小帽,帽内放少量补充液,以保持电极球泡的湿润,存放在盒内。清洗烧杯,晾干后妥善保存。用干净抹布擦净工作台,罩上仪器防尘罩,填写仪器使用记录。

子任务 2　测定矿泉水 pH 值

根据以上步骤测定某矿泉水的 pH 值,通过查阅相关标准判断该矿泉水 pH 是否合格。

任务考核

【考核评分表】

序号	作业项目	考核内容	配分	操作要求	考核记录	扣分	得分
一	仪器校准	仪器预热	5	已预热			
		电极安装	5	正确			
		标准缓冲溶液的选择	5	正确			
		定位方法(5分)	5	正确规范			
二	测量 pH 值	测量操作	20	正确规范			
		读数	5	方法正确			
		原始记录	5	及时、规范、真实、无涂改			
		平行测定偏差	10	合格			
		测量准确度	20	合格			
三	数据处理和实训报告	数据处理和实训报告	15	正确、完整、规范、及时			
四	文明操作结束工作	物品摆放	5	仪器摆放整齐、无水迹或少水迹、废纸废液不乱扔乱倒、结束工作完成良好			
五	总分						

技能训练测试题

一、简答题

1.pH 实用定义(或 pH 标度)的含义是什么?

2.直接电位法测定溶液 pH 值时,为何必需使用 pH 标准缓冲溶液?

二、判断题

1.酸度计的结构一般都由电极系统和高阻抗毫伏计两部分组成。(　　)

2.普通酸度计通电后可立即开始测量。(　　)

3.有色溶液不可以用酸度计测定 pH 值。(　　)

4.酸度计的电极包括参比电极和指示电极,参比电极一般常用玻璃电极。(　　)

5.用酸度计测定水样 pH 值时,读数不正常,原因之一可能是仪器未用 pH 标准缓冲溶液较准。(　　)

三、计算题

当下列电池中的溶液是 pH＝4.00 的缓冲溶液时,在 25 ℃测定电池的电动势为0.209 V:

$$玻璃电极 \mid H^+(x \text{ mol} \cdot L^{-1}) \parallel SCE$$

当缓冲溶液由未知溶液代替时,测定电池电动势如下:(1)0.312 V;(2)0.088 V;(3)－0.017 V。试计算每种溶液的 pH 值。

(附加)任务3　饮用水中氟含量的测定

【任务分析】

本任务是要完成饮用水中氟含量的测定,氟含量是饮用水的重要质量指标之一。我们首先要了解氟含量的测定原理,然后利用直接电位分析仪器进行测定。

氟广泛存在于自然水体中,水中氟含量的高低对人体健康有一定影响,氟的含量过低易得龋齿,过高会发生氟中毒现象。饮用水中氟的含量适宜范围为 $0.5 \sim 1.5 \text{ mg} \cdot mL^{-1}$。

水中氟含量的测定方法有比色法和电位法。前者的测量范围较宽,但干扰因素多,往往要对试样进行预处理;后者的测量范围虽不如前者宽,但已能满足水质分析的要求,而且操作简便,干扰因素少,不必进行预处理。因此,电位法正逐渐取代比色法,成为测定氟离子的常规分析方法。

学习目标

1.知识目标

(1)熟悉离子选择性电极(例如氟电极)测定离子浓度的原理、测定方法。

(2)熟练掌握定量分析方法(标准曲线法、标准加入法)。

(3)了解影响测量准确度因素。

(4)熟悉 TISAB 的组成及作用。

2.能力目标

(1)会安装使用离子选择性电极(如氟电极)。

（2）会配制 TISAB 溶液和标准系列溶液。

（3）能进行定量分析操作、测定结果的数据记录和处理。

（4）能测定未知溶液的氟含量,对照标准分析产品的该指标是否合格。

3.素质目标

（1）具有高度的责任感。

（2）具有实事求是的工作作风。

（3）具有按规范、规程操作的习惯。

子任务 1　学习氟含量测定原理

一、氟含量测定的原理

溶液中各种离子活度（浓度）的测定可采用直接电位法。所用指示电极为对待测离子有选择性响应的离子选择性电极,参比电极经常使用饱和甘汞电极,组装成原电池为:

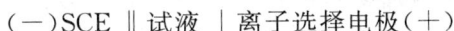

（－）SCE ‖ 试液 ｜ 离子选择电极（＋）

电池电动势为:

$$E = K \pm \frac{2.303RT}{nF}\lg a_i$$

当离子选择性电极作正极时,对阳离子响应的电极,取正号;对阴离子响应的电极,取负号。离子活（浓）度的电位法测定装置示意图如图 1-14 所示。

图 1-14　离子活（浓）度的电位法测定装置
1—容器；2—电磁搅拌器；3—旋转磁铁；4—玻璃封闭铁搅棒；5—待测离子试液

例如,用氟离子选择性电极测定氟离子的活（浓）度,其工作电池为:

SCE ‖ 试液 | 氟离子选择性电极

以氟离子选择电极为指示电极,饱和甘汞电极为参比电极,可测定溶液中氟离子含量。工作电池的电动势 E,在一定条件下与氟离子活度 a_{F^-} 的对数值成直线关系。测量时,若指示电极接正极,则:

$$E = K' - 0.0592\lg a_{F^-} \quad (25\ ℃)$$

当溶液的总离子强度不变时,上式可改写为:

$$E = K - 0.0592\lg c_{F^-}$$

因此在一定条件下,电池电动势与试液中氟离子浓度的对数呈线性关系,可用标准曲线法和标准加入法进行测定。

温度、溶液 pH 值、离子强度、共存离子均要影响测定的准确度。因此为了保证测定准确度,需向标准溶液和待测试样中加入 TISAB,以使溶液中离子平均活度系数保持定值,并控制溶液的 pH 值和消除共存离子干扰。

【附:TISAB(总离子强度调节缓冲剂)——直接电位法中加入的一种不含被测离子、不污损电极的浓电解质溶液,由固定离子强度和保持液接电位稳定的离子强度调节剂、起pH 缓冲作用的缓冲剂、掩蔽干扰离子的掩蔽剂组成。TISAB 的作用主要有:第一,维持试液和标准溶液恒定的离子强度;第二,保持试液在离子选择性电极适合的 pH 值范围内,避免 H^+ 或 OH^- 的干扰;第三,使被测离子释放成为可检测的游离离子。例如用氟离子选择性电极测定水中的 F^- 所加入的 TISAB 的组成为 NaCl($1\ mol \cdot L^{-1}$)、HAc($0.25\ mol \cdot L^{-1}$)、NaAc($0.75\ mol \cdot L^{-1}$)及柠檬酸钠($0.001 mol \cdot L^{-1}$)。其中 NaCl 溶液用于调节离子强度;HAc-NaAc 组成缓冲体系,使溶液 pH 值保持在氟离子选择性电极适合的pH($5\sim5.5$)范围之内;柠檬酸钠作为掩蔽剂消除 Fe^{3+}、Al^{3+} 的干扰。值得注意的是,所加入的 TISAB 中不能含有能被所用的离子选择性电极所响应的离子。】

二、离子选择性电极定量分析方法与影响测定准确度的因素

1. 标准曲线法

(1)原理:标准曲线法是最常用的定量方法之一。具体做法是:用待测离子的纯物质配制一系列不同浓度的标准溶液,向标准溶液和待测溶液中加入相同量 TISAB,在同一条件下,测出各标准溶液的电动势 E,以各标准溶液的电动势 E 为纵坐标,以浓度 c 的对数(或负对数值)为横坐标,绘制 $E\text{-}\lg c_i$ 或 $E\text{-}(-\lg c_i)$ 的关系曲线(图 1-15)。

在待测溶液中加入同样量的同一 TISAB 溶液,在相同条件下测定其电池电动势 E_x,从标准曲线上查出 E_x 所对应的 $\lg c_x$,换算为 c_x。

注:当 c_i 浓度以 $mol \cdot L^{-1}$ 表示时,由于其数值小,宜用 $-\lg c$ 作横坐标,如果 c_i 以 $\mu g \cdot L^{-1}$ 表示时,其数值大,用 $\lg c$ 为横坐标较为方便。标准曲线不一定是通过零点的直线,电位值也不一定是正值,也可以是负值。对于阴离子,浓度愈大电位值愈小。

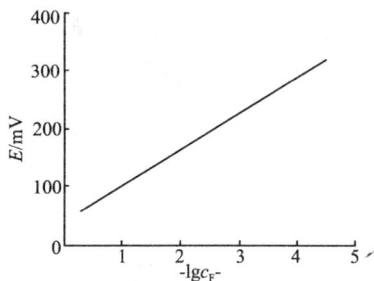

图 1-15 测定 F^- 的标准曲线

(2)适用:可测范围广,适合大批组成简单的试样分析。

(3)优点:操作简单,计算方便。

(4)要求:标液与试液的离子强度和组成相近。采用标准曲线法进行测量时实验条件必须保持恒定,否则将影响其线性。若试剂等更换,应重做标准曲线。

2. 标准加入法

(1)原理:标准曲线法要求标液与试液的离子强度和组成相近,否则将会由活度系数

值发生变化而引起误差。特别是当组分比较复杂时,用标准曲线法定量误差很大。用标准加入法可在一定程度上减小此误差。

标准加入法是将小体积的标准溶液加到已知体积的未知试样中。根据加标试样前后电池电动势的变化计算试液中被测离子的浓度。具体做法是:在一定实验条件下(25 ℃),先测定由试样溶液(c_x,c_x)和电极组成电池的电动势 E_x,再向试样溶液(c_x,V_x)中加入体积为 V_s 的标准溶液,标准溶液浓度为 c_s($c_s > 100c_x$,$V_s < V_x/100$),则试样溶液浓度增量为 $\Delta c = c_s V_s / V_x$,测量其电池的电动势 E_{x+s}。

$$E_x = K + \frac{0.0592}{n}\lg c_x \qquad\qquad ①$$

$$E_{x+s} = K + \frac{0.0592}{n}\lg(c_x + \Delta c) \qquad ②$$

②-①,令 $S = \dfrac{0.0592}{n}$

则 $\Delta E = S \cdot \lg(1 + \Delta c/c_x)$

由 $\Delta E = S \cdot \lg(1 + \Delta c/c_x)$ 求得: $\quad c_x = \Delta c(10^{\Delta E/S} - 1)^{-1}$

(2)适用:试样组成较为复杂、变动大的样品。

(3)优点:操作步骤简单、快速,准确度较高。

3. 影响测量结果准确度的因素

以离子选择性电极测量试液的离子浓度时,需要考虑影响电极电位的各种因素(如电极性能、测量系统、温度、溶液组成等)。以下是影响测定因素的几个主要方面:

(1)温度:温度的变化会引起直线斜率和截距的变化,而 K' 所包括的参比电极电位,膜电位,液接电位等均与温度有关。因此在整个测量过程中应保持温度恒定,以提高测定的准确度。

(2)电动势的测量:受毫伏计精密度、参比电极和离子选择性电极性能等因素的影响,实际测量的电池电动势与真实值往往有一定偏差。

(3)干扰离子:干扰离子能直接为电极响应的,则其干扰效应为正误差;干扰离子与被测离子反应生成一种在电极上不发生响应的物质,则其干扰效应为负误差。消除共存干扰离子的常用方法是加入掩蔽剂。另外还可根据具体情况采用加入氧化剂或还原剂的方法或调节溶液 pH 来消除干扰离子的影响。必要时需要预分离。

(4)溶液的酸度:溶液测量的酸度范围与电极类型和被测溶液浓度有关,在测定过程中必须保持恒定的 pH 范围,必要时使用缓冲溶液来维持。

(5)待测离子浓度:离子选择性电极可以测定的浓度范围一般为 $10^{-1} \sim 10^{-6}$ mol·L^{-1}。检测下限主要决定于组成电极膜的活性物质性质,同时共存离子的干扰、pH 值等因素也要影响测定的线性范围。

(6)迟滞效应:迟滞效应是指对同一活度值的离子试液测出的电位值与电极在测定前接触的试液成分有关的现象,也称为电极存储效应,它是直接电位法出现误差的主要原因之一。如果每次测量前都用去离子水将电极电位清洗至一定的值,则可有效地减免此类误差。

子任务 2　测定饮用水中氟含量

一、氟含量测定原理
见子任务 1(学习氟含量测定原理)。

二、试剂和仪器

1. 仪器

精密酸度计,氟离子选择性电极,饱和甘汞电极,电磁搅拌器,吸量管,100mL 容量瓶等。

2. 试剂

(1)氟标准贮备液:准确称取经 110 ℃干燥 2 h 的氟化钠 0.2210 g,用水溶解,转入 1000 mL 容量瓶中,用去离子水稀释至刻度,摇匀,贮于聚乙烯瓶中待用。此溶液含氟量为 100.0 $\mu g \cdot mL^{-1}$。

(2)氟标准溶液:取 10.00 mL 氟标准储备液置于 100 mL 容量瓶中加水稀释至刻度,摇匀。此溶液含氟量为 10.00 $\mu g \cdot mL^{-1}$。

(3)总离子强度调节缓冲溶液(TISAB):加入 500 mL 水与 57 mL 冰醋酸,58 g NaCl,12 g 柠檬酸钠($Na_3C_6H_5O_7 \cdot 2H_2O$),搅拌至溶解。将烧杯放冷后,缓慢加入 6 mol $\cdot L^{-1}$ NaOH 溶液(约 125 mL),直到 pH 值为 5.0~5.5,冷至室温,转入 1000 mL 容量瓶中,用去离子水稀释至刻度。

(4)含 F^- 的饮用水样。

三、操作步骤

1. 电极的准备

(1)氟电极的准备:氟电极在使用前,宜在 10^{-3} mol $\cdot L^{-1}$ 的 NaF 溶液中浸泡活化 1~2 h,然后用蒸馏水清洗电极数次,直至测得的电位值约为 -300 mV(此值各支电极不同)。

(2)饱和甘汞电极的准备:取下电极下端和上侧小胶帽,检查和预处理。用蒸馏水清洗电极外部,并用滤纸吸干外壁水分。

2. 仪器的准备和电极的安装

按仪器说明书,接通电源,预热 20 min。接入饱和甘汞电极和氟离子选择性电极。

3. 方法一(标准曲线法)

(1)标准溶液系列的配制:吸取 0.00 mL、0.50 mL、1.00 mL、3.00 mL、5.00 mL、8.00 mL、10.00 mL 浓度为 10.00 $\mu g \cdot mL^{-1}$ 的氟标准溶液,分别置于 7 个 100 mL 容量瓶中,各加入 20 mLTISAB 溶液,加水稀释至刻度,摇匀备用。

（2）测量：将标准系列溶液由低浓度到高浓度依次移入塑料烧杯中（空白溶液除外），插入氟电极和参比电极，在搅拌条件下待电位稳定后读出电位值 E，记录数据。

（3）水样的测定：吸取含 F^- 的饮用水样 25.00 mL 于 50 mL 容量瓶中，加入 10 mL TISAB 溶液，用蒸馏水稀释至刻度，摇匀，按上述操作同法测定电位值，然后在工作曲线上查得氟含量。

注意：读数时应停止搅拌。每测完一次均要用去离子水清洗至原空白电位值。

4. 方法二（标准加入法）

取水样 20.00 mL（或适量）于 100 mL 容量瓶中，加入 20 mL TISAB 溶液，用水稀释至刻度，摇匀后全部转入 200 mL 干燥烧杯中，测定电位值 E_1。

向被测溶液中加入 1.00 mL 浓度为 10.00 $\mu g \cdot mL^{-1}$ 的氟标准溶液，搅拌均匀，测定其电位值为 E_2。将标准系列中的空白溶液全部加到上面测过 E_2 的试液中，使试液稀释 1 倍，搅拌均匀，测定其电位值为 E_3。

5. 结束工作

用蒸馏水清洗电极数次，直至接近空白电位值，晾干后收入电极盒中保存，（电极暂不使用时，宜干放；若连续使用期间的间隙内，可浸泡在水中）。

关闭仪器电源开关。清洗试杯，晾干后放回原处。整理工作台，罩上仪器防尘罩，填写仪器使用记录。

四、数据处理

1. 标准曲线法数据处理

根据所测标准系列数据，在坐标纸上，作 E(mV)-pF 图，即得标准工作曲线，在标准曲线上查出稀释后水样的 F^- 浓度（或 pF 值），然后计算出水样中含氟量 ρ_{F^-}（$\mu g \cdot mL^{-1}$）。

表 1-6　　　　　　　　　　　标准曲线法数据处理表

溶液	标准溶液						水样
容量瓶编号	1	2	3	4	5	6	
$V(F^-)$/mL							
F^- 浓度 /$\mu g \cdot mL^{-1}$							
pF							
E/mV							

2. 标准加入法数据处理

水样试液中 F^- 浓度为：

$$c_{F^-} = \frac{c_s V_s}{c_s + V_x}(10^{\frac{|E_2 - E_1|}{S} - 1} - 1)^{-1}$$

水样中 F^- 含量为：

$$\rho_{F^-} = \frac{c_{F^-} \times 100.0}{20.00}$$

式中,S 为电极响应斜率,理论值为 $2.303RT/nF$,和实际值有一定的差别,为了避免引入误差,可由计算标准曲线的斜率求得,也可借稀释一倍的方法测得。在测出 E_2 后的溶液中加入同体积空白溶液,测其电位为 E_3,则实际响应斜率为:

$$S = \frac{E_3 - E_2}{-\lg 2}$$

任务考核

【考核评分表】

序号	作业项目	考核内容	配分	操作要求	考核记录	扣分	得分
一	仪器准备	仪器预热	5	已预热			
		电极准备、安装	5	正确			
二	标准曲线绘制及试样测定	容量瓶使用	5	正确规范(洗涤、试漏、定容)			
		移液管使用	5	正确规范(润洗、吸放、调刻度)			
		搅拌速度	5	正确			
		是否停止搅拌后读数	5	是			
		电极的洗涤	5	是			
		读数	10	及时、准确			
三	结果评价	准确度	15	合格			
		精密度	15	合格			
四	数据处理和实训报告	标准曲线,计算公式,计算方法和结果	20	正确、完整、规范、及时			
五	文明操作结束工作	物品摆放	5	仪器摆放整齐、无水迹或少水迹、废纸废液不乱扔乱倒			
六	总分						

技能训练测试题

一、简答题

1.哪些因素影响直接电位法测定的准确度?

2.测定 F^- 浓度时,为什么要在溶液中加入 TISAB?

3.请画图说明氟离子选择性电极的结构,并说明这种电极薄膜的化学组成。写出测定时氟离子选择电极与参比电极构成电池的表达式及其电池电动势的表达式。

4.简单说明电位法中标准加入法的特点和适用范围。

二、计算题

1.以 SCE 作正极,氟电极作负极,放入 $0.0010 \text{ mol} \cdot L^{-1}$ 的氟离子溶液中,测得 $E = -0.159 \text{ V}$,换用含氟离子试液,测定 $E = -0.218 \text{ V}$,计算试液中氟离子浓度。

2. 在 25 ℃时用标准加入法测定 Cu^{2+} 浓度，于 100 mL 铜盐溶液中添加 0.100 $mol \cdot L^{-1}$ $Cu(NO_3)_2$ 溶液 1 mL，电动势增加 4 mV，求原溶液的 Cu^{2+} 浓度。

任务4　工业盐中氯离子含量的测定

【任务分析】

见子项目1(工业盐中氯离子含量的测定)的项目分析。

📖 学习目标

1.知识目标

(1)熟悉电位滴定法的方法原理、滴定基本装置、电极选择及终点确定方法。

(2)了解电位滴定的应用。

2.能力目标

(1)会进行电位滴定仪器装置的连接、组装、电极选择和分析操作。

(2)会测定工业盐中氯离子的含量、进行数据处理，并能根据相关标准分析产品是否合格。

3.素质目标

(1)具有独立工作能力。

(2)具有团结协作能力。

子任务1　学习电位滴定法测定原理

一、电位滴定法的原理和装置

电位滴定法是将参比电极和指示电极浸入被滴定液中组装成原电池，随着滴定过程中被测离子活度的不断减小，指示电极电位不断发生变化。到达终点时，由于被测离子活度突然降为零导致指示电极电位发生突跃，由此确定滴定的终点。根据滴定剂和待测组分反应的化学计量关系，由滴定过程中消耗的滴定剂的量可计算待测组分含量。

因此电位滴定法与一般滴定分析法的根本区别是确定终点的方法不同。与一般滴定分析法采用的指示剂法相比，电位法判断终点更准确、可靠，此法还可用于无法用指示剂判断终点的浑浊或有色溶液的滴定。

电位滴定法的装置由四部分组成，即原电池、搅拌装置、毫伏计、滴定装置，如图 1-16 所示。

二、滴定终点的确定

1. E-V 曲线法

作两条与横坐标成 45 度的 E-V 曲线的平行切线，并在两条平行切线间做一与两条切线等距离的平行线，该线与 E-V 曲线的交点(曲线上转折点即斜率最大处对应 V)对应的滴定体积即为滴定终点体积。E-V 曲线如图 1-17。

图 1-16　电位滴定基本仪器

2. ΔE/ΔV-V 曲线法

将 V 对 $\Delta E/\Delta V$ 作图,可得到一呈峰状曲线,曲线最高点由实验点连线外推得到[尖峰处($\Delta E/\Delta V$ 极大值)]所对应 V,其对应的体积为滴定终点时标准滴定溶液所消耗的体积 V_{ep}。$\Delta E/\Delta V$-V 曲线如图 1-18 所示。

此法确定终点较准确,但测定步骤繁琐。

图 1-17 E-V 曲线

3. Δ²E/ΔV²-V 曲线法

以 $\Delta^2 E/\Delta V^2$ 对 V 作图,曲线最高点与最低点连线与横坐标的交点即为滴定终点体积。$\Delta^2 E/\Delta V^2$-V 曲线如图 1-19 所示。

三、特点

1. 不用指示剂而以电动势的变化确定终点。

2. 不受样品溶液有色或浑浊的影响。

3. 客观、准确,易于自动化。

4. 操作和数据处理麻烦。

图 1-18 $\Delta E/\Delta V$-V 曲线

四、应用

用于无合适指示剂或滴定突跃较小的滴定分析或用于确定新指示剂的变色和终点颜色。见表 1-7。

图 1-19 $\Delta^2 E/\Delta V^2$-V 曲线

表 1-7 电位滴定法部分应用举例

滴定方法	参比电极	指示电极	应用举例
酸碱滴定	甘汞电极	玻璃电极 锑电极	在 HAc 介质中,用 $HClO_4$ 溶液滴定吡啶;在乙醇介质中用 HCl 滴定三乙醇胺
沉淀滴定	甘汞电极	银电极	用 $AgNO_3$ 滴定 Cl^-、Br^-、I^-、CNS^-、S^{2-}、CN^- 等
		汞电极	用 $Hg(NO_3)_2$ 滴定 Cl^-、I^-、CNS^- 和 $C_2O_4^{2-}$ 等
氧化还原滴定	甘汞电极	铂电极	$KMnO_4$ 滴定 I^-、NO_2^-、Fe^{2+}、V^{4+}、Sn^{2+}、$C_2O_4^{2-}$ 等
			$K_2Cr_2O_7$ 滴定 Fe^{2+}、Sn^{2+}、I^-、Sb^{3+} 等
			$K_3[Fe(CN)_6]$ 滴定 Co^{2+} 等
络合滴定	甘汞电极	汞电极	用 EDTA 滴定 Cu^{2+}、Zn^{2+}、Ca^{2+}、Mg^{2+} 和 Al^{3+} 等多种金属离子
		铂电极	

子任务 2 学习电位滴定分析基本操作

一、原理

用重铬酸钾标准滴定溶液滴定硫酸亚铁铵试液中的 Fe^{2+},利用铂电极作指示电极,饱和甘汞电极作参比电极,与被测溶液组成工作电池。在滴定过程中,由于滴剂

$(Cr_2O_7^{2-})$加入,待测离子氧化态(Fe^{3+})与还原态(Fe^{2+})的活度比值发生变化,因此铂电极的电位也发生变化,在化学计量点附近产生电位突跃,可以用作图法或二阶微商法确定终点。

二、试剂与仪器

试剂:$c(1/6K_2Cr_2O_7)=0.1000\ mol\cdot L^{-1}$重铬酸钾标准溶液(准确称取在 120 ℃干燥过的基准试剂重铬酸钾 4.9033 g,溶于水后,定量转移至 1000 mL 容量瓶中,稀释至刻度)、H_2SO_4-H_3PO_4混合酸(1+1)、邻苯氨基苯甲酸指示液 2 g·L^{-1}、$w(HNO_3)=10\%$硝酸溶液、硫酸亚铁铵试液。

仪器:滴定管、移液管、铂电极、饱和甘汞电极、电磁搅拌器、酸度计或离子计。

三、操作步骤

1. 准备工作

(1)铂电极预处理:将铂电极浸入热的 $w(HNO_3)=10\%$硝酸溶液中数分钟,取出用去离子水冲洗干净,置于电极夹上。

(2)饱和甘汞电极准备:检查电极,用去离子水清洗外壁,并吸干外壁水珠,置于电极夹上。

(3)在洗净的滴定管中加入重铬酸钾标准滴定溶液,调零。

(4)开启仪器电源开关,预热 20 min。

2. 试液中 Fe^{2+} 含量的测定

移取 20.00 mL 试液于 250 mL 烧杯中,加入 H_2SO_4-H_3PO_4混合酸 10 mL,稀释至约50 mL 左右。将烧杯放在搅拌器盘上,放入洗净的搅拌子,加一滴邻苯氨基苯甲酸指示液,插入两电极,电极对正确连接于测量仪器上。

开启搅拌器,将选择开关置"mV"位置上,记录溶液的起始电位,然后滴加重铬酸钾标准溶液,待电位稳定后读取电位值及滴定剂加入体积。在开始滴定时,每加 5 mL 标准滴定溶液记录一次数据,然后依次减少体积加入量为 1.0 mL、0.5 mL 后记录。在化学计量点附近(电位突跃前后 1 mL 左右)每加 0.1 mL 记录一次,过化学计量点后再每加0.5 mL 或 1.0 mL 记录一次,直至电位变化不再变大为止。观察并记录溶液颜色变化和对应的电位值及滴定体积。平行测定三次。

3. 结束工作

(1)关闭仪器和搅拌电源开关。

(2)清洗滴定管、电极、烧杯并放回原处。

(3)清理工作台。

四、数据处理

计算试液中 Fe^{2+} 的质量浓度(g·L^{-1}),求出三次平行测定的平均值和标准偏差。

五、操作注意

1. 每滴加一次滴定剂,均应待溶液平衡后测量电动势,读取读数时关闭搅拌。

2. 滴定过程的关键是确定滴定反应的化学计量点时所消耗的滴定剂的体积。

3. 首先需要快速滴定寻找化学计量点所在的大致范围,正式滴定时,滴定突跃范围前后每次加入的滴定剂体积可以较大,突跃范围内每次滴加体积控制在 0.1 mL。

子任务 3　测定工业盐中氯离子含量

一、仪器、设备

离子计(或酸度计),精度 2 mV/格,量程 −500～+500 mV。

指示电极:银电极。

参比电极:双液接饱和甘汞电极,外盐桥充 3 mol/L 硝酸钾溶液。

测定用微量滴定管、容量瓶及移液管(预先校正)。

二、试剂和溶液

本方法所用试剂和水未注明要求时,均使用分析纯试剂和蒸馏水。标准溶液的配制与使用必须进行温度校正。

(1)氯化钠:0.1 mol·L^{-1} 标准溶液。称取 2.9222 g 磨细并在 500～600 ℃灼烧至恒重的氯化钠,称准至 0.0001 g,溶于不含氯离子的水中,移入 500 mL 容量瓶,加水稀释至刻度,摇匀。

(2)硝酸银:0.1 mol·L^{-1} 标准溶液。称取 85 g 硝酸银溶于 5 L 水中,混合均匀后贮于棕色瓶内备用(如浑浊,过滤)。

标定:吸取 10.00 mL 氯化钠标准溶液,置于 50 mL 烧杯中,按滴定程序进行标定。

硝酸银标准溶液对氯离子的滴定度计算:

$$T_{AgNO_3/Cl^-} = \frac{W \times 25/500 \times 0.6066}{V} \times \frac{P}{100.00}$$

式中　T_{AgNO_3/Cl^-} ——硝酸银标准溶液对氯离子的滴定度,mg·mL^{-1};

　　　W——称取氯化钠质量,mg;

　　　V——硝酸银标准溶液用量,mL;

　　　P——氯化钠纯度,%。

(3)硝酸钾:3 mol·L^{-1} 溶液。

三、实验步骤

1. 样品溶液的制备

称取一定量样品(氯化钠 27 g,氯化钾 34 g,氯化镁 44 g),称准至 0.001 g,置于 400 mL 烧杯中,加入 250 mL 水,加热溶解,冷却后移入 500 mL 容量瓶,加水稀释至刻度,摇匀。

取 25.00 mL 此溶液,置于 250 mL 容量瓶中,加水稀释至刻度,摇匀。

2. 滴定

吸取 10.00 mL 样品溶液于 50 mL 烧杯中,加 5 mL 水,搅拌下(电磁搅拌)插入指示电极和参比电极,连上导线,调整离子计,记录电位值。用 0.1 mol/L 硝酸银标准溶液滴定,同时观察电位值的变化。当电位值变化较大时,表明已接近终点,此时分次滴加 0.05 mL 硝酸银标准溶液,记录每次加入标准溶液后的电位值 E,计算出连续增加的电位值 ΔE_1 之间的差值 ΔE_2,ΔE_1 出现最大值表示终点已到。ΔE_1 出现最大值后再继续加入一次硝酸银标准溶液,并记录加入后的电位值 E。

3. 计算

滴定终点时硝酸银标准溶液用量计算:

$$V = V_0 + V_2 \times \frac{b}{B}$$

式中　V——滴定终点硝酸银标准溶液用量,mL;

　　　V_0——电位增量值 ΔE_1 达最大值前加入硝酸银标准溶液用量,mL;

　　　b——ΔE_2 最后一次正值;

　　　B——ΔE_2 最后一次正值和第一次负值的绝对值之和。

五、结果计算

氯离子含量计算:

$$\text{氯离子含量}(\%) = \frac{V \times T_{\text{AgNO}_3/\text{Cl}^-}}{W}$$

式中　V——硝酸银标准溶液用量,mL;

　　　$T_{\text{AgNO}_3/\text{Cl}^-}$——硝酸银标准溶液对氯离子的滴定度,mg·mL^{-1};

　　　W——所取样品质量,mg。

六、允许差(表 1-8)

表 1-8　　　　　　　　　　　　氯离子含量测量允许差

氯离子/%	允许差/%
34.00~47.00	0.18
>47.00	0.25

七、分析次数和报告值

同一实验取双样进行平行测定,其测定值之差超过允许差时应重新测定,平行测定值之差不超过允许差时取测定值的平均值作为报告值。

任务考核

【考核评分表】

序号	作业项目	考核内容	配分	操作要求	考核记录	扣分	得分
一	仪器准备	仪器预热	5	已预热			
		电极准备、安装	5	正确			
二	样品溶液的配制	容量瓶使用	5	正确规范(洗涤、试漏、定容)			
		移液管使用	5	正确规范(润洗、吸放、调刻度)			
三	电位滴定	滴定管的准备	5	正确规范(洗涤、试漏、润洗、排气泡、调零)			
		滴定操作	5	正确规范			
		搅拌速度	5	正确			
		是否停止搅拌后读数	5	是			
		滴定剂加入量的控制	5	是			
		读数	5	及时、准确			
四	结果评价	准确度	15	合格			
		精密度	15	合格			
五	数据处理和实训报告	原始数据,计算公式,计算方法和结果	15	正确、完整、规范、及时			
六	文明操作结束工作	物品摆放	5	仪器摆放整齐、无水迹或少水迹、废纸废液不乱扔乱倒			
七	总分						

技能训练测试题

一、简答题

1. 电位滴定法的原理是什么?

2. 电位滴定法中确定终点的方法有哪些?

3. 简述一般指示剂法和电位滴定法确定终点的异同点。

4. 试述电位滴定法的装置是由哪几部分组成的。

二、讨论题

列表说明各类反应的电位滴定中所用的指示电极及参比电极,并讨论选择指示电极的原则。

子项目 2　工业盐中微量钙镁离子含量的测定(可见分光光度法)

【项目分析】

工业盐质量检验标准见项目一(离子膜烧碱生产原料质量检验)的项目分析部分。

根据化学分析的知识,钙镁离子含量的测定可采用配位滴定法,主要用于常量测定。但这里我们的任务是测定工业盐中的微量钙镁离子,所以需要借助仪器分析的方法。根据国标 GB/T 5462－2003,工业盐中微量钙镁离子含量的测定使用可见分光光度法。

任务 1　认识紫外-可见分光光度法并学习仪器使用方法

【任务分析】

完成本子项目所需要的仪器和试剂包括分光光度计、辅助试剂、分析用玻璃仪器、工业盐样品等。我们的任务是首先学习紫外-可见分光光度法的基本原理,然后学习如何使用这些仪器。

➭ 学习目标

1.知识目标

(1)了解光和光谱的性质。

(2)掌握吸收定律公式、物理意义、相关计算及应用。

(3)熟悉紫外-可见分光光度计的类型、仪器基本组成部分、工作流程和原理、主要部件的作用、使用条件和维护保养常识、仪器检查和调校方法(波长准确度、吸收池配套性等)。

2.能力目标

(1)会进行仪器的检查(波长校正、吸收池配套等)。

(2)会使用仪器(开机、关机、调零等)和进行仪器的日常维护保养。

3.素质目标

(1)高度的责任感和"质量第一"的理念。

(2)具有实事求是的工作作风。

(3)具有较好的团结协作能力。

子任务 1　了解紫外-可见分光光度法

可见分光光度法属于分光光度法的一种。分光光度法是利用分光光度计,根据物质对不同波长的单色光的吸收程度不同而对物质进行定性和定量分析的方法。按所用光的波谱区域不同又可分为:可见分光光度法(400~780 nm),主要用于有色物质的定量分析;紫外分光光度法(200~400 nm),可用于结构鉴定和定量分析;红外分光光度法(3×10^3~3×10^4 nm),主要用于有机化合物结构鉴定。

其中可见分光光度法和紫外分光光度法合称紫外-可见分光光度法。紫外-可见分光光度法(UV-Vis)是基于物质分子对 200~780 nm 区域内光辐射的吸收而建立起来的分析方法,又称电子光谱法。紫外-可见分光光度法是仪器分析中应用最为广泛的分析方法之一。该法的基本特点是:①灵敏度较高,检出限较低。可测定 μg 甚至 ng 级的物质。②电子光谱图较简单,分析速度较快。③应用范围广。在无机化合物分析、有机化合物的鉴定和结构分析、同分异构体的鉴别、配合物的组成和稳定常数的测定等方面都有应用。紫外-可见分光光度法测定的相对误差为 2%～5%,适合于测定低含量和微量组分,不适用于中、高含量组分的测定。

由于分光光度法是利用分光光度计根据物质对不同波长的单色光的吸收程度不同而对物质进行定性和定量分析的方法,所以在此首先了解一下物质对光的吸收情况。

一、光与光谱的知识

1. 光的性质

光是一种电磁波,按照波长(或频率)排列,可得到电磁波谱图(图 1-20)。

图 1-20 光的电磁波谱图

光具有波粒二象性,一定波长的光具有一定的能量,波长越长(频率越低),光量子的能量越低。具有相同能量(相同波长)的光为单色光,由不同能量(不同波长)的光组合在一起的称为复合光。若两种不同颜色的单色光按一定的强度比例混合得到白光,那么就称这两种单色光为互补光,这种现象称为光的互补。不同颜色的吸收光见表 1-9。

表 1-9　　　　　　　　　　不同颜色的吸收光

物质颜色	吸收光	
	颜色	波长/nm
黄绿	紫	400～450
黄	蓝	450～480
橙	绿蓝	480～490
红	蓝绿	490～500
紫红	绿	500～560
紫	黄绿	560～580
蓝	黄	580～600
绿蓝	橙	600～650
蓝绿	红	650～780

　　白光是复合光,例如日光、白炽灯光等白光都是复合光。让一束白光通过分光元件,它将分解成红、橙、黄、绿、青、蓝、紫等各种颜色的光,即可见光谱(图 1-21)。

图 1-21　白光分解得到可见光

2. 物质颜色的产生

　　当光照射到物质上时,会产生反射、散射、吸收或透射现象,若被照射的物质为溶液,光的散射可以忽略。当一束白光照射某一有色溶液时,一些波长的光被溶液吸收,另一些波长的光则透过,溶液的颜色由透射光的波长所决定。吸收光与透射光互为补色光。如硫酸铜溶液吸收白光中的黄色光而呈现蓝色;高锰酸钾溶液吸收绿色的光而呈紫红色。

　　为什么物质溶液吸收有些波长的光,而另一些波长的光则不被吸收? 为什么不同的物质溶液呈现不同的颜色?

　　分子、原子和离子,都具有不连续的量子化能级,在一般情况下分子处于最低能态(基态)。当入射光照射物质时,分子会选择性地吸收某些波长的光,由基态跃迁到激发态(较高能级),其能级差 $E_{激发态} - E_{基态}$ 与选择性吸收的光子能量 $h\upsilon$ 的关系为:

$$h\upsilon = E_{激发态} - E_{基态}$$

　　由于各种分子运动所处的能级和产生能级跃迁时能量变化都是量子化的,因此在分子运动产生能级跃迁时,只能吸收分子运动相对应的特定频率(或波长)的光能。而不同物质分子内部结构不同,分子的能级也是千差万别,各种能级之间的间隔也互不相同,这样就决定了它们对不同波长光的选择性吸收。

　　物质的颜色是基于物质对光有选择性吸收的结果,而物质呈现的颜色则是被物质吸收光的互补色。

二、吸收定律

1. 朗伯-比尔定律(Lambert-Beer)

　　当一束平行的单色光垂直照射到一定浓度的均匀透明溶液时,光的一部分被吸收,一部分被容器表面反射。设入射光强度为 I_0,透射光强度为 I(图 1-22)。

　　透射光强度(I)与入射光强度(I_0)之比称为透射比(亦称透射率),用 T 表示,则有:

$$T = \frac{I}{I_0}$$

图 1-22　溶液对单色光的吸收

　　溶液的 T 越大,表明它对光的吸收越弱;反之,T 越小,表明它对光的吸收越强。为了更明确地表明溶液的吸光强弱与表达物理量的相应关系,常用吸光度 A 表示物质对光的吸收程度,其定义为:

$$A = \lg \frac{1}{T} = \lg \frac{I_0}{I}$$

　　A 值越大,表明物质对光吸收越强。T 及 A 都是表示物质对光吸收程度的一种量度,透射比常以百分率表示,称为百分透射比,$T\%$;吸光度 A 没有单位,两者可通过公式互相换算。

当入射光波长一定时,溶液的吸光度 A 是吸光物质的浓度 c 及吸收介质厚度 b(吸收光程)的函数。朗伯和比耳分别于 1760 年和 1852 年研究了这三者的定量关系。

朗伯-比尔定律表明:当一束平行单色光垂直入射通过均匀、透明的吸光物质的稀溶液时,溶液对光的吸收程度与溶液的浓度及液层厚度的乘积成正比,即

$$A = Kbc$$

式中　　A——吸光度;

　　　　K——吸光系数;

　　　　b——液层厚度;

　　　　c——溶液浓度。

朗伯-比尔定律是光吸收的基本定律,俗称"光吸收定律",是分光光度法定量分析的依据和基础。该定律不仅适用于溶液对光的吸收,也适用于气体或固体对光的吸收。

朗伯-比尔定律应用的条件:一是必须使用单色光,二是吸收发生在均匀的介质,三是吸收过程中,吸收物质互相不发生作用。

2. 摩尔吸光系数和质量吸光系数

吸光系数是吸收物质在一定波长和溶剂条件下的特征常数。

(1)摩尔吸光系数

当溶液浓度以 $mol \cdot L^{-1}$ 为单位、液层厚度以 cm 为单位时,K 常用 ε 代替,ε 称为摩尔吸光系数,其单位为 $L \cdot mol^{-1} \cdot cm^{-1}$。此时朗伯-比尔定律可写为:

$$A = \varepsilon bc$$

摩尔吸光系数的物理意义是:浓度为 $1 \ mol \cdot L^{-1}$ 的溶液,于厚度为 1 cm 的吸收池中,在一定波长下测得的吸光度。

吸光系数有如下特点:一是不随浓度和液层厚度的改变而改变。在温度和波长等条件一定时,吸光系数仅与吸收物质本身的性质有关,与待测物质浓度无关,可作为定性鉴定的参数。二是同一吸收物质在不同波长下的 ε 值是不同的。在最大吸收波长处的摩尔吸光系数,常以 ε_{max} 表示。ε_{max} 表明了该吸收物质最大限度的吸光能力,也反映了光度法测定该物质可能达到的最大灵敏度。三是 ε_{max} 越大表明该物质的吸光能力越强,用光度法测定该物质的灵敏度越高。一般认为,$\varepsilon < 1 \times 10^4$,则方法的灵敏度较低;$\varepsilon$ 在 $1 \times 10^4 \sim 5 \times 10^4$ 时,方法的灵敏度为中等;ε 为 $5 \times 10^4 \sim 1 \times 10^5$ 时,灵敏度高;$\varepsilon > 1 \times 10^5$,属超高灵敏度。

(2)质量吸光系数

质量吸光系数适用于摩尔质量未知的化合物。若溶液浓度以质量浓度 $\rho(g \cdot L^{-1})$ 表示,液层厚度以 cm 表示,相应的吸光度,则为质量吸光度,质量吸光系数以 a 表示,其单位为 $L \cdot g^{-1} \cdot cm^{-1}$。这样朗伯-比尔定律可表示为:

$$A = ab\rho$$

3. 吸光度的加和性

在多组分的体系中,在某一波长下,如果各种对光有吸收的物质之间没有相互作用,则体系在该波长的总吸光度等于各组分吸光度的和,即吸光度具有加和性,称为吸光度加

和性原理。可表示如下：

$$A_{总} = A_1 + A_2 + \cdots + A_n = \sum A_n$$

式中各吸光度的下标表示组分 $1, 2, \cdots, n$。

吸光度的加和性对多组分同时定量测定,校正干扰等都极为有用。

4. 影响吸收定律的主要因素

根据吸收定律,当吸收池厚度为恒定时,吸光度与试样的浓度成正比,以吸光度对浓度作图应得到一条通过原点的直线。但实际测定时,有时这条直线会发生弯曲,或者直线不过原点。这种现象称为偏离光吸收定律(图 1-23)。引起这种偏离的因素主要有物理性因素、化学性因素和吸收定律的局限性。

图 1-23　偏离朗伯-比尔定律
1—无偏离;2—正偏离;3—负偏离

(1)物理性因素

物理性因素是由仪器的非理想状态引起的。一般的分光光度计只能获得近乎单色的狭窄光带,难以获得真正的纯单色光。而物质对不同波长的光吸收程度不同(即吸光系数不同),因而导致了对吸收定律的偏离。非单色光、杂散光、非平行入射光都会引起对吸收定律的偏离。

(2)化学性因素

溶液中的吸光物质因离解、缔合,形成新的化合物而改变了吸光物质的浓度,导致偏离光吸收定律。因此,测量前的化学预处理工作是十分重要的,如控制好显色反应条件,控制溶液的化学平衡等,以防止产生偏离。

(3)吸收定律的局限性

严格说,吸收定律是一个有限定律,它只适用于浓度小于 $0.01\ \mathrm{mol \cdot L^{-1}}$ 的稀溶液。因为浓度高时,吸光粒子间平均距离减小,以致每个粒子都会影响其邻近粒子的电荷分布。这种相互作用使它们的摩尔吸光系数 ε 发生改变,因而导致偏离光吸收定律。为此,在实际工作中,待测溶液的浓度应控制在 $0.01\ \mathrm{mol \cdot L^{-1}}$ 以下。

子任务 2　认识紫外-可见分光光度计

一、紫外-可见分光光度计的组成和各部分作用

尽管紫外-可见分光光度计的种类和型号繁多,但它们都是由以下基本部件组成的(图 1-24):

光源→单色器→吸收池→检测器→信号显示系统

如图 1-24 所示,由光源发出的光,经单色器获得一定波长单色光照射到样品溶液,被吸收后,经检测器将光强度变化转变为电信号变化,并经信号显示系统调制放大后,显示或打印出吸光度 A(或透射比 T),完成测定。

1. 光源

(1)作用:供给符合要求的入射光。

图 1-24　分光光度计工作原理示意图

(2)要求:在仪器操作所需的光谱区域内能够发射连续辐射;应有足够的辐射强度及良好的稳定性;辐射强度随波长的变化应尽可能小;光源的使用寿命长,操作方便。

(3)种类:

a.钨灯或卤钨灯

提供可见光源,可发射波长为 320~1000 nm。使用时必须严格控制灯丝电压,必要时配备稳压装置,以保证光源的稳定。

b.氢灯或氘灯

提供紫外光源,可发射波长为 185~375 nm。用稳压电源供电,放电十分稳定,光强度大且恒定。氘灯的灯管内充有氢同位素氘,其光谱分布与氢灯类似,但光强度比同功率的氢灯大 3~5 倍,是紫外光区应用最广泛的一种光源。

2. 单色器

(1)作用:把光源发出的连续光谱分解成单色光,并能准确方便地"取出"所需要的某一波长的光。

(2)组成:单色器主要由狭缝、色散元件和透镜系统组成。

(3)分类:棱镜单色器、光栅单色器。

3. 吸收池(图 1-25)

(1)作用:盛放待测液和决定透光液厚度的器件。

(2)分类:玻璃吸收池——能吸收紫外光,仅适用于可见光区。石英吸收池——不能吸收紫外光,适用于紫外和可见光区。

(3)要求:匹配性(对光的吸收和反射应一致)——测量前进行配套性检验。

图 1-25　吸收池

(4)规格:0.5、1.0、2.0、3.0、5.0 cm 等。

(5)使用:手执两侧的毛面,盛放液体高度四分之三;用擦镜纸或丝绸擦拭光学面;吸收池使用后应立即用水冲洗干净,有色物污染可以用 3 mol·L^{-1} HCl 和等体积乙醇的混合液浸泡洗涤;凡含有腐蚀玻璃的物质(如 F$^-$、SnCl$_2$、H$_3$PO$_4$ 等)的溶液,不得长时间盛放在吸收池中;不得在火焰或电炉上进行加热或烘烤吸收池。

4. 检测器

(1)作用:将光信号转变为电信号的装置。

(2)常用检测器:光电池,光电管(红敏和蓝敏),光电倍增管,二极管阵列检测器。二极管阵列检测器的特点是响应速度快,但灵敏度不如光电倍增管,后者具有很高的放大倍数。目前紫外-可见分光光度计广泛使用光电倍增管作检测器。

5. 信号显示系统

(1)作用:将检测器的电信号经过放大后,以一定的形式显示,方便计算和记录。

(2)显示装置:检流计、微安表、数字显示记录仪等。

二、紫外-可见分光光度计的类型及特点

紫外-可见分光光度计按使用波长范围可分为:可见分光光度计和紫外-可见分光光度计两类。前者的使用波长范围是 $400 \sim 780$ nm;后者的使用波长范围为 $200 \sim 1000$ nm。可见分光光度计只能用于测量有色溶液的吸光度,而紫外-可见分光光度计可测量在紫外、可见及近红外有吸收的物质的吸光度。

按光路结构,紫外-可见分光光度计可分为单光束式及双光束式两类。

1. 单光束分光光度计

单光束是指从光源发出的光,经过单色器分光后只得一束光,从进入吸收池到最后照在检测器,始终为一束光。721、722、751、7504、T6 等型号分光光度计均为单光束分光光度计。单光束分光光度计基本光路如图 1-26 所示。

图 1-26 单光束分光光度计基本光路

单光束分光光度计的特点是结构简单、价格低,主要适于定量分析。其不足之处是操作麻烦,任一波长的光均要用参比调 $T = 100\%$,再测样品。另外光源不稳定性会影响测量准确度。

2. 双光束分光光度计

从光源中发出的光经过单色器后被一个旋转的扇面镜(即斩光器)分为强度相等的两束光,分别通过参比溶液和样品溶液后,再经扇面镜将两束光交替地投射到同一检测器上。在光电倍增管上产生交变脉冲信号,经比较放大后,由显示器显示出透光度、吸光度、浓度或进行波长扫描记录吸收光谱。710、730、760MC、760CRT、日本岛津 UV-210 等型号分光光度计属于双光束分光光度计。双光束分光光度计基本光路如图 1-27 所示。

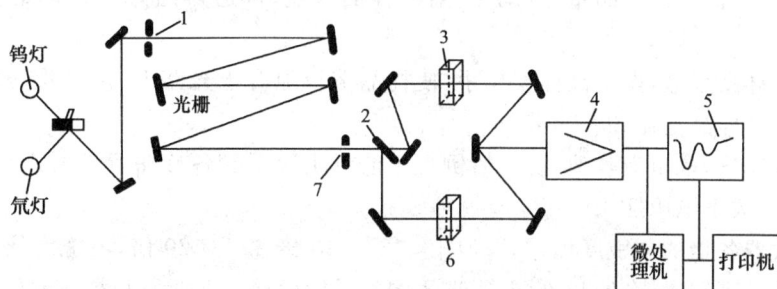

图 1-27 双光束分光光度计基本光路

1—进口狭缝;2—切光器;3—参比池;4—检测器;5—记录仪;6—试样池;7—出口狭缝

双光束分光光度计的特点是测量方便,不需要更换吸收池;实现了快速自动吸收光谱扫描;补偿了光源不稳定性的影响。

子任务 3　学习紫外-可见和可见分光光度计的使用

一、紫外-可见分光光度计的校验

1. 波长的校正

(1)仪器波长的一般性检查

开启仪器,在吸收池位置插入一块白色硬纸片,将波长从 720 nm 向 420 nm 方向调节,观察出口狭缝射出的光线颜色是否与波长调节器所指示的波长相符,(黄色光波长范围较窄,将波长调节在 580 nm 处应出现黄光),若相符,表示该仪器分光系统基本正常。

(2)使用镨钕滤光片检查仪器波长

检查方法:把镨钕滤光片放入比色皿架内,将波长调节到 520 nm,在空白挡上调节 $T=100\%$,然后拉动拉杆使镨钕滤光片进入光路测定透过率,记下读数。在 520~540 nm 间每隔 2 nm 测定一次透过率(注意:每改变一次波长,都应调节空气参比 $T=100\%$),找出最小透过率值对应的波长。合格的分光光度计要求测出的峰的最大吸收波长与仪器标示值相差在 ±3 nm 以内。

2. 吸收池配套检验

在一组吸收池中加入已配好的 30 $\mu g/mL$ 重铬酸钾,调节波长 440 nm,选择其中透过率最大的吸收池为参比,调节其透过率 $T=100\%$,测定并记录其他比色皿的透过率值,要求透过率的最大值与最小值之差不大于 0.5%。若所测各吸收池透过率偏差小于 0.5%,则这些吸收池可配套使用。超出上述偏差的吸收池不能配套使用。

二、721 型可见分光光度计的使用步骤

1.检查仪器各调节钮的起始位置是否正确,接通电源开关,打开样品室暗箱盖,使电表指针处于"0"位,预热 20 min 后,再选择需用的单色光波长和相应的放大灵敏度挡,用调"0"电位器调整电表为 $T=0\%$。

2.盖上样品室盖使光电管受光,推动试样架拉手,使参比溶液池(溶液装入 4/5 高度,置第一格)置于光路上,调节 100%透射比调节器,使电表指针指示 $T=100\%$。

3.重复进行"打开样品室盖,调零,盖上样品室盖,调透射比为 100%"的操作至仪器稳定。

4.盖上样品室盖,推动试样架拉手,使样品溶液池置于光路上,读出吸光度值。读数后应立即打开样品室盖。

5.测量完毕,取出吸收池,洗净后倒置于滤纸上晾干。各旋钮置于原来位置,电源开关置于"关",拔下电源插头。

6.放大器各挡的灵敏度为:"1"×1 倍、"2"×10 倍、"3"×20 倍,灵敏度依次增大。由于单色光波长不同时,光能量不同,需选不同的灵敏度挡。选择原则是在能使参比溶液调到 $T=100\%$ 处时,尽量使用灵敏度较低的挡,以提高仪器的稳定性。改变灵敏度挡后,应重新调"0"和"100"。

721型分光光度计结构图和实物外观图分别如图1-28和图1-29所示。

图1-28　721型分光光度计结构图

1—波长读数盘;2—微安表;3—比色皿暗盒盖;4—波长调节器;5—"0"透射比调节器;6—"100%"透射比调节器;7—比色皿架拉杆;8—灵敏度选择;9—电源开关

图1-29　721型分光光度计

三、T6紫外-可见分光光度计的使用步骤

1. 打开仪器(图1-33)电源,等待自检完成后显示主界面。此过程中样品池盖要盖着,样品池中不要放置比色皿。

2. 按"ENTER"键选择光度测量功能。

3. 按"SET"键进入参数设置。

4. 测光方式选吸光度Abs。

5. 选择试样设定。

6. 选择试样室(五连池,八连池,固定池)要与仪器硬件配置相同。

图1-30　T6紫外-可见分光光度计

7. 选择使用样品池数,也就是使用的比色皿个数。

8. 空白溶液校正和试样池空白校正都选择否,其他项不动,

9. "按RETURN"键返回光度测量主界面。

10. 按"Gotoλ"键输入测量波长后按"ENTER"键确认。

11. 将放有空白溶液的比色皿放入1号样品池中按"Zero"键校零。

12. 按"START/STOP"键进入测量界面,将放有样品溶液的比色皿放入样品池中按"START/STOP"键测量,就会出现测量结果。

13. 测量结束后返回到主界面。

14. 关闭仪器电源。

技能训练测试题

一、简答题

1. 试说明紫外-可见分光光度计基本结构,并指出各部件作用。

2. 分光光度计检查和调校的内容包括哪些?

二、单选题

1.紫外-可见分光光度法的适合检测波长范围是:(　　)。

A.400~780 nm　　　B.200~400 nm　　　C.200~780 nm　　　D.200~1000 nm

2.分光光度法的吸光度与(　　)无关。

A.入射光的波长　　B.液层的高度　　　C.液层的厚度　　　D.溶液的浓度

3.在分光光度法中,宜选用的吸光度读数范围是(　　)。

A.0~0.2　　　　　B.0.1~∞　　　　　C.1~2　　　　　　D.0.2~0.8

4.721型分光光度计在使用时发现波长在580 nm处,出射光不是黄色,而是其他颜色,其原因可能是(　　)。

A.有电磁干扰,导致仪器失灵

B.仪器零部件配置不合理,产生实验误差

C.实验室电路的电压小于380 V

D.波长指示值与实际出射光谱值不符合

5.在分光光度法中,应用光的吸收定律进行定量分析,应采用的入射光为(　　)。

A.白光　　　　　　B.单色光　　　　　C.可见光　　　　　D.复合光

6.紫外-可见分光光度计中的成套吸收池其透光率之差应不大于(　　)。

A.0.5%　　　　　　B.0.1%　　　　　　C.0.1%~0.2%　　D.5%

7.可见分光光度计提供的波长范围是(　　)。

A.800~1000 nm　　B.400~800 nm　　　C.200~400 nm　　D.10~400 nm

8.分光光度计中检测器灵敏度最高的是(　　)。

A.光敏电阻　　　　B.光电管　　　　　C.光电池　　　　　D.光电倍增管

9.721分光光度计适用于(　　)。

A.可见光区　　　　B.紫外光区　　　　C.近红外光区　　　D.都适用

10.在300 nm进行分光光度测定时,应选用(　　)比色皿。

A.硬质玻璃　　　　B.软质玻璃　　　　C.石英　　　　　　D.透明塑料

三、判断题

1.紫外分光光度计的光源常用碘钨灯。(　　)

2.可见分光光度计检验波长的准确度采用苯蒸气的吸收光谱曲线检查。(　　)

3.在分光光度法中,单色光不纯是导致偏离朗伯-比尔定律的因素之一。(　　)

4.光的吸收定律不仅适用于溶液,同样也适用于气体和固体。(　　)

5.常见的可见光源是氢灯或氙灯。(　　)

四、多选题

1.下列属于紫外-可见分光光度计组成部分的有(　　)。

A.光源　　　　　　B.单色器　　　　　C.吸收池　　　　　D.检测器

2.下列722型分光光度计的主要技术是(　　)。

A.光源:氙灯

B.接收元件:光电管

C.波长范围:200~800 nm

D.光学系统

3.紫外-可见分光光度计中的单色器的主要元件是( )。

A.棱镜　　　　　　B.光电管　　　　　　C.吸收池　　　　　　D.光栅

4.分光光度法中判断出测得的吸光度有问题,可能的原因包括( )。

A.比色皿没有放正位置

B.比色皿配套性不好

C.比色皿毛面放于透光位置

D.比色皿润洗不到位

5.检验紫外-可见分光光度计波长正确性时,应分别绘制的吸收曲线是( )。

A.甲苯蒸气　　　　B.苯蒸气　　　　　C.镨钕滤光片　　　　D.重铬酸钾溶液

五、计算题

采用1,10-邻二氮菲吸光光度法测定某试液中 Fe^{2+} 的物质的量,已知 Fe^{2+} 的浓度为1.0 $\mu g \cdot mL^{-1}$,比色皿厚度为1 cm,于508 nm波长下测得 $A=0.20$,计算 ε 及 a 各为多少?($M_{Fe}=55.85$ g $\cdot mol^{-1}$)

任务2　工业盐中微量钙镁离子含量的测定

【任务分析】

见子项目2(工业盐中微量钙镁离子含量的测定)的项目分析。

学习目标

1.知识目标

(1)掌握可见分光光度分析法显色条件和测量条件的选择。

(2)熟练掌握定量方法(工作曲线法、比较法等),了解分析误差来源。

2.能力目标

(1)会配制标准溶液。

(2)会进行仪器的检查(波长校正,吸收池配套,零点及光电流稳定性检查)。

(3)会操作仪器(开机、关机、调零等)和进行仪器日常维护保养。

(4)能准确绘制吸收曲线和工作曲线。

(5)会进行显色反应条件试验(显色剂用量、酸度、显色时间等条件选择)。

(6)能正确记录和处理数据。

(7)能正确使用移液管、吸量管、容量瓶等仪器。

3.素质目标

(1)具有高度的责任感。

(2)具有实事求是的工作作风。

(3)具有按规范、规程操作的习惯。

(4)具有迅速掌握知识新技能的能力。

子任务1　测定工业盐中微量钙镁离子含量

钙镁离子含量测定属于定量分析。前面提到吸光度 A 与被测溶液的浓度 c 之间符合朗伯-比尔定律,但即使我们利用分光光度计测定出了被测试液的吸光度,由于不知道吸收系数 K 值,还是无法知道其浓度,因此我们需要借助一些特殊的定量方法来间接求得浓度。

一、定量方法

1. 工作曲线法

工作曲线法又称标准曲线法,它是实际工作中使用最多的一种定量方法。

工作曲线的绘制方法是:配制四个以上浓度不同的待测组分的标准溶液,以空白溶液为参比溶液,在选定的波长下,分别测定各标准溶液的吸光度。以标准溶液浓度为横坐标,吸光度为纵坐标,在坐标纸上(或计算机软件)绘制曲线,此曲线即称为工作曲线(图1-31)。

实际工作中,为了避免使用时出差错,在所作的工作曲线上还必须标明标准曲线的名称、所用标准溶液的名称和浓度、坐标分度和单位、测量条件(仪器型号、入射光波长、吸收池厚度、参比液名称)以及制作日期和制作者姓名。

在测定样品时,应按与配制标准溶液相同的方法制备待测试液(为了保证显色条件一致,操作时一般是试样和标样同时显色),在相同测量条件下测量试液的吸光度,然后在工作曲线上查出待测试液浓度。

图 1-31 工作曲线

配制系列标准溶液要注意:

标准系列溶液的组成、介质尽可能接近试样溶液;标准系列溶液的浓度取值要合适,应在线性范围内,其吸光度数值适宜范围为 0.2~0.8;一个标准系列一般应有 5~9 个不同浓度的标准溶液。当标准溶液的浓度低于 0.1 mg·mL^{-1} 时,应先配成比使用的浓度高 1~3 个数量级的浓溶液(不小于 1 mg·mL^{-1})作为储备液,然后再稀释。

为了保证测定准确度,要求标样与试样溶液的组成保持一致,待测试液的浓度应在工作曲线线性范围内,最好在工作曲线中部。工作曲线应定期校准,如果实验条件变动(如更换标准溶液、所用试剂重新配制、仪器经过修理、更换光源等情况),工作曲线应重新绘制。工作曲线法适于成批样品的分析,它可以消除一定的随机误差。

由于受到各种因素的影响,实验测出的各点可能不完全在一条直线上,这时"画"直线的方法就显得随意性大了一些,若采用最小二乘法来确定直线回归方程,就准确多了。工作曲线可以用一元线性方程表示,即:

$$y = a + bx$$

式中 x——标准溶液的浓度;

y——相应的吸光度;

a、b——回归系数,直线称回归直线。

b——直线斜率,可由下式求出:

$$b=\frac{\sum_{i=1}^{n}(x_i-\overline{x})(y_i-\overline{y})}{\sum_{i=1}^{n}(x_i-\overline{x})^2}$$

式中，$\overline{x}$，$\overline{y}$ 分别为 x 和 y 的平均值；x_i 为第 i 个点的标准溶液的浓度；y_i 为第 i 个点的吸光度(以下相同)。

a 为直线的截距,可由下式求出：

$$a=\frac{\sum_{i=1}^{n}y_i-b\cdot\sum_{i=1}^{n}x_i}{n}=\overline{y}-b\,\overline{x}$$

工作曲线线性的优劣可以用回归直线的相关系数来表示,相关系数 γ 可用下式求得：

$$\gamma=b\cdot\sqrt{\frac{\sum_{i=1}^{n}(x_i-\overline{x})^2}{\sum_{i=1}^{n}(y_i-\overline{y})^2}}$$

相关系数接近1,说明工作曲线线性好,一般要求所作工作曲线的相关系数 γ 要大于 0.999。

2. 比较法

这种方法是用一个已知浓度的标准溶液(c_s),在一定条件下,测得其吸光度 A_s,然后在相同条件下测得试液 c_x 的吸光度 A_x,设试液、标准溶液完全符合朗伯-比尔定律,则

$$c_x=\frac{A_x}{A_s}\cdot c_s$$

使用这方法要求：c_x 与 c_s 浓度应接近,且都符合吸收定律。比较法适于个别样品的测定。

二、工业盐中微量钙镁离子的测定

1. 原理

样品溶液中微量钙、镁离子和偶氮氯膦Ⅰ(CPA)在硼砂缓冲溶液中生成紫红色络合物,用分光光度法测定钙离子和镁离子含量。剩余溶液中以乙二醇双(2-氨基乙基)醚四乙酸-铅(EGTA-Pb)分解钙镁络合物,测定镁离子含量,其差为钙离子含量。

2. 仪器、设备

一般分析用玻璃仪器,721 型分光光度计。

3. 试剂和溶液

本方法所用试剂和水未注明要求时,均使用分析纯试剂和蒸馏水。

偶氮氯膦Ⅰ(CPA)：0.025％溶液。

硼砂(GB 632)-氢氧化钠缓冲溶液(pH≈10.5)：称取 10.5 g 硼砂,2 g 氢氧化钠,加水溶解并稀释至 500 mL。

三乙醇胺：(1∶3)溶液。

邻菲啰啉(GB 1293)：0.2％溶液,称取 0.2 g 邻菲啰啉,溶于 100 mL 乙醇(1∶4)中。

乙二醇双(2-氨基乙基)醚四乙酸-铅(EGTA-Pb):称取 1.9 g 乙二醇双(2-氨基乙基醚)四乙酸,加 40 mL 水,加热,滴加 2 mol·L^{-1}氢氧化钠至溶解,加入 1.82 g 硝酸铅搅拌溶解后调至中性,稀释至 50 mL,贮于滴瓶备用。

氯化钠(GB 1266):1%溶液。

氯化钾(GB 646):1%溶液。

镁标准溶液:将金属镁条经稀盐酸处理,水洗,拭干后置于干燥器中干燥。称取 0.0500 g 于 150 mL 烧杯中,用少量盐酸(1∶1)溶解,移入 500 mL 容量瓶,加水稀释至刻度,得每毫升含 100 μg 镁标准溶液。

钙(碳酸钙 HG3-1066)标准溶液:称取 0.1249 g 碳酸钙,置于 150 mL 烧杯中,以少量水润湿,盖上表面皿,滴加少量盐酸(1∶1)溶解,移入 500 mL 容量瓶,加水稀释至刻度,得每毫升含 100 μg 镁标准溶液。

钙-镁混合标准溶液 1(适用于测定氯化钠):吸取 25.00 mL 钙标准溶液、10.00 mL 镁标准溶液于同一 500 mL 容量瓶中,加水稀释至刻度,得每毫升含 5 μg 钙及 2 μg 镁标准溶液。

钙-镁混合标准溶液 2(适用于测定氯化钾):吸取 10.00 mL 钙标准溶液、25.00 mL 镁标准溶液于同一 500 mL 容量瓶中,加水稀释至刻度,得每毫升含 2 μg 钙及 5 μg 镁标准溶液。

4. 实验步骤

(1)标准曲线

吸取 0、0.50、1.00、2.00、3.00、4.00、5.00 mL 钙-镁混合标准溶液 1,分别置于 50 mL 比色管中,加 2 mL 1%氯化钠溶液(当测定氯化钾时,取钙-镁混合标准溶液 2,加 2 mL 1%氯化钾溶液),加水至 25 mL,加 1 mL 三乙醇胺、1 mL 邻菲啰啉溶液、5 mL 硼砂缓冲溶液,10 mL 偶氮氯膦Ⅰ 0.025%溶液,每种试剂加入后均摇匀,加水稀释至刻度,摇匀后用 2 cm 比色池,在波长 574 nm 处试剂空白作对照测定吸光度(A$_1$),剩余溶液中加入 1 滴 EGTA-Pb 溶液充分摇匀后仍用 2 cm 比色池在 574 nm 处试剂空白作对照测定吸光度(A$_2$)。分别以 A$_1$—A$_2$ 和 A$_2$ 与对应的钙和镁离子量绘制标准曲线。

(2)样品测定

吸取一定量样品溶液(①称取 25.000 g 样品,溶解,转移至 500 mL 容量瓶中,稀释至刻度;②吸取以上溶液 25.00 mL,转移至 250 mL 容量瓶中,稀释至刻度)于 50 mL 比色管中,加水至 25 mL,以下操作同标准曲线,由测得吸光度从标准曲线上查出相应钙和镁量。

5. 结果计算

$$钙离子含量(\%) = \frac{G_1}{W} \times 10^{-4}$$

$$镁离子含量(\%) = \frac{G_2}{W} \times 10^{-4}$$

式中 G_1——相应钙离子量,μg;

G_2——相应镁离子量,μg;

W——所取样品质量,g。

6. 允许差(表 1-10)

表 1-10　　　　　　　　　离子含量测定允许差

离子量/%	允许差/%
钙离子 0.03	0.003
镁离子 0.03	0.003

7. 分析次数和报告值

同一实验室取双样进行平行测定,其测定值之差超过允许差时应重新测定,平行测定值之差不超过允许差则取测定值的平均值作为报告值。

任务考核

【考核评分表】

序号	作业项目	考核内容	配分	操作要求		考核记录	扣分	得分
一	仪器调校	仪器预热	5	已预热				
		波长正确性、吸收池配套性检查	5	正确				
二	溶液配制	比色管使用	5	正确规范(洗涤、试漏、定容)				
		移液管使用	5	正确规范(润洗、吸放、调刻度)				
		显色时间的控制	5	正确				
三	仪器使用	比色皿使用	5	正确规范				
		调"0"和"100"操作	5	正确规范				
		波长选择	5	正确				
		测量由稀到浓	5	是				
		参比溶液的选择和位置	5	正确				
		读数	5	及时、准确				
四	数据处理和实训报告	工作曲线绘制,报告	15	合格				
		准确度	15	正确、完整、规范、及时				
		工作曲线线性	0	≤0.99	差			
			4	0.99~0.999	一般			
			8	0.999~0.9999	较好			
			10	>0.9999	好			
五	文明操作结束工作	物品摆放,仪器结束工作	5	仪器拔电源,盖防尘罩;比色皿清洗,倒置控干。台面无水迹或少水迹、废纸废液不乱扔乱倒,结束工作完成良好				
六	总分							

子任务2 任务准备工作——选择显色和测量条件

工业盐中微量钙镁离子含量的测定使用可见分光光度法，目前我们已经完成了这个任务。但在实验过程中，除了被测样品溶液，还加入了很多相关试剂如三乙醇胺、邻菲啰啉（又称邻二氮菲）溶液、硼砂缓冲溶液等，这些试剂到底起到什么作用？入射光波长为何选择 574 nm？诸如此类的问题都涉及分光光度分析中显色和测量条件的选择，所以我们来完成一个子任务：邻二氮菲分光光度法测微量铁，以此任务为载体重点学习显色和测量条件的选择。

可见分光光度分析的前提是试液具有可见的颜色。但在实际工作中，除了少数待测组分本身有色，绝大多数待测组分无色或浓度低时几乎无色。这样就必须先将待测组分转变为有色化合物，然后测定。将待测组分转变为有色化合物的反应称为显色反应，能与待测组分生成有色化合物的试剂称为显色剂。

一、显色反应

显色反应以配位反应应用最普遍。同一种组分可与多种显色剂反应生成不同有色物质。在分析时，要考虑以下因素。

1. 选择显色反应考虑的因素

（1）选择性好：一种显色剂最好只与一种待测组分起显色反应。

（2）灵敏度高：要求反应生成的有色化合物的摩尔吸光系数大。

（3）生成的有色化合物组成恒定，化学性质稳定，保证测定准确度及再现性。

（4）如果显色剂有色，则要求有色化合物与显色剂之间的颜色差别要大。一般要求 $\Delta\lambda > 60$ nm。

（5）显色条件要易于控制，以保证其有较好的再现性。

2. 显色剂

常用的显色剂可分为无机显色剂和有机显色剂两大类。

（1）无机显色剂

许多无机试剂能与金属离子发生显色反应，但由于灵敏度、选择性较差等原因，具有实际应用价值的并不多。常用的无机显色剂主要有：硫氰酸盐、钼酸铵、氨水和过氧化氢等。

（2）有机显色剂

有机显色剂与金属离子形成的配合物稳定性、灵敏度和选择性都比较高，而且有机显色剂的种类较多，实际应用广。表 1-11 列出了几种常用的有机显色剂。

表 1-11　　　　　　　　　几种常用的有机显色剂

显色剂	测定元素	反应介质	λ_{max}/nm	$\varepsilon_{max}/[L/(mol \cdot cm)]$
磺基水杨酸	Fe^{2+}	pH 为 2～3	520	1.6×10^3
邻二氮菲	Fe^{2+}	pH 为 3～9	510	1.1×10^4
	Cu^{2+}		435	7.0×10^3
丁二酮肟	Ni(Ⅳ)	氧化剂存在、碱性	470	1.3×10^4

（续表）

显色剂	测定元素	反应介质	λ_{max}/nm	$\varepsilon_{max}/[L/(mol \cdot cm)]$
1-亚硝基-2-苯酚	Co^{2+}		415	2.9×10^4
钴试剂	Co^{2+}		570	1.13×10^5
双硫腙	Cu^{2+}、Pb^{2+}、Zn^{2+}、Cd^{2+}、Hg^{2+}	不同酸度	490～550 (Pb 520)	$4.5 \times 10^4 \sim 3 \times 10^4$ (Pb 6.8×10^4)
偶氮砷（Ⅲ）	$Th(Ⅳ)$、$Zr(Ⅳ)$、La^{3+}、Ce^{4+}、Ca^{2+}、Pb^{2+}	强酸至弱酸介质	665～675 (Th 665)	$1.0 \times 10^4 \sim 1.3 \times 10^5$ (Th 1.3×10^5)
RAR(吡啶偶氮间苯二酚)	Co、Pd、Nb、Ta、Th、In、Mn	不同酸度	Nb 550	Nb 3.6×10^4
二甲酚橙	$Zr(Ⅳ)$、$Hf(Ⅳ)$、$Nb(Ⅴ)$、UO_2^{2+}、Bi^{3+}、Pb^{2+}	不同酸度	530～580 (Hf 530)	$1.6 \times 10^4 \sim 5.5 \times 10^4$ (Hf 4.7×10^4)
铬天青S	Al	pH 为 5～5.8	530	5.9×10^4
结晶紫	Ca	7 mol/L 盐酸、$CHCl_3$-丙酮萃取		5.4×10^4
罗丹明B	Ca、Tl	6 mol/L 盐酸、苯萃取，1 mol/L HBr 异丙醚萃取		6×10^4，1.0×10^5
孔雀绿	Ca	6 mol/L 盐酸、C_6H_5Cl-CCl_4 萃取		9.9×10^4
亮绿	Tl、B	0.01～0.1 mol/L HBr、乙酸乙酯萃取，pH 为 3.5 的苯萃取		7.0×10^4，5.2×10^4

3. 显色条件的选择

（1）显色剂用量

若 M 为待测物质，R 为显色剂，MR 为反应生成的有色配合物，则显色反应可以用下式表示：$M+R \Longleftrightarrow MR$。增加 R 的用量，有利于反应。但 R 本身也会产生一定吸收，其用量太大会增加空白值，也会引起一些干扰反应。

显色剂一般应适当过量。在具体工作中显色剂用量需要经实验来确定，即通过作 A-c_R 曲线，来获得显色剂的适宜用量。其方法是：固定待测组分浓度和其他条件，然后加入不同量的显色剂，分别测定吸光度 A 值，绘制吸光度(A)-显色剂浓度(c_R)曲线（一般可得如图 1-32 所示的三种曲线）。选择曲线平坦部分所对应的显色剂用量为最佳用量。

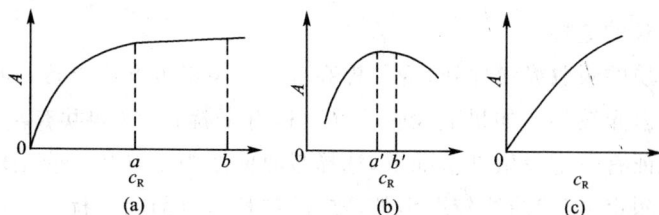

图 1-32 吸光度与显色剂浓度的关系曲线

（2）溶液的酸度

酸度是显色反应的重要条件，它对显色反应的影响有：溶液酸度会影响本身是有机弱酸或有机弱碱的显色剂的解离程度；对于一些逐级络合的显色反应，酸度不同，产物不同，生成物的颜色也不同;溶液酸度过低可能引起被测金属离子水解,甚至产生沉淀,从而破坏了有色配合物,使溶液颜色发生变化,甚至无法测定。

显色反应适宜的酸度必须通过实验来确定,其方法是:固定待测组分及显色剂浓度,改变溶液 pH 值,制得数个显色液。在相同测定条件下分别测定其吸光度,作出 A-pH 关系曲线,选择曲线平坦部分对应的 pH 值作为显色反应适宜的 pH 范围。

(3)显色温度

不同的显色反应对温度的要求不同。大多数显色反应是在常温下进行的,但有些反应必须在较高温度下才能进行或进行得比较快。由于温度对光的吸收及颜色的深浅也有影响,所以在绘制工作曲线和进行样品测定时,应该要求标准溶液和待测溶液在测定过程中温度保持一致。

(4)显色时间

在显色反应中应该从两个方面来考虑时间的影响。一是显色反应完成所需要的时间,称为"显色(或发色)时间";二是显色后有的有色配合物易褪色,有色物质色泽保持稳定的时间,称为"稳定时间"。

确定适宜时间的方法:取一待测组分溶液,在确定的显色条件下显色。从加入显色剂开始,每隔一定时间测吸光度一次,绘制 A-t 关系曲线。曲线平坦部分对应的时间就是测定吸光度的最适宜时间。

(5)溶剂

有机溶剂常常可以降低有色物质的离解度,从而提高显色反应的灵敏度。

(6)共存离子的干扰

共存离子造成的干扰有:共存离子本身有色;共存离子与显色剂反应,生成更稳定的配合物,消耗显色剂,显色反应不完全,测定结果偏低;共存离子与显色剂反应,生成有色化合物,使测定结果偏高。

消除干扰可采用以下方法:控制溶液的酸度,使待测离子显色,而干扰离子不生成有色化合物;加入掩蔽剂,掩蔽干扰离子;改变干扰离子的价态以消除干扰;选择适当的分离方法,分离干扰离子。还可通过选择合适的工作波长、合适的参比溶液来消除干扰。

二、测量条件的选择

1. 入射光波长的选择

依据待测物质的吸收光谱曲线,为了提高分析的灵敏度和准确度,应选用最大吸收波长作为测定的入射光波长。如果最大吸收峰附近有干扰存在(如共存离子或所使用试剂有吸收),则在保证有一定灵敏度情况下,选择吸收曲线中干扰物吸收很弱,而待测物吸收较强的波长进行测定(应选曲线较平坦处对应的波长),以消除干扰。

吸收光谱曲线是通过实验获得的,具体方法是:将不同波长的光依次通过某一固定浓度和厚度的有色溶液,分别测出它们对各种波长光的吸收程度(用吸光度 A 表示),以波长为横坐标,以吸光度为纵坐标作图,画出曲线,此曲线即称为该物质的光吸收曲线(或吸收光谱曲线),它描述了物质对不同波长光的吸收程度。图 1-33 所示的是三种不同浓度的 KMnO₄溶液的三条光吸收曲线。由图可以看出：

$1: c(KMnO_4) = 1.56 \times 10^{-4} \ mol \cdot L^{-1}$

$2: c(KMnO_4) = 3.12 \times 10^{-4} \ mol \cdot L^{-1}$

$3: c(KMnO_4) = 4.68 \times 10^{-4} \ mol \cdot L^{-1}$

图 1-33　KMnO₄溶液的光吸收曲线

(1)高锰酸钾溶液对不同波长的光的吸收程度是不同的,对波长为 525 nm 的光吸收最多,在吸收曲线上有一高峰(称为吸收峰)。光吸收程度最大处的波长称为最大吸收波长(常以 λ_{max} 表示)。在进行光度测定时,通常都是选取在 λ_{max} 的波长处来测量,因为这时可得到最大的灵敏度。

(2)不同浓度的高锰酸钾溶液,其吸收曲线的形状相似,最大吸收波长也一样。所不同的是吸收峰峰高随浓度的增加而增高。

(3)不同物质的吸收曲线,其形状和最大吸收波长都各不相同。因此,可利用吸收曲线来作为物质定性分析的依据。

2. 参比溶液的选择

参比溶液也称空白溶液,应包括除待测组分以外的全部背景组分,以消除由于样品池壁及溶剂等背景成分对作用光的发射和吸收带来的误差。

(1)溶剂参比

当试样溶液的组成比较简单,待测试液、显色剂和其他试剂均无色,仅有待测物质与显色剂的反应产物有吸收时,可采用纯溶剂作参比溶液,这样可以消除溶剂、吸收池等因素的影响。

(2)试剂参比

如果显色剂或其他试剂在测定波长处有吸收,此时应采用试剂参比溶液。即按显色反应相同条件,不加入试样,加入同样试剂和溶剂,作为参比溶液。这种参比溶液可消除试剂中的组分产生的影响。

(3)试液参比

如果待测试液中含有有色组分,而显色剂和其他试剂无色,可用不加显色剂的试液作为参比溶液。这种参比溶液可以消除有色离子的影响。

(4)褪色参比

如果待测试液、显色剂和其他试剂均有色时,可先用掩蔽剂将试液中的待测组分掩蔽,然后再加入显色剂和其他试剂,并以此溶液作为参比溶液。

总之,选择参比溶液时,应尽可能全部抵消各种共存有色物质的干扰,使试液的吸光度真正反映待测物的浓度。

3. 吸光度范围的选择

在分光光度计中,透射比的标尺是均匀的,吸光度与透射比为负对数关系,所以吸光度的标尺刻度是不均匀的。因此,对于同一台仪器,读数的波动对透射比来说应基本为一定值,而对吸光度来说它的读数则不再为定值。由分光光度计读数标尺上吸光度与透射比的关系可以看出,吸光度越大,读数波动所引起的吸光度误差也越大。

根据朗伯-比尔定律,则 $-\lg T = \varepsilon bc$

将上式微分后,经整理得:

$$\frac{\Delta c}{c} = \frac{0.0434}{T\lg T} \times \Delta T$$

$\dfrac{\Delta c}{c}$ 即为浓度相对误差(表 1-12)。

表 1-12　　　　　不同 T(或 A)时的浓度相对误差(设 $\Delta T = \pm 0.5\%$)

$T/\%$	A	$\dfrac{\Delta c}{c}/\%$	$T/\%$	A	$\dfrac{\Delta c}{c}/\%$
95	0.022	±10.2	40	0.399	±1.36
90	0.046	±5.3	30	0.523	±1.38
80	0.097	±2.8	20	0.699	±1.55
70	0.155	±2.0	10	1.000	±2.17
60	0.222	±1.63	3	1.523	±4.75
50	0.301	±1.44	2	1.699	±6.38

实际工作中,可以通过调节被测溶液的浓度(如改变取样量,改变显色后溶液总体积等)、使用厚度不同的吸收池来调整待测溶液吸光度,使其在适宜的吸光度范围内。

三、邻二氮菲分光光度法测定微量铁

1. 原理

邻二氮菲(phen)和 Fe^{2+} 在 pH $= 3\sim9$ 的溶液中,生成一种稳定的橙红色配合物 $Fe(phen)_3^{2+}$,其 $\lg K = 21.3$,$\varepsilon_{508} = 1.1 \times 10^4$ L·mol^{-1}·cm^{-1},铁含量在 $0.1\sim6$ μg·mL^{-1} 范围内遵守比尔定律,其吸收曲线如图 1-34 所示。显色前需用盐酸羟胺或抗坏血酸将 Fe^{3+} 全部还原为 Fe^{2+},然后再加入邻二氮菲,并调节溶液酸度至适宜的显色酸度范围。有关反应如下:

$$2Fe^{3+} + 2NH_2OH \cdot HCl = 2Fe^{2+} + N_2 \uparrow + 2H_2O + 4H^+ + 2Cl^-$$

图 1-34 邻二氮菲-铁(Ⅱ)的吸收曲线

2. 仪器和试剂

(1)仪器

可见分光光度计,100 mL、1 L 容量瓶各 1 个,50 mL 容量瓶 10 个,10 mL 移液管 1 支,10 mL 吸量管 1 支,5 mL 吸量管 3 支,2 mL 吸量管 1 支,1 mL 吸量管 1 支。

(2)试剂

①100.0 $\mu g \cdot mL^{-1}$ 铁标准储备液:准确称取 0.8634 g $NH_4Fe(SO_4)_2 \cdot 12H_2O$ 置于烧杯中,加 10 mL 硫酸溶液 $[c(H_2SO_4) = 3 \ mol \cdot L^{-1}]$,溶解后,定量转移到 1 L 容量瓶中,用蒸馏水稀释至刻度,摇匀。

②10.00 $\mu g \cdot mL^{-1}$ 铁标准溶液:移取 100.0 $\mu g \cdot mL^{-1}$ 铁标准储备液 10.00 mL 于 100 mL 容量瓶中,并用蒸馏水稀释至刻度,摇匀。

③100 $g \cdot L^{-1}$ 盐酸羟胺水溶液(用时现配)。

④1.5 $g \cdot L^{-1}$ 邻二氮菲水溶液:先用少量乙醇溶解,再用蒸馏水稀释至所需刻度。避光保存,两周内有效。

⑤1.0 $mol \cdot L^{-1}$ 乙酸钠溶液。

⑥1.0 $mol \cdot L^{-1}$ 氢氧化钠溶液。

3. 操作步骤

(1)准备工作

①清洗容量瓶、移液管及需要的玻璃器皿。

②配制铁标准溶液和其他辅助试剂。

③按仪器说明书检查仪器。开机预热 20 min,并调试至工作状态。

④检查仪器波长的正确性和吸收池的配套性。

(2)绘制吸收曲线

取两个 50 mL 容量瓶,移取 10.00 $\mu g \cdot mL^{-1}$ 铁标准溶液 5.00 mL 于其中一个 50 mL 容量瓶中,然后在两容量瓶中各加入 1 mL 100 $g \cdot L^{-1}$ 盐酸羟胺溶液,摇匀。放置 2 min 后,各加入 2 mL 1.5 $g \cdot L^{-1}$ 邻二氮菲溶液、5 mL 1.0 $mol \cdot L^{-1}$ 乙酸钠溶液,以蒸馏水稀释至刻度,摇匀。用 2 cm 吸收池,以试剂空白为参比,在 440~540 nm 之间,每隔 10 nm 测定一次待测溶液的吸光度 A,在峰值附近每间隔 5 nm 测量一次。以波长为横坐标,吸光度为纵坐标,绘制吸收曲线,从而选择测定铁的最大吸收波长。

🐾 **注意**:每加入一种试剂都必须摇匀。改变入射光波长时,必须重新调节参比溶液吸光度至零。

(3)有色配合物稳定性试验

取两个 50 mL 容量瓶,用步骤(2)方法配制-邻二氮菲-铁(Ⅱ)有色溶液和试剂空白溶液,放置 2 min,立即用 2 cm 吸收池,以试剂空白溶液为参比溶液,在选定的波长下测定吸光度。以后隔 10 min,20 min,30 min,60 min,120 min 测定一次吸光度,并记录吸光度和时间:

表 1-13　　　　　　　　　　　记录吸光度和时间

t/min	2	10	20	30	60	120
A						

以放置时间为横坐标、吸光度为纵坐标绘制 A-t 曲线,对络合物的稳定性作出判断。

(4)显色剂用量试验

取 6 只 50 mL 容量瓶,各加 10.00 $\mu g \cdot mL^{-1}$ 铁标准溶液 5.00 mL,1.0 mL 100g $\cdot L^{-1}$ 盐酸羟胺溶液,摇匀。分别加入 0、0.5 mL、1.0 mL、2.0 mL、3.0 mL、4.0 mL 1.5 g $\cdot L^{-1}$ 邻二氮菲溶液,再各加 5.0 mL 1.0 mol $\cdot L^{-1}$ 乙酸钠溶液,以蒸馏水稀释至刻度,摇匀。用 2 cm 吸收池,以试剂空白为参比,在选定波长下测量各溶液的吸光度。

表 1-14　　　　　　　　　　　记录各溶液的吸光度

编号	1	2	3	4	5	6
V(phen)/mL	0.0	0.5	1.0	2.0	3.0	4.0
A						

以显色剂邻二氮菲的体积为横坐标、相应的吸光度为纵坐标,绘制吸光度-显色剂用量曲线,确定显色剂的合适用量。

(5)溶液 pH 的影响

在 6 只 50 mL 容量瓶中各加入 10.00 $\mu g \cdot mL^{-1}$ 铁标准溶液 5.00 mL,1.0 mL 100 g $\cdot L^{-1}$ 盐酸羟胺溶液,摇匀。再分别加入 2 mL 1.5 g $\cdot L^{-1}$ 邻二氮菲溶液,摇匀。用吸量管分别加入 0 mL、0.5 mL、1.0 mL、1.5 mL、2.0 mL、2.5 mL 1 mol $\cdot L^{-1}$ NaOH 溶液,以蒸馏水稀释至刻度,摇匀。用精密 pH 试纸或酸度计测量各溶液的 pH。

表 1-15　　　　　　　　　记录各溶液的 pH 及其相应吸光度

编号	0	1	2	3	4	5
V(NaOH)/mL	0.0	0.5	1.0	1.5	2.0	2.5
pH						
A						

以试剂空白为参比,在选定波长下,用 2 cm 吸收池测量各溶液的吸光度。绘制 A-pH 曲线,确定适宜的 pH 范围。

任务考核

【考核评分表】

序号	作业项目	考核内容	配分	操作要求	考核记录	扣分	得分
一	仪器调校	仪器预热	5	已预热			
		波长正确性、吸收池配套性检查	5	正确			
二	溶液配制	容量瓶的使用	5	正确规范(洗涤、试漏、定容)			
		移液管的使用	5	正确规范(润洗、吸放、调刻度)			
		显色时间的控制	5	正确			
三	仪器使用	比色皿使用	5	正确规范			
		调"0"和"100"操作	5	正确规范			
		波长选择	5	正确			
		测量由稀到浓	5	是			
		参比溶液的选择和位置	5	正确			
		读数	5	及时、准确			
四	结果评价	准确度	10	合格			
		精密度	10	合格			
五	数据处理和实训报告	吸收曲线，A-t 曲线，A-c_R曲线，A-pH 曲线，报告	20	正确、完整、规范、及时			
六	文明操作结束工作	物品摆放，仪器结束工作	5	仪器拔电源，盖防尘罩；比色皿清洗，倒置控干。台面无水迹或少水迹、废纸废液不乱扔乱倒、结束工作完成良好			
七	总分						

技能训练测试题

一、简答题

1. 微量铁进行分光光度分析的显色条件如何选择？

2. 进行分光光度测量的条件如何选择？

3. 如何选择合适的参比溶液？

二、判断题

1. 分光光度计使用的光电倍增管，负高压越高灵敏度就越高。（　　　）

2. 仪器分析中，浓度低于 $0.1\ mg \cdot mL^{-1}$ 的标准溶液，常在临用前用较高浓度的标准

溶液在容量瓶内稀释而成。（　　　）

3.配制仪器分析用标准溶液所用的试剂纯度应在分析纯以上。（　　　）

4.用镨钕滤光片检测分光光度计波长误差时,若测出的最大吸收波长的仪器标示值与镨钕滤光片的吸收峰波长相差 3 nm,说明仪器波长标示值准确,一般不需作校正。（　　　）

5.工作曲线法是常用的一种定量方法,绘制工作曲线时需要在相同操作条件下测出 3 个以上标准点的吸光度后,在坐标纸上作图。（　　　）

6.吸光系数越小,说明比色分析方法的灵敏度越高。（　　　）

三、选择题

1.使用 721 型分光光度计时,仪器在 100% 处经常漂移的原因是（　　　）。

　A.保险丝断了　　　　　　　　　　　　B.电流表动线圈不通电

　C.稳压电源输出导线断了　　　　　　　D.电源不稳定

2.钨灯可发射范围为（　　　）nm 的连续光谱。

　A.220～760　　　　　B.380～760　　　　　C.320～2500　　　　D.190～2500

3.某有色溶液在某一波长下用 2 cm 吸收池测得其吸光度为 0.750,若改用 0.5 cm 和 3 cm 吸收池,则吸光度各为（　　　）。

　A.0.188/1.125　　　B.0.108/1.105　　　C.0.088/1.025　　　D.0.180/1.120

4.有两种不同的有色溶液均符合朗伯-比尔定律,测定时若比色皿厚度、入射光强度及溶液浓度皆相等,以下说法中（　　　）是正确的。

　A.透过光强度相等　　　　　　　　　　B.吸光度相等

　C.吸光系数相等　　　　　　　　　　　D.以上说法都不对

5.仪器分析中标准储备溶液的浓度应不小于（　　　）。

　A.1 μg・mL^{-1}　　　B.1 mg・mL^{-1}　　　C.1 g・mL^{-1}　　　D.1 mg・L^{-1}

6.邻二氮菲分光光度法测水中微量铁的试样中,参比溶液采用（　　　）。

　A.溶液参比　　　　B.空白溶液　　　　C.样品参比　　　　D.褪色参比

7.透明有色溶液被稀释时,其最大吸收波长位置会（　　　）。

　A.向长波长方向移动　　　　　　　　　B.向短波长方向移动

　C.不移动,但吸收峰高度降低　　　　　D.不移动,但吸收峰高度增加

8.紫外-可见分光光度计的结构组成为（　　　）。

　A.光源—吸收池—单色器—检测器—信号显示系统

　B.光源—单色器—吸收池—检测器—信号显示系统

　C.单色器—吸收池—光源—检测器—信号显示系统

　D.光源—吸收池—单色器—检测器

（附加）任务3　未知有机物含量的测定

【任务分析】

有一种未知有机物的待测溶液,可能是维生素 C、苯甲酸、水杨酸、糖精钠、硝酸盐氮中的一种。要求对其进行定性和定量分析。

分析以上五种物质,发现都对紫外光有吸收,所以我们的任务是学习紫外分光光度法并利用其对未知物进行定性定量分析。

⟐ 学习目标

1. 知识目标

(1)了解紫外光谱的产生原因(价电子类型、电子跃迁类型、吸收带类型),常见有机化合物的紫外吸收光谱特征,溶剂的影响。

(2)熟悉紫外定性方法和应用。

2. 能力目标

(1)会配制标准溶液。

(2)会进行仪器的检查(波长校正,吸收池配套)。

(3)会操作仪器(开机、关机、调零等)和进行仪器的日常维护保养。

(4)能准确绘制吸收曲线和工作曲线。

(6)能正确记录和处理数据。

(7)能正确使用光源、单色器、光电管、吸收池、移液管、吸量管、容量瓶等仪器。

3. 素质目标

(1)具有独立工作能力。

(2)具有团结协作能力。

(3)具有灵活运用所学知识解决实际问题的能力。

子任务 1　了解紫外分光光度法

紫外分光光度法是基于物质对紫外光的选择性吸收来进行分析测定的方法。根据电磁波谱,紫外光区的波长范围是 $10 \sim 400$ nm,紫外分光光度法主要是利用 $200 \sim 400$ nm 的近紫外光区的辐射(200 nm 以下远紫外光辐射会被空气强烈吸收)进行测定。

紫外吸收光谱与可见吸收光谱都是由分子中价电子能级跃迁产生的,紫外吸收光谱有如下特点:

一是紫外吸收光谱较简单,分析速度较快,但特征性不强,必须与其他方法(如红外光谱、核磁共振波谱和质谱等)配合使用,才能得出可靠的结论。

二是在无机化合物分析、有机化合物分析、有机化合物的鉴定和结构分析、同分异构体的鉴别、配合物的组成和稳定常数的测定等方面都具有广泛应用。

三是灵敏度和准确度较高,检出限较低。摩尔吸光系数可达 $10^4 \sim 10^5$ 数量级,可测 10^{-6} g 级的物质,相对误差可达 1% 以下。一般用于共轭体系的定量分析。

如果对某一吸光物质进行波长扫描,便可得到该物质的吸收光谱,如果吸收波长位于紫外区,则为紫外吸收光谱。

如图 1-35 所示的紫外吸收光谱,可以用曲线上吸收峰所对应的最大吸收波长 λ_{max} 和该波长下的摩尔吸光系数 ε_{max} 来表示茴香醛的紫外吸收特征。

图 1-35　茴香醛紫外吸收光谱

一、方法原理

1. 有机化合物紫外吸收光谱的产生

电子围绕分子或原子运动的几率分布称为轨道。电子所具有的能量不同,它所处的轨道也不同。有机化合物的价电子主要有三种:形成单键的 σ 电子、形成双键的 π 电子和氧或氮、硫、卤素等含未成键的 n 电子。如甲醛分子所示:

$$O：← n 电子$$
$$\parallel ← π 电子$$
$$C—H$$
$$\vert ← σ 电子$$
$$H$$

其分子轨道可能有 σ 和 π 成键轨道、n(非键)轨道、σ*、π* 反键轨道。这几种轨道能级高低的次序通常为:σ<π<n<π*<σ*。当分子吸收适当频率的光辐射时,分子内 σ 电子、π 电子或 n 电子将由较低能级跃迁到较高能级,即由成键轨道或 n 非键轨道跃迁到相应的反键轨道中(图 1-36)。三种价电子可能产生 σ→σ*,σ→π*,π→π*,π→σ*,n→σ*,n→π* 等六种形式电子跃迁,其中较为常见是 σ→σ* 跃迁,n→σ* 跃迁,π→π* 跃迁和 n→π* 跃迁四种类型,这些跃迁所需能量大小为 σ→σ*>n→σ*>π→π*>n→π*。

图 1-36 分子轨道能级图及电子跃迁形式

紫外吸收光谱就是由化合物分子中三种不同类型的价电子,在各种不同能级上跃迁产生的。

(1)σ→σ* 跃迁

含有 σ 键的化合物都能发生 σ→σ* 跃迁。它所需要的能量最大,吸收光波长最短。这类跃迁的吸收带出现在 200 nm 以下的真空紫外区。如甲烷的 $λ_{max}$＝125 nm,它的吸收光谱曲线必须在真空中测定。

(2)n→σ* 跃迁

含有 O、N、S、P、卤素等杂原子的饱和有机化合物都可能发生 n→σ* 跃迁。所需能量小于 σ→σ* 跃迁,对应的吸收光波长在 200 nm 左右,例如饱和脂肪族醇或醚为 180～185 nm,饱和脂肪胺为 190～200 nm;饱和脂肪族氯化物为 170～175 nm;饱和脂肪族溴化物为 200～210 nm。当分子中含有硫、碘等电离能较低的原子时,吸收波长高于 200 nm(如 CH_3I 的 n→σ* 吸收峰在 258 nm)。

(3)π→π* 跃迁

分子中含有双键、三键的化合物和芳环及共轭烯烃可发生 π→π* 跃迁。孤立双键的吸收波长为 160~190 nm(例如乙烯的 $\lambda_{max}=180$ nm);共轭双键的吸收波长>210 nm,并产生很强的吸收带,即 K 带;随着共轭双键数增加,吸收峰向长波方向移动,甚至能够进入可见光区。$\pi \rightarrow \pi^*$ 跃迁的吸收很强,通常其 $\varepsilon_{max} \geqslant 1 \times 10^4$ L·mol^{-1}·cm^{-1}。

(4)n→π* 跃迁

分子中含有孤对电子的原子和 π 键同时存在并共轭时(如含 $\diagdown\!\!\!C\!=\!O$,$\diagdown\!\!\!C\!=\!S$,$-N\!=\!O$,$-N\!=\!N\!-$),会发生 n→π* 跃迁。它所需的能量最低,对应的吸收光波长最长,一般大于 260 nm,但吸收强度弱,一般 $\varepsilon_{max} < 100$ L·mol^{-1}·cm^{-1},所产生的弱吸收带称为 R 带。

2. 紫外吸收光谱的基本概念

(1)生色团和助色团

生色团是指具有一个或多个不饱和键和未共用电子对的基团。生色团并不是有颜色,而是指分子中在 200~1000 nm 波长范围产生特征吸收峰的基团,如 $\diagdown\!\!\!C\!=\!C\!\diagdown$,$\diagdown\!\!\!C\!=\!O$、$-N\!=\!N\!-$、$-C\!\equiv\!N$、$-C\!\equiv\!C\!-$、$-COOH$、$-N\!=\!O$ 等。发生的跃迁类型是 π→π* 或 n→π* 跃迁。表 1-16 列出一些生色团的最大吸收波长。

表 1-16　　　　　　　　　　　　　常见孤立生色团的吸收特征

生色团	实例	溶剂	$\lambda_{max}/$nm	ε_{max}	跃迁类型
$\diagdown\!\!\!C\!=\!C\!\diagdown$	$C_6H_{13}CH\!=\!CH_2$	正庚烷	177	13000	π→π*
$-C\!\equiv\!C\!-$	$C_5H_{11}C\!\equiv\!CCH_3$	正庚烷	178	10000	π→π*
$\diagdown\!\!\!C\!=\!N\!-$	$(CH_3)_2C\!=\!NOH$	气态	190,300	5000,—	π→π*, n→π*
$-C\!\equiv\!N$	$CH_3C\!\equiv\!N$	气态	167		π→π*
$\diagdown\!\!\!C\!=\!O$	CH_3COCH_3	正己烷	186,280	1000,16	n→σ*, n→π*
$-COOH$	CH_3COOH	乙醇	204	41	n→π*
$-CONH_2$	CH_3CONH_2	水	214	60	n→π*
$\diagdown\!\!\!C\!=\!S$	CH_3CSCH_3	水	400		n→π*
$-N\!=\!N\!-$	$CH_3N\!=\!NCH_3$	乙醇	339	4	n→π*
$\diagdown\!\!\!C\!-\!N\diagup\diagdown^O_O$	CH_3NO_2	乙醇	271	186	n→π*
$-N\!=\!O$	C_4H_9NO	乙醇	300,665	100,20	—,n→π*
$\diagdown\!\!\!C\!-\!O\!-\!N\diagup\diagdown^O_O$	$C_2H_5ONO_2$	二氧六环	270	12	n→π*
$\diagdown\!\!\!S\!=\!O$	$C_6H_{11}SOCH_3$	乙醇	210	1500	n→π*
C_6H_6	$C_6H_5OCH_3$	甲醇	217,269	640,148	π→π*, π→π*

助色团是一些含有未共用电子对的氧原子、氮原子或卤素原子的基团。如$-OH$，$-OR$，$-NH_2$，$-NHR$，$-SH$，$-Cl$，$-Br$，$-I$等。助色团本身不产生吸收峰，但与生色团相连，能使其吸收峰波长向长波方向移动，吸收强度增加。发生的跃迁类型是$n \rightarrow \sigma^*$跃迁。

（2）红移和蓝移

共轭作用或引入助色团可使吸收峰向长波方向移动，这种现象称为吸收峰"红移"。能使有机化合物的λ_{max}向长波方向移动的基团（如助色团、生色团）称为向红基团。

由于有机化合物结构改变（如失去助色团或共轭作用减弱），可使吸收峰向短波方向移动，这种现象称为吸收峰"蓝移"。能使有机化合物的λ_{max}向短波方向移动的基团（如$-CH_3$，$-O-CO-CH_3$等）称为向蓝基团。

（3）吸收带的类型

吸收带是指吸收峰在紫外光谱中的谱带的位置。化合物的结构不同，跃迁的类型不同，吸收带的位置、形状、强度均不相同。根据电子及分子轨道的种类吸收带可分为如下四种类型：

①R 吸收带

R 吸收带由德文 Radikal（基团）而得名，由$n \rightarrow \pi^*$跃迁产生。特点是强度弱（$\varepsilon < 100$），吸收波长较长（$200 \sim 400$ nm）。例如$CH_2 = CH - CHO$的$\lambda_{max} = 315$ nm（$\varepsilon = 14$）的吸收带为$n \rightarrow \pi^*$跃迁产生，属 R 吸收带。R 吸收带随溶剂极性增加而蓝移，但当附近有强吸收带时则产生红移，有时被掩盖。

②K 吸收带

K 吸收带由德文 Konjugation（共轭作用）得名，由$\pi \rightarrow \pi^*$跃迁产生。其特点是强度高（$\varepsilon > 10^4$），吸收峰为$217 \sim 280$ nm。K 吸收带的波长位置及吸收强度与共轭体系数目、位置、取代基的种类等有关。吸收波长随共轭体系的加长向长波方向移动，吸收强度也随之加强。可用于判断化合物的共轭结构。此类吸收带是紫外光谱中应用最多的吸收带。共轭烯烃和取代的芳香化合物可以产生这类谱带。例如：$CH_2 = CH - CH = CH_2$的$\lambda_{max} = 217$ nm（$\varepsilon = 10000$），属 K 吸收带。

③B 吸收带

B 吸收带由德文 Benzenoid band（苯型谱带）得名。由芳香族化合物的$\pi \rightarrow \pi^*$跃迁产生的精细结构吸收，吸收峰为$230 \sim 270$ nm（图 1-37）。B 吸收带的精细结构常用于辨识芳香族化合物。当苯环上有取代基并与苯环共轭，或在极性溶剂中测定时，这些精细结构会简单化或消失。

④E 吸收带

E 吸收带由德文 Ethylenicband band（乙烯型谱带）而得名，由$\pi \rightarrow \pi^*$跃迁产生，是芳香族化合物

图 1-37　苯的紫外吸收光谱曲线（己烷为溶剂）

的特征吸收带，可分为 E_1 带和 E_2 带。E_1 带 $\lambda_{max} = 184$ nm，为强吸收；E_2 带 $\lambda_{max} = 204$ nm，为较强吸收。当苯环上的氢被助色团取代时，E_2 带红移，一般在 210 nm 左右；当苯环上氢被发色团取代，并与苯环共轭时，E_2 带和 K 带合并，且向长波方向移动。B 吸收带的精

细结构简单化,吸收强度增加并向长波方向移动。

例如乙酰苯 ![结构式] 可产生 K 吸收带($\pi \to \pi^*$),其 $\lambda_{max} = 240$ nm(图 1-38)。此时 B 吸收带($\pi \to \pi^*$)也发生红移($\lambda_{max} = 278$ nm)。可见 K 吸收带与苯的 E 带相比显著红移,这是由于苯乙酮中羰基与苯环形成共轭体系的缘故。

图 1-38　乙酰苯的紫外吸收光谱

3.影响紫外吸收光谱的因素

(1)共轭效应

若共轭体系形成大 π 键,可使各能级间的能量差变小,跃迁也更容易。因此使吸收峰向长波方向移动,吸收强度也随之增加的现象称为共轭效应。

(2)助色效应

当助色团与生色团相连时,由于助色团的 n 电子与发色团的 π 电子共轭,也可使吸收峰向长波方向移动,吸收强度也随之增加的现象称为助色效应。

(3)超共轭效应

由烷基的 σ 键与共轭体系的 π 键共轭而引起,其效应也可使吸收峰向长波方向移动,吸收强度增加,但其作用远小于共轭效应。

(4)溶剂效应

紫外吸收光谱测定通常是将样品配制成溶液后进行的,常用溶剂及其极限波长见表 1-17。所谓极限波长是指溶剂产生吸收的光的波长极限,当大于此波长时溶剂不产生吸收,而小于此波长时溶剂就会产生明显吸收。选择溶剂时要注意所用溶剂在测定波长处应没有明显的吸收,而且对被测物溶解性要好,不和被测物发生作用,不含干扰测定的物质。

表 1-17　　　　　　　　　紫外光谱测量常用的溶剂及其极限波长

溶剂	水	正己烷	正庚烷	环己烷	甲醇	乙醇	乙醚	丙酮	氯仿	乙酸	四氯化碳	苯
极限波长/nm	210	210	210	210	210	210	220	330	245	250	265	280

由于溶剂的极性不同引起某些化合物吸收光谱的红移或蓝移,这种现象称为溶剂效应。溶剂的极性强弱能影响物质的精细结构,因此也影响其紫外吸收光谱的吸收峰的波长、强度及形状。例如异丙叉丙酮[$(CH_3)_2-C=CHCO-CH_3$]分子中有 $\pi \to \pi^*$ 和 $n \to \pi^*$ 跃迁,当用非极性溶剂正己烷时,$\pi \to \pi^*$ 跃迁的 $\lambda_{max} = 230$ nm,而用水作溶剂时,$\lambda_{max} = 243$ nm,可见在极性溶剂中 $\pi \to \pi^*$ 跃迁产生的吸收带红移了。而 $n \to \pi^*$ 跃迁产生的吸收峰却恰恰相反,以正己烷作溶剂时,$\lambda_{max} = 329$ nm,而用水作溶剂时,$\lambda_{max} = 305$ nm,吸收峰产生蓝移。

二、常见有机化合物的紫外吸收光谱

1.饱和烃

饱和单键碳氢化合物只有 σ 电子,因而只能产生 $\sigma \to \sigma^*$ 跃迁。由于 σ 电子最不易激发,需要吸收很大的能量,才能产生 $\sigma \rightarrow \sigma^*$ 跃迁,所以这类化合物在 200 nm 以上无吸收,在紫外光谱分析中常用作溶剂使用,如:己烷、环己烷、庚烷等。当饱和单键碳氢化合物中的氢被氧、氮、卤素、硫等原子取代时,这类化合物既有 σ 电子,又有 n 电子,可以实现 $\sigma \rightarrow \sigma^*$ 和 $n \rightarrow \sigma^*$ 跃迁,其吸收峰可以落在远紫外区和近紫外区。

烷烃和卤代烃的紫外吸收很小,利用它们的紫外吸收光谱分析这类化合物的价值不大。不过,饱和醇类化合物如甲醇、乙醇由于在近紫外区无吸收,常被用作紫外光谱分析的溶剂。

2. 不饱和脂肪烃

(1)含孤立不饱和键的烃类化合物

具有孤立双键或三键的烯烃或炔烃,它们都产生 $\pi \rightarrow \pi^*$ 跃迁,但多数在 200 nm 以上无吸收。如乙烯吸收峰在 171 nm,乙炔吸收峰在 173 nm,丁烯吸收峰在 178 nm。若烯分子中氢被助色团如—OH、—NH$_2$、—Cl 等取代,吸收峰发生红移,吸收强度会有所增加。对于含有 $\diagdown C = O$、$\diagdown C = S$ 等生色团的不饱和烃类,会产生 $\pi \rightarrow \pi^*$ 和 $n \rightarrow \pi^*$ 跃迁,它们的吸收带处于近紫外区甚至到达可见光区。如丙酮吸收峰在 194 nm($\pi \rightarrow \pi^*$)和 280 nm($n \rightarrow \pi^*$),亚硝基丁烷(C_4H_8NO)吸收峰在 300 nm($\pi \rightarrow \pi^*$)和 665 nm(呈红色,$n \rightarrow \pi^*$)。

(2)含共轭体系的不饱和烃

具有共轭双键的化合物,相间的 π 键相互作用生成大 π 键,由于大 π 键各能级之间的距离较近,电子易被激发,所以产生了 K 吸收带,其吸收峰一般在 217～280 nm。如丁二烯($CH_2 = CH - CH = CH_2$)吸收峰在 217 nm,吸收强度也显著增加($\varepsilon = 21000$)。K 吸收带的波长及强度与共轭体系的长短、位置、取代基种类等有关,共轭双键越多,波长越长,甚至出现颜色。因此可据此判断共轭体系的存在情况。表 1-18 列出了共轭双键对吸收波长的影响。

表 1-18　　　　　　　　　共轭双键对吸收波长的影响

名称	波长 λ_{max}/nm	摩尔吸收系数 ε	颜色
己三烯(C=C)$_3$	258	35000	无色
二甲基八碳四烯(C=C)$_4$	296	52000	无色
十碳五碳(C=C)$_5$	335	118000	微黄
二甲基十二碳六烯(C=C)$_6$	360	70000	微黄
双氢-β-胡萝卜素(C=C)$_8$	415	210000	黄
双氢-α-胡萝卜素(C=C)$_{10}$	445	63000	橙
番茄红素(C=C)$_{11}$	470	185000	红

共轭分子除共轭烯烃外,还有 α、β 不饱和酮,α、β 不饱和酸,芳香核与双键或羰基的共轭等。如乙酰苯 $\langle \underset{\text{C}}{\overset{\text{O}}{\|}} - CH_3 \rangle$,由于羰基与苯环双键共轭,因此在它们的紫外吸收光谱中(图 1-38)可以看到很强的 K 吸收带,另外是苯环的特征吸收 B 带,以及由—C=O 中 $n \rightarrow \pi^*$ 跃迁而产生的 R 带。

3. 芳香化合物

苯的紫外吸收光谱是由 $\pi \rightarrow \pi^*$ 跃迁组成的三个谱带(图 1-37)，即 E_1、E_2 具有精细结构的 B 吸收带。当苯环上引入取代苯时，E_2 和 B 一般产生红移且强度加强。如果苯环上有两个取代基，则二取代基的吸收光谱与取代基的种类及取代位置有关。任何种类的取代基都能使苯的 E_2 带发生红移。当两个取代基在对位时，ε_{max} 和 λ_{max} 都较间位和邻位取代时大。

例如：

317 nm   273.5 nm   278.5 nm

当对位二取代苯中一个取代基为斥电子基，另一个是吸电子基时，吸收带红移最明显。例如：

269 nm   230 nm   381 nm

稠环芳烃母体吸收带的最大吸收波长大于苯，这是由于它有两个或两个以上共轭的苯环，苯环数目越多，λ_{max} 越大。例如苯(255 nm)和萘(275 nm)均为无色，而骈四苯为橙色，吸收峰波长为 460 nm。骈五苯为紫色，吸收峰波长为 580 nm。

4. 杂环化合物

在杂环化合物中，只有不饱和的杂环化合物在近紫外区才有吸收。以 O、S 或 NH 取代环戊二烯的 CH_2 的五元不饱和杂环化合物，如呋喃、噻吩和吡咯等，既有 $\pi \rightarrow \pi^*$ 跃迁引起的吸收谱带，又有 $n \rightarrow \pi^*$ 跃迁引起的吸收谱带。吡啶是含有一个杂原子的六元杂环芳香化合物，也是一个共轭体系，也有 $\pi \rightarrow \pi^*$ 和 $n \rightarrow \pi^*$ 跃迁，它的紫外吸收光谱与苯相似。同样，喹啉和萘、氮蒽和蒽的紫外吸收光谱也都很相似。

子任务 2　学习紫外分光光度法定性定量方法

一、定性鉴定

紫外吸收光谱法用于定性时，通常是根据吸收光谱的形状、吸收峰的数目、最大吸收波长的位置和相应的摩尔吸光系数等进行定性鉴定。

1. 定性分析

紫外吸收光谱定性分析一般采用比较光谱法。所谓比较光谱法是将经提纯的样品和标准物用相同溶剂配成溶液，并在相同条件下绘制吸收光谱曲线，比较其吸收光谱是否一致。如果紫外光谱曲线完全相同(包括曲线形状、λ_{max}、λ_{min}，吸收峰数目、拐点及 ε_{max} 等)，则可初步认为是同一种化合物。如果没有标准物，则可借助各种有机化合物的紫外-可见光吸收光谱标准谱图或有关电子光谱的文献资料进行比较。

紫外吸收光谱比较简单，特征性不强，定性分析有一定的局限性。无机元素一般不用该方法定性分析,而主要用发射光谱来定性。

有机化合物的紫外吸收光谱,只反映结构中生色团、助色团的特性,而不能反映整个分子的特征,因此实际应用中,通常与红外光谱、核磁共振波谱、质谱等技术结合或与高效液相色谱联机,用于定性分析与结构分析。

2.结构分析

紫外吸收光谱在研究化合物结构中的主要作用是推测官能团、结构中的共轭关系和共轭体系中取代基的位置、种类和数目。

(1)推测化合物的共轭体系、部分骨架

先将样品尽可能提纯,然后绘制紫外吸收光谱。由所测出的光谱特征,根据一般规律对化合物作初步判断。

如果样品在 $200\sim400$ nm 无吸收($\varepsilon<10$),则初步断定该化合物无共轭双键体系,可能是直链烷烃或环烷烃及脂肪族饱和胺、醇、醚、腈、羧酸等。如果在 $210\sim250$ nm 有强吸收带,表明含有共轭双键。若 ε 为在 $1\times10^4\sim2\times10^4$ L·mol^{-1}·cm^{-1},说明该结构为二烯或不饱和酮;若在 $260\sim350$ nm 有强吸收带,可能有 $3\sim5$ 个共轭单位。如果在 $250\sim300$ nm有弱吸收带,$\varepsilon=10\sim100$ L·mol^{-1}·cm^{-1},则说明含有羰基;在此区域内若有中强吸收带,表示具有苯的特征,可能有苯环。如果化合物有许多吸收峰,并有些峰出现在可见光区,则可能具有长链共轭体系或稠环芳香生色团。如果化合物有颜色,则至少有 $4\sim5$ 个相互共轭的生色团(主要指双键)。含氮化合物和碘仿例外。

(2)区分化合物的构型

例如:肉桂酸有下面两种构型

（顺式）

$\lambda_{max}=280$ nm

$\varepsilon_{max}=7000$ L·mol^{-1}·cm^{-1}

（反式）

$\lambda_{max}=295$ nm

$\varepsilon_{max}=13500$ L·mol^{-1}·cm^{-1}

它们的波长吸收强度不同,反式构型没有立体障碍,偶极矩大,而顺式构型有立体障碍,因此反式的吸收波长和强度都比顺式的大。

(3)互变异构体的鉴别

例如异丙叉丙酮有如下两个异构体:

(a)

(b)

经紫外光谱法测定,其中的一个化合物在 235 nm($\varepsilon=12000$)有吸收带,而另一个在 220 nm 以上没有强吸收带。所以可以肯定,在 235 nm 有吸收带的应是具有共轭体系的结构,如(a)所示,而另一个的结构式则如(b)所示。

3. 纯度检查

如果样品和杂质的紫外吸收带位置和强度不同,就可通过比较它们的紫外吸收光谱来判断样品是否被杂质污染。

二、定量分析

紫外分光光度法定量分析与可见分光光度法定量分析的定量依据和定量方法相同,不再重复讲解。

子任务 3　测定未知有机物含量

一、原理

利用紫外吸收光谱定性的方法是:将未知试样和标准样在相同的溶剂中,配制成相同浓度,在相同条件下,分别绘制它们的紫外吸收光谱曲线,比较两者是否一致。或者将试样的吸收光谱与标准谱图(如 Sadtler 紫外光谱图)对比,若两光谱图 λ_{max} 和 ε_{max} 相同,表明是同物质。

紫外吸收定量测定与可见分光光度法相同。在一定波长和一定比色皿厚度下,绘制工作曲线,由工作曲线得到未知试样中有机物含量即可。

二、仪器与试剂

1. 仪器

紫外分光光度计(UV-7504 型),石英比色皿(1 cm):2 个;容量瓶(100 mL、50 mL):各 10 只,吸量管(1 mL、2 mL、5 mL、10 mL):各 1 支,移液管(20 mL、25 mL、50 mL):各 1 支。

2. 试剂

(1)标准溶液(1 mg·mL⁻¹):从维生素 C、水杨酸、糖精钠、硝酸盐氮、苯甲酸五种物质中任取其中两种,分别配成 1 mg·mL⁻¹ 的标准溶液,作为储备液。

(2)未知液:浓度约为 40～60 μg·mL⁻¹,其必为给出的两种标准物质中的一种。

三、实验步骤

1. 吸收池配套性检查

石英吸收池在 220 nm 装蒸馏水,以一个吸收池为参比,调节 T 为 100%,测定其余吸收池的透射比,其偏差应小于 0.5%,可配成一套使用,记录其余比色皿的吸光度值作为校正值。

2. 未知物的定性分析

将两种标准储备液和未知液均配成浓度约为 10 μg·mL⁻¹ 的待测溶液。以蒸馏水为参比,于波长 200～350 nm 范围内测定三种溶液吸光度,并作吸收曲线。根据吸收曲线的形状确定未知物,并从曲线上确定最大吸收波长作为定量测定时的测量波长。

五种标准物质溶液的吸收曲线参见附图 1-39 至图 1-43。

3. 未知物的定量分析

根据未知液吸收曲线上最大吸收波长处的吸光度,确定未知液的稀释倍数,并配制待测溶液。合理配制标准系列溶液(推荐:标准储备液先稀释 10 倍,然后再配制成所需浓度),于最大吸收波长处分别测出其吸光度。然后以浓度为横坐标,以相应的吸光度为纵坐标绘制标准曲线。根据待测溶液的吸光度,从标准曲线上查出未知样品的浓度。未知样要平行测定两次。

附:推荐方法

1.维生素 C 含量的测定:准确吸取 1 mg·mL^{-1} 的维生素 C 标准储备液 10 mL,在 100 mL 容量瓶中定容(此溶液的浓度为 100 μg·mL^{-1})。再分别准确移取 0、1、2、4、6、8、10 mL 上述溶液,在 50 mL 容量瓶中定容(浓度分别为 0、2、4、8、12、16、20 μg·mL^{-1})。准确移取 10 mL 维生素 C 未知液,在 50 mL 容量瓶中定容,于最大吸收波长处分别测定以上溶液的吸光度。然后以浓度为横坐标,以相应的吸光度为纵坐标绘制标准曲线。从标准曲线上查得未知液的浓度。

2.苯甲酸含量的测定:准确吸取 1 mg·mL^{-1} 的苯甲酸标准储备液 10 mL,在 100 mL 容量瓶中定容(此溶液的浓度为 100 μg·mL^{-1})。再分别准确移取 0、1、2、4、6、8、10 mL 上述溶液,在 100 mL 容量瓶中定容(浓度分别为 0、1、2、4、6、8、10 μg·mL^{-1})。准确移取 10 mL 苯甲酸未知液,在 100 mL 容量瓶中定容,于最大吸收波长处分别测定以上溶液的吸光度。然后以浓度为横坐标,以相应的吸光度为纵坐标绘制标准曲线。从标准曲线上查得未知液的浓度。

3.糖精钠含量的测定:准确吸取 1 mg·mL^{-1} 的糖精钠标准储备液 10 mL,在 100 mL 容量瓶中定容(此溶液的浓度为 100 μg·mL^{-1})。再分别准确移取 0、1、2、4、6、8、10 mL 上述溶液,在 50 mL 容量瓶中定容(浓度分别为 0、2、4、8、12、16、20 μg·mL^{-1})。准确移取 10 mL 糖精钠未知液,在 50 mL 容量瓶中定容,于最大吸收波长处分别测定以上溶液的吸光度。然后以浓度为横坐标,以相应的吸光度为纵坐标绘制标准曲线。从标准曲线上查得未知液的浓度。

4.水杨酸含量的测定:准确吸取 1 mg·mL^{-1} 的水杨酸标准储备液 10 mL,在 100 mL 容量瓶中定容(此溶液的浓度为 100 μg·mL^{-1})。再分别准确移取 0、1、2、4、6、8、10 mL 上述溶液,在 50 mL 容量瓶中定容(浓度分别为 0、2、4、8、12、16、20 μg·mL^{-1})。准确移取 10 mL 水杨酸未知液,在 50 mL 容量瓶中定容,于最大吸收波长处分别测定以上溶液的吸光度。然后以浓度为横坐标,以相应的吸光度为纵坐标绘制标准曲线。从标准曲线上查得未知液的浓度。

5.硝酸盐氮含量的测定:准确吸取 1 mg·mL^{-1} 的硝酸盐氮标准储备液 10 mL,在 100 mL 容量瓶中定容(此溶液的浓度为 100 μg·mL^{-1})。再分别准确移取 0、1、2、4、6、8、10 mL 上述溶液,在 100 mL 容量瓶中定容(浓度分别为 0、1、2、4、6、8、10 μg·mL^{-1})。准确移取 10 mL 硝酸盐氮未知液,在 100 mL 容量瓶中定容,于最大吸收波长处分别测定以上溶液的吸光度。然后以浓度为横坐标,以相应的吸光度为纵坐标绘制标准曲线。从标准曲线上查得未知液的浓度。

四、结果计算

根据未知液的稀释倍数,可求出未知溶液的浓度。

五、结束工作

1.实验完毕,关闭电源,取出吸收池,清洗晾干放入盒内保存。
2.清理工作台,罩上仪器防尘罩,填写仪器使用记录。

附图

图 1-39 苯甲酸标准物质溶液吸收曲线

图 1-40 糖精钠标准物质溶液吸收曲线

图 1-41 维生素 C 标准物质溶液吸收曲线

图 1-42　水杨酸标准物质溶液吸收曲线

图 1-43　硝酸盐氮标准物质溶液吸收曲线

任务考核

【考核评分表】

序号	作业项目	考核内容	配分	操作要求	考核记录	扣分	得分
一	仪器调校	仪器预热	5	已预热			
		波长正确性、吸收池配套性检查	5	正确			
二	溶液配制	容量瓶使用	5	正确规范(洗涤、试漏、定容)			
		移液管使用	5	正确规范(润洗、吸放、调刻度)			
三	仪器使用	比色皿使用	5	正确规范			
		调"0"和"100"操作	5	正确规范			
		波长选择	5	正确			
		测量由稀到浓	5	是			
		参比溶液的选择和位置	5	正确			
		读数	5	及时、准确			

(续表)

序号	作业项目	考核内容	配分	操作要求	考核记录	扣分	得分
四	数据处理和实训报告	吸收曲线,工作曲线绘制,报告	20	合格			
		准确度	15	正确、完整、规范、及时			
		工作曲线线性	0	≤0.99　　　　　差			
			4	0.99～0.999　　　一般			
			8	0.999～0.9999　　较好			
			10	>0.9999　　　　　好			
五	文明操作结束工作	物品摆放,仪器结束工作	5	仪器拔电源,盖防尘罩;比色皿清洗,倒置控干。台面无水迹或少水迹、废纸废液不乱扔乱倒、结束工作完成良好			
六	总分						

技能训练测试题

一、名词解释

生色团　助色团　红移　蓝移　溶剂效应　共轭效应

二、选择题

1.下列含有杂质原子的饱和有机化合物均有 $n \rightarrow \sigma^*$ 电子跃迁,以下(　　　)出现此吸收带的波长较长。

A.甲醇　　　　　　B.氯仿　　　　　　C.一氟甲烷　　　　D.碘仿

2.在紫外-可见光区有吸收的化合物是(　　　)。

A. $CH_3-CH_2-CH_3$

B. CH_3-CH_2-OH

C. $CH_2=CH-CH_2-CH=CH_2$

D. $CH_3-CH=CH-CH=CH-CH_3$

3.某非水溶性化合物,在 $200\sim250$ nm 有吸收,当测定其紫外-可见光谱时,应选用的合适溶剂是(　　)。

A.正己烷　　　　　B.丙酮　　　　　　C.甲酸甲酯　　　　D.四氯乙烯

4.在异丙叉丙酮中,$n \rightarrow \pi^*$ 跃迁的吸收带,在下述(　　　)溶剂中测定时,其最大吸收的波长最长。

A.水　　　　　　　B.甲醇　　　　　　C.正己烷　　　　　D.氯仿

三、简答题

1.紫外光谱图中有几种电子类型跃迁? 其特点是什么?

2.试指出苯甲酸的紫外吸收光谱的特征。

3.某化合物在正己烷和乙醇中分别测得最大吸收波长 $\lambda_{max}=305$ nm 和 $\lambda_{max}=307$ nm,该吸收是由哪一种跃迁类型所引起的?

项目二　离子膜烧碱生产辅助试剂质量检验

【项目分析】

生产离子膜烧碱的某工厂有一批用作干燥剂的工业硫酸需要进行质量检验,作为质检人员,需要首先搜集相关标准分析方法,然后依据标准方法进行具体实验分析,一般依据国家标准(GB/T 534—2002),其具体技术要求如下:

1. 分类:工业硫酸分为浓硫酸和发烟硫酸两类。
2. 化学指标:工业硫酸的化学指标应符合表 2-1 的规定。

表 2-1　　　　　　　　　　　工业硫酸的化学指标

项目	指标					
	浓硫酸			发烟硫酸		
	优等品	一等品	合格品	优等品	一等品	合格品
硫酸(H_2SO_4)的质量分数/% ≥	92.5 或 98.0	92.5 或 98.0	92.5 或 98.0	—	—	—
游离三氧化硫的质量分数/% ≥	—	—	—	20.0 或 25.0	20.0 或 25.0	20.0 或 25.0
灰分的质量分数/% ≤	0.02	0.03	0.10	0.02	0.03	0.10
铁(Fe)的质量分数/% ≤	0.005	0.010	—	0.005	0.010	0.030
砷(As)的质量分数/% ≤	0.0001	0.005	—	0.0001	0.0001	
汞(Hg)的质量分数/% ≤	0.001	0.01	—	—	—	—
铅(Pb)的质量分数/% ≤	0.005	0.02	—	0.005	—	—
透明度/mm	80	50	—	—	—	—
色度/mL	2.0	2.0	—	—	—	—

子项目 1　工业硫酸中铁含量的测定(原子吸收分光光度法)

【项目分析】

工业硫酸中的铁为微量铁,微量铁含量的测定可采用邻菲啰啉分光光度法、原子吸收分光光度法等方法。这里重点学习原子吸收分光光度法测定微量铁。

任务 1　认识原子吸收分光光度法并学习仪器使用方法

【任务分析】

质检中心已经提供了完成本子项目所需要的仪器和试剂,包括原子吸收分光光度计、辅助试剂、分析用玻璃仪器、工业硫酸样品等。我们的任务是首先学习原子吸收分光光度法的基本原理,然后学习如何使用这些仪器。

◎**学习目标**

1. 知识目标

(1)了解原子吸收分光光度法的基本原理;理解原子吸收值与待测元素的定量关系。

(2)熟悉原子吸收分光光度计的基本组成及各组成部件的要求、种类、作用、基本结构和工作原理。

(3)熟练掌握仪器使用方法。

2. 能力目标

(1)会正确配制标准储备溶液和标准工作溶液。

(2)能熟练操作使用仪器。

(3)能正确使用数据处理软件。

(4)会进行可燃气体、高压钢瓶、电器的安全操作。

3. 素质目标

(1)具有高度的责任感和"质量第一"的理念。

(2)具有实事求是的工作作风。

(3)具有按规范、规程操作的习惯。

子任务 1　了解原子吸收分光光度法

基于测量待测元素的基态原子对其特征谱线的吸收程度而建立起来的分析方法,称为原子吸收光谱法(Atomic Absorption Spectrometry,AAS)或原子吸收分光光度法。原子吸收分光光度法是 20 世纪 50 年代后发展起来的一种新型仪器分析方法。它在冶金、地质、环保、石油化工、医药卫生、农林、公安、食品、轻工等各个部门得到广泛应用。

一、概述

1. 测定对象

金属元素及少数非金属元素,有机化合物。

2. 优缺点

原子吸收分光光度法具有灵敏度高、检出限低(火焰原子吸收光谱法的检出限可达 $\mu g \cdot mL^{-1}$ 级;无火焰原子吸收光谱法的检出限可达 $1 \times 10^{-10} \sim 1 \times 10^{-14} g$),准确度高(相对标准偏差 1%～2%)、选择性好、操作简便、分析速度快、应用广泛等优点,可测定的元素达 70 多个。但它也有不足之处,如分析不同元素,必须使用不同的元素灯;测定某些易生成难熔氧化物的元素的灵敏度比较低等。

二、基本原理

当原子处于基态时,有辐射通过自由原子蒸气,且入射辐射的能量(或频率)恰好等于原子中的电子由基态跃迁到激发态时所需的能量(或频率)时,该基态原子就会从辐射中吸收能量,产生共振吸收,电子由基态跃迁到激发态,同时伴随着原子吸收光谱的产生。

由于原子的能级是量子化的,所以原子对不同频率辐射的吸收是有选择的。因为各元素的原子结构和外层电子的排布不同,所以不同元素的原子从基态跃迁到激发态时吸收的能量也不同。由于原子由基态跃迁到第一激发态时所需能量最低,跃迁最容易,此时产生的吸收线称为共振吸收线或第一共振吸收线。各种元素的共振线不同而有其特征性,这种共振线称为元素的特征谱线。对于大多数元素来说,共振线是指元素所有谱线中最灵敏的线,也是原子吸收分光光度法中最主要的分析线,浓度较高时也可以选择次灵敏线或其他共振吸收线用于测定。

三、原子吸收分光光度法的定量依据

光源发射的待测元素的特征谱线,通过原子化器中待测元素的原子蒸气时,部分被吸收,透过部分经分光系统和检测系统即可测得该特征谱线被吸收的程度即吸光度(图 2-1)。根据吸收定律,在一定条件下,原子吸收的吸光度与试样中待测元素的浓度之间存在如下关系:$A = Kc$。

这就是原子吸收分光光度法的定量依据。

图 2-1 原子吸收分光光度法的定量依据

子任务 2 认识原子吸收分光光度计

一、仪器工作流程

目前,原子吸收分光光度计(图 2-2)仪器种类很多,但基本结构和工作流程是基本相同的。

图 2-2 原子吸收分光光度计

试液喷射成细雾与燃气混合后进入燃烧的火焰中,被测元素在火焰中转化为原子蒸气。气态的基态原子吸收从光源发射出的与被测元素吸收波长相同的特征谱线,使该谱线的强度减弱,再经分光系统分光后,由检测器接收。产生的电信号,经放大器放大,由显示系统显示吸光度或光谱图,原子吸收分光光度计工作流程如图 2-3 所示。

图 2-3　原子吸收分光光度计工作流程图

　　原子吸收分光光度法与紫外分光光度法都是基于物质对紫外和可见光的吸收而建立起来的分析方法,属于吸收光谱分析。但它们吸光物质的状态不同。原子吸收光谱的吸光物质是基态原子蒸气,紫外-可见吸收光谱的吸光物质是溶液中的分子或离子。原子吸收光谱是线状光谱,紫外-可见吸收光谱是带状光谱,这是两种方法的主要区别。

二、仪器主要组成部件

　　原子吸收分光光度计主要由光源、原子化系统、分光系统、检测系统等四个部分组成。

1.光源

　　(1)光源的作用:发射待测元素的特征谱线。

　　(2)要求:

　　①能发射待测元素的特征光谱(共振线);

　　②发射的共振辐射的半宽度要明显小于吸收线的半宽度;

　　③辐射光强度大,背景低,低于特征共振辐射强度的 1%;

　　④稳定性好,30 min 内漂移不得超过 1%,噪声小于 0.1%;

　　⑤使用寿命长。

　　(3)种类:空心阴极灯、无极放电灯、蒸气放电灯和激光光源灯都能满足上述要求,其中应用最广泛的是空心阴极灯和无极放电灯。

　　空心阴极灯的实物外观和构造示意图如图 2-4 和图 2-5 所示。

图 2-4　空心阴极灯实物外观　　　　　图 2-5　空心阴极灯构造

①构造

外观:灯脚、玻璃管、石英透光窗；

阴极:待测元素金属或合金；

阳极:钨棒上镶钛丝或钽片；

内充气体:几百帕低压惰性气体(氖或氩)。

②工作原理

在高压电场作用下,阴极灯开始辉光放电,电子从空心阴极高速射向阳极。在此过程中,电子与周围惰性气体碰撞使之电离,产生的惰性气体的阳离子在电场作用下被加速,猛烈撞击阴极内壁,使阴极表面的自由原子被溅射出来,溅射出的金属原子又受到这些电子、正离子、气体原子的撞击被激发到激发态,但很快又从激发态返回到基态,并同时辐射出该元素的特征谱线。

用不同的待测元素作阴极材料,可制成各相应待测元素的空心阴极灯。若阴极物质只含一种元素,则可制成单元素灯,目前应用最广泛,缺点是每测一个元素均需要更换相应的待测元素的空心阴极灯,使用不太方便;阴极物质含多种元素,则可制成多元素灯,但辐射强度较弱,在应用上受到一定限制。

③空心阴极灯的使用

a.灯电源必须稳定。应有高质稳压电源,采用脉冲供电方式。

b.空心阴极灯使用前应预热,使灯的发光强度达到稳定。预热时间随灯元素的不同而不同,一般为 20～30 min。

c.灯电流:灯电流大小应合适,不能超过"最大灯电流"。原则是:在保证灵敏度和稳定性的前提下,使用尽可能低的灯电流。

d.灯在点燃后可从灯的阴极辉光的颜色判断灯的工作是否正常,判断的一般方法如下:充氖气的灯正常颜色是橙红色;充氩气的灯正常是淡紫色;汞灯是蓝色。灯内有杂质气体存在时,阴极辉光的颜色变淡,如充氖气的灯颜色可变为粉红,发蓝或发白,此时应对灯进行处理。

e.放置不用的灯应定期(每月或每隔两三个月)通电,即在工作电流下点燃 1 h。在通电加热时,吸气剂能吸掉灯内释放出的各种杂质气体,以减少灯的背景发射。

f.使用元素灯时,应轻拿轻放。灯点亮后要盖好灯室盖,测量过程不要打开。低熔点的灯用完后,要等冷却后才能移动。

2. 原子化系统

原子化系统是原子吸收分光光度计中非常重要的组成部分,它的性能直接影响测定灵敏度和准确度。原子化系统外观如图 2-6 所示。

(1)作用:提供能量,使试样干燥、蒸发和原子化,也就是将试样中的待测元素转化为基态原子蒸气。光源发出的特征谱线在这里被试样基态原子吸收,所以也可以看作"吸收池"。

图 2-6　原子化系统外观图

（2）种类：原子化的方法主要有火焰原子化法和非火焰原子化法两种。相应的，仪器可分为火焰原子化器与无火焰原子化器。

（3）要求：必须具有足够高的原子化效率；必须具有良好的稳定性和重现性；操作简单；干扰水平低等。

（4）组成：原子化系统的组成包括雾化器、预混合室、燃烧器。

①雾化器

雾化器的作用是将试液雾化成细雾。雾粒越细越多，在火焰中产生的基态原子就越多。雾滴粒度和试液的吸入率影响测量精度和化学干扰的大小。因此要求其喷雾稳定、雾滴细微均匀、雾化效率高。目前商品原子化系统多数使用气动同心型雾化器。目前雾化器多采用不锈钢、聚四氟乙烯或玻璃等制成。

当具有一定压力的压缩空气作为助燃气高速通过毛细管外壁与喷嘴口构成的环形间隙时，在毛细管出口的尖端处形成一个负压区，于是试液沿毛细管吸入并被快速通入的助燃气分散成小雾滴。喷出的雾滴撞击在距毛细管喷口前端几毫米处的撞击球上，进一步分散成更为细小的细雾（雾化器结构如图 2-7 所示）。一般雾化器的雾化效率为 $5\%\sim15\%$。影响雾化效率的因素有雾化器的结构、试液的物理性质和组成、气体压力、温度等。

图 2-7　雾化器结构示意图

②预混合室（雾化室）

预混合室的作用是使大雾滴沉降、凝聚并从废液口排出；使雾粒与燃气、助燃气充分混合形成气溶胶，以便在燃烧时得到稳定的火焰（图 2-8）。为了避免回火爆炸的危险，预混合室的残液排出管必须采用导管弯曲或将导管插入水中等水封方式。

③燃烧器

燃烧器的作用是使燃气在助燃气的作用下形成火焰，使进入火焰的试样微粒原子化。要求燃烧器的火焰燃烧稳定、原子化程度高、吸收光程长、噪声小、耐高温耐腐蚀等。燃烧器有单缝和三缝两种，目前单缝燃烧器应用最广。通常采用不锈钢制成长缝型燃烧器（图 2-9）。

图 2-8　原子化系统结构

图 2-9　长缝型燃烧器

④火焰

a. 火焰种类：火焰原子吸收分析常用的火焰是空气-乙炔焰和氧化亚氮（N_2O）-乙炔焰。

乙炔气体通常由乙炔钢瓶或乙炔发生器提供。使用乙炔钢瓶要注意安全：乙炔钢瓶内最大压强为 1.5 MPa·cm^{-2}。乙炔溶于吸附在活性炭上的丙酮内，乙炔钢瓶使用至 0.5 MPa·cm^{-2} 时就应重新充气，否则钢瓶中的丙酮会混入火焰，使火焰不稳定，噪声大，影响测定；乙炔瓶存放和使用时只能直立，不能横躺，以防丙酮流出引起燃烧爆炸；开启瓶阀时，不要超过一圈半，一般只开 3/4 圈；乙炔钢瓶附近不可有明火；使用时应先开助燃气再开燃气并立即点火，关气时应先关燃气再关助燃气。

空气一般由压强为 1 MPa·cm^{-2} 左右的空气压缩机提供。

b. 火焰温度：空气-乙炔火焰最常用，但火焰的温度相对略低，一些需要高温原子化的元素，测定效果不太理想。氧化亚氮-乙炔火焰温度高，但燃烧速度缓慢，可测定 70 多种元素。几种常用火焰的温度见表 2-2。

表 2-2　　　　　　　　　　　几种常用火焰的温度

燃气	助燃气	最高火焰温度/K
乙炔	空气	2600
乙炔	氧气	3160
乙炔	氧化亚氮	2990
氢气	空气	2318
氢气	氧气	2933
氢气	氧化亚氮	2880
丙烷	空气	2198

c. 火焰的空间分布：对于确定类型的火焰而言，其温度在空间上的分布是不均匀的，因而自由原子在火焰中的空间分布也是不均匀的。

正常燃烧的火焰结构由预热区、第一反应区、中间薄层区和第二反应区组成，如图 2-10 所示。试样原子化主要在第一反应区和中间薄层区进行。中间薄层区的温度达到最高点，是原子吸收分析的主要应用区（对于易原子化、干扰效应小的碱金属分析，可以在第一反应区进行）。

图 2-10　火焰结构示意图

d. 火焰的氧化还原特性：化学计量性火焰（中性火焰）：其燃气与助燃气的比例与化学反应计量关系相近，是最常用的火焰，用来分析碱金属除外的元素。

富燃火焰（还原性火焰）：燃气大于化学计量的火焰，用来分析易形成难熔氧化物的元素,如 Mo、W、稀土元素。

贫燃火焰(氧化性火焰):助燃气大于化学计量的火焰,其火焰温度较低,用来分析碱金属元素。

(4)原子化过程

试样在火焰原子化系统中的物理化学过程:试液—雾化—进入火焰—蒸发、干燥—热解离(或还原)—基态原子。其历程如图 2-11 所示。

$$MX(试液) \underset{脱溶剂}{\rightleftharpoons} MX(气态) \underset{离解}{\rightleftharpoons} \begin{vmatrix} M^* \\ 激 \\ 发 \\ M \\ 电 \\ 离 \\ M^* \end{vmatrix} + X$$

图 2-11　试样在原子化系统中的历程

(5)火焰原子化法的优缺点

优点:操作简便,重现性好,有效光程大,对大多数元素有较高灵敏度,因此应用广泛。

缺点:火焰原子化法原子化效率低,灵敏度不够高,而且一般不能直接分析固体样品,只可以液体进样。

3.分光系统

分光系统由入射狭缝、出射狭缝和单色器组成。单色器常采用光栅或棱镜。单色器既要将谱线分开,又要有一定的出射光强度。

分光系统的作用是将分析线与其他谱线分开(其他谱线:光源非分析线及杂质发射线,原子化系统发射线等),位于原子化系统与检测系统之间。

分光系统的分辨能力取决于色散原件的色散率和狭缝宽度。对光栅而言,色散本领常用线色散率的倒数表示,即 $D = d\lambda/dL$,其含义是在单色器焦面上每毫米距离内所含的波长数(单位:nm/mm)。此值越小,色散率越大。

狭缝宽度与色散率倒数的乘积称为单色器的光谱通带,即通过单色器出射狭缝的光束的波长宽度,其关系为:

光谱通带 W(nm)=狭缝宽度 S(mm)×线色散率倒数 D(nm/mm)

4.检测系统

检测系统的作用是将光吸收信号转变为电信号并放大读出,由光电元件、放大器和显示装置等组成。

子任务 3　学习原子吸收分光光度计的使用

TAS-990 型原子吸收分光光度计操作规程如下:

1. 打开电脑。

2. 打开主机电源。

3. 双击 AAWin1.2 图标 ![icon]。

4. 选择联机后确定进行自检。

5. 等自检完成后进行元素灯(图 2-12)选择(选择工作灯和预热灯)。选择镁元素为工作灯。

图 2-12　元素灯

6. 根据向导提示用默认的参数和峰值进行寻峰操作。

7. 点击 仪器(I) 中的 燃烧器参数(F) 进行燃气流量的调整,燃烧器位置调整,让光路通过燃烧缝的正上方。

8. 点击 样品 图标设置样品。

9. 点击 参数 图标进行参数设置。

分析线:285.2 nm;光谱通带:0.4 nm;空心阴极灯电流:2 mA;乙炔流量:2000 mL/min;燃烧器高度:5 mm。

10. 检查水封。向排水安全槽(图 2-13)内倒入少量水至有水从排水管内流出。

11. 打开空气压缩机电源(压力 0.25～0.3 MPa)。

12. 打开乙炔瓶开关(压力调节到 0.05 MPa 左右)。钢瓶压力到 0.4 MPa 时更换乙炔钢瓶,纯度大于 99.9%。

13. 点击图标 点火。

注意! 点火时,为安全起见,操作者应尽量远离燃烧器,以防万一发生爆炸时受伤。仪器启动前一定要通风。若仪器长时间不用,由于乙炔管路内有空气进入,第一次点火可能无法点燃,多点几次即可。当按下点火按钮时应确保其他人员手、脸不在燃烧室上方,最好关闭燃烧室防护罩。在燃烧过程中不可用手接触燃烧器。

14.点击 能量 图标进行能量自动平衡。将进样管放入去离子水中冲洗2～3 min(图 2-14)。

图 2-13　排水安全槽　　　　图 2-14　吸喷蒸馏水

15.在空白溶液中点击 校零 。提起毛细管,用滤纸擦去水分,插入待测量溶液中,点击 测量 图标后点开始依次测量标准样品和未知样品。测量结束后将进样管放入去离子水中冲洗 2～3 min。

注意:测量过程中,每测完一个样品都应吸去离子水校零,然后再吸喷第二个样。实验结束吸喷去离子水 3～5 min 后关机。

16.关闭乙炔。

17.火焰熄灭后关闭空压机(先关工作开关,再关风机开关,放水)。

18.关闭主机。

19.关闭软件。

20.关闭计算机。

任务考核

【考核评分表】

序号	作业项目	考核内容	配分	操作要求	考核记录	扣分	得分
一	仪器安全性检查	燃气压力、气路密封、燃烧头位置、报警装置	5	正确			
二	溶液配制	容量瓶使用	5	正确规范(洗涤、试漏、定容)			
		移液管使用	5	正确规范(润洗、吸放、调刻度)			
三	开机	开排风,开电脑,开主机,自检	2	正确			
四	元素灯、灯电流、样品设置、参数设置	选择元素灯	2	正确			
		调节灯电流	2	正确,合适			
		调节光谱带宽	2	正确,合适			
		选择分析线波长	2	正确			
		调节燃气流量	2	正确,合适			
		调节燃烧器高度	2	正确,合适			
		样品设置	2	正确			
五	点火	检查水封	2	正确			
		开启空气压缩机	2	正确			
		开启乙炔钢瓶,调节乙炔气压力	2	正确			
		点火	2	正确			
		燃气、助燃气开启顺序	2	正确			
六	测样	测量前吸喷蒸馏水,校零	2	正确			
		测量由稀到浓	2	正确			
		每测一个溶液,吸喷蒸馏水,再测下一个溶液	2	正确			
		读数	2	正确,及时			
		测试完毕后吸喷蒸馏水 5 min	2	正确			
七	关机	先关燃气、再关助燃气	1	正确			
		关排风	1	正确			
		关主机	1	正确			
		关电脑	1	正确			
八	数据处理和实训报告	结果精密度	15	合格			
		结果准确度	15	合格			
		报告	10	正确、完整、规范、及时			
九	文明操作结束工作	物品摆放,仪器结束工作	5	仪器拔电源,盖防尘罩;台面无水迹或少水迹、废纸废液不乱扔乱倒、结束工作完成良好			
十	总分						

技能训练测试题

一、简答题

1. 原子吸收光谱法的基本原理是什么？

2. 简述火焰原子吸收光谱分析的基本过程。

3. 简述原子吸收分光光度计的组成和各部分作用。

二、单选题

1. 原子吸收分光光度计的核心部分是（　　　）。

A. 光源　　　　　　B. 原子化器　　　　　C. 分光系统　　　　D. 检测系统

2. 原子吸收光谱是（　　　）。

A. 带状光谱　　　　B. 线状光谱　　　　　C. 宽带光谱　　　　D. 分子光谱

3. 充氖气的空心阴极灯负辉光的正常颜色是（　　　）。

A. 橙色　　　　　　B. 紫色　　　　　　　C. 蓝色　　　　　　D. 粉红色

4. 原子吸收光谱产生的原因是（　　　）。

A. 分子中电子能级跃迁

B. 转动能级跃迁

C. 振动能级跃迁

D. 原子最外层电子跃迁

5. 原子吸收光谱分析中光源的作用是（　　　）。

A. 提供试样蒸发和激发所需要的能量

B. 产生紫外光

C. 发射待测元素的特征谱线

D. 产生足够浓度的散射光

三、判断题

1. 空心阴极灯的发光强度与工作电流有关，增大电流可以增加发光强度，因此使用时应选择最大额定电流的强度。（　　　）

2. 空心阴极灯亮，但高压开启后无能量显示，可能是无高压。（　　　）

3. 在原子吸收分光光度法中，对谱线复杂的元素常用较小的狭缝进行测定。（　　　）

4. 原子吸收分光光度计中的单色器是放在原子化系统之前的。（　　　）

5. 原子吸收光谱分析中，灯电流的选择原则是：在保证放电稳定和有适当光强输出情况下，尽量选用低的工作电流。（　　　）

6. 原子吸收光谱分析中，测量的方式是峰值吸收，而以吸光度值反映其大小。（　　　）

7. 空心阴极灯若长期不用，应定期点燃，以延长灯的使用寿命。（　　　）

8. 原子吸收光谱是带状光谱，而紫外-可见光谱是线状光谱。（　　　）

任务2　火焰原子吸收光谱法最佳实验条件的选择

【任务分析】

分析化学中衡量测量结果的两个重要因素是准确度与精密度。由于原子吸收测量的元素多为微量成分,为了保证数据的准确度与精密度,最佳实验条件的选择以获得最高灵敏度、最佳稳定性为依据。在仪器使用前都要进行最佳实验条件的调试,如:分析线、灯电流、燃气流量、燃烧器高度、光谱通带等。

本项目工业硫酸中铁含量的测定也需要在测定前对最佳实验条件进行调试。

🔘 学习目标

1. 知识目标

(1)进一步熟悉原子吸收分光光度计的基本结构和工作原理、仪器使用方法。

(2)掌握最佳测量条件的选择方法。

(3)了解原子吸收光谱分析中常见的干扰及其消除方法。

2. 能力目标

(1)会熟练操作仪器。

(2)会熟练使用数据处理软件。

(3)会进行测量条件的调试。

(4)会进行可燃气体、高压钢瓶等的安全操作。

3. 素质目标

(1)具有独立工作能力。

(2)具有团结协作能力。

(3)具有灵活运用所学知识解决实际问题的能力。

子任务1　熟悉仪器测量条件的选择

测量条件的选择对测量的准确度、灵敏度、稳定性、线性范围和重现性等有很大的影响。最佳测量条件应根据实际情况进行选择,主要应考虑以下几个方面:

一、分析线的选择

为了获得较高的灵敏度,通常选择元素的共振线作为分析线。但在分析被测元素浓度较高的试样时,若选择共振线作为分析线,其吸收值可能会突破标准曲线的有效线性范围,给准确定量带来误差,此时可选用灵敏度较低的非共振线作为分析线;某些元素的灵敏线在远紫外区,在这个光谱区内,不同组成的火焰都有较强的背景吸收,所以此时不能选择这些元素的共振线作为分析线;痕量元素的分析则一般选择最强的吸收线作为分析线。表 2-3 列出了常用的各元素分析线。

表 2-3 原子吸收光谱法中常用的分析线

元素	分析线波长/nm	元素	分析线波长/nm	元素	分析线波长/nm
Ag	328.1,338.3	Ge	265.2,275.5	Re	346.1,346.5
Al	309.3,308.2	Hf	307.3,288.6	Sb	217.6,206.8
As	193.6,197.2	Hg	253.7	Sc	391.2,402.0
Au	242.3,267.6	In	303.9,325.6	Se	196.1,204.0
B	249.7,249.8	K	766.5,769.9	Si	251.6,250.7
Ba	553.6,455.4	La	550.1,413.7	Sn	224.6,286.3
Be	234.9	Li	670.8,323.3	Sr	460.7,407.8
Bi	223.1,222.8	Mg	285.2,279.6	Ta	271.5,277.6
Ca	422.7,239.9	Mn	279.5,403.7	Te	214.3,225.9
Cd	228.8,326.1	Mo	313.3,317.0	Ti	364.3,337.2
Ce	520.0,369.7	Na	589.0,330.3	U	351.5,358.5
Co	240.7,242.5	Nb	334.4,358.0	V	318.4,385.6
Cr	357.9,359.4	Ni	232.0,341.5	W	255.1,294.7
Cu	324.8,327.4	Os	290.9,305.9	Y	410.2,412.8
Fe	248.3,352.3	Pb	216.7,283.3	Zn	213.9,307.6
Ga	287.4,294.4	Pt	266.0,306.5	Zr	360.1,301.2

二、光谱通带宽度(光谱带宽)的选择

选择光谱通带,实际上就是选择狭缝的宽度。原子吸收分析中,谱线重叠的可能性一般比较小,因此可以使用较宽的狭缝,使光强增大,提高信噪比。选择狭缝的原则是:在不减少吸光度的前提下,尽可能选用较宽的狭缝。

如果单色器的分辨能力强、火焰背景的发射弱、吸收线附近无干扰线,可选择较宽的狭缝。否则应选择较窄的狭缝。例如:碱金属、碱土金属谱线简单,可选用较宽狭缝;过渡元素与稀土等谱线复杂的元素,要选择较窄狭缝。

合适的狭缝宽度可以通过实验的方法确定,具体方法是:逐渐改变单色器的狭缝宽度,使检测器输出信号最强,(即吸光度最大)为止。表 2-4 列出了一些元素在测定时经常选用的光谱带宽。根据仪器说明书上列出的单色器线色散率倒数,用光谱通带宽度＝线色散率倒数×狭缝宽度,可以计算出不同的光谱带宽所对应的狭缝宽度。

表 2-4 不同元素所选用的光谱带宽

元素	共振线波长/nm	光谱带宽/nm	元素	共振线波长/nm	光谱带宽/nm
Al	309.3	0.2	Mn	279.5	0.5
Ag	328.1	0.5	Mo	313.3	0.5
As	193.7	<0.1	Na	589.0	10
Au	242.8	2	Pb	217.0	0.7
Be	234.9	0.2	Pd	244.8	0.5
Bi	223.1	1	Pt	265.9	0.5
Ca	422.7	3	Rb	780.0	1

（续表）

元素	共振线波长/nm	光谱带宽/nm	元素	共振线波长/nm	光谱带宽/mm
Cd	228.8	1	Rh	343.5	1
Co	240.7	0.1	Sb	217.6	0.2
Cr	357.9	0.1	Se	196.0	2
Cu	324.7	1	Si	251.6	0.2
Fe	248.3	0.2	Sr	460.7	2
Hg	253.7	0.2	Te	214.3	0.6
In	302.9	1	Ti	364.3	0.2
K	766.5	5	Tl	377.6	1
Li	670.9	5	Sn	286.3	1
Mg	285.2	2	Zn	213.9	5

三、灯电流

空心阴极灯的发射特性取决于灯电流。灯电流过小,放电不稳定,发射强度太弱,虽发射谱线变窄,但测定需放宽狭缝,提高光电倍增管及放大器的电压,噪声也相应增强;灯电流过大,发射强度增大,但发射谱线变宽,导致灵敏度下降,灯寿命降低。选用灯电流的一般原则是:在保证有足够强且稳定的光强输出条件下,尽量使用较低的工作电流。空心阴极灯上都标明了最大工作电流,通常将最大电流的 $1/2 \sim 2/3$ 作为工作电流。最适宜的工作电流由实验确定,一般选择有最大吸光度读数时的最小灯电流。

四、火焰的选择

燃气助燃气比例和火焰类型决定了火焰温度,火焰温度会影响原子化效率。

1. 温度

首先有足够的温度才能使试样充分分解为原子蒸气状态。但温度太高会增加原子的电离或激发,使基态原子数减少;温度太低则有些试样不能解离,灵敏度降低,并且还会发生分子吸收,干扰可能更大。因此在确保待测元素能充分解离为基态原子的前提下,低温火焰比高温火焰具有较高的灵敏度。

2. 火焰类型

对低温、中温火焰适合的元素可使用空气-乙炔火焰;在火焰中易生成难解离的化合物及难熔氧化物的元素,宜使用乙炔-氧化亚氮高温火焰;分析线在220 nm以下的元素,可选用氢气-空气火焰。

3. 燃助比

当火焰种类选定后,要选用合适的燃气助燃气比例。燃助比(燃气与助燃气的流量比)为 $1:4 \sim 6$ 的贫燃火焰,燃烧完全,氧化性强,温度高,还原性气氛差,适于不易氧化的元素的测定,如 Ag、Cu、Ni、Co、Pd 和碱土金属。燃助比为 $1.2 \sim 1.5:4$ 的富燃火焰,温度比化学计量焰的温度低,噪声较大,由于燃烧不完全呈强还原性气氛,因此适于易氧化的元素的测定,如 Cr、Mo、稀土元素等。大多数元素的分析可采用空气-乙炔火焰的流量比为 $3 \sim 4:1$ 的化学计量火焰,火焰稳定,温度较高,层次清晰,背景干扰少,噪声低。最佳的流量比应通过绘制吸光度-燃气、助燃气流量曲线来确定,选择最大吸光度时所对应的燃助比。

五、燃烧器高度

不同性质的元素,其基态原子浓度随燃烧器的高度即火焰的高度的分布是不同的。测定时应调节合适的燃烧器高度,使光束从基态原子浓度最大的火焰区域通过,以获得最佳的灵敏度。对于不同测定元素和不同性质的火焰,燃烧器高度有所不同。最佳的燃烧器高度应通过实验选择,其方法是:先固定燃气和助燃气流量,取一固定样品,逐步改变燃烧器高度,绘制吸光度-燃烧器高度曲线图,选择最佳位置。选择在吸光度最大时对应的燃烧器高度。

六、进样量

进样量过大,会对火焰产生冷却效应。同时,较大雾滴进入火焰,难以完全蒸发,原子化效率下降,灵敏度低。进样量过小,进入火焰的溶液太少,吸收信号弱,灵敏度低,不便测量。

在实验条件下,应测定吸光度对进样量的变化,选择最大吸光度时所对应的进样量。

七、干扰及其消除

除了应注意以上实验条件的选择外,在原子吸收光谱分析中,还可能存在干扰问题,有时干扰还相当严重,因此必须了解干扰产生的可能因素,并设法加以抑制和消除。

按照干扰的性质和产生的原因,原子吸收光谱法的干扰大致可分为四类:光谱干扰、电离干扰、化学干扰和物理干扰。

1. 光谱干扰

光谱干扰是指与光谱发射和吸收有关的干扰,主要来自光源和原子化装置,包括谱线干扰和背景干扰。

谱线干扰:当光源产生的共振线附近存在非待测元素的谱线,或试样中待测元素共振线与另一元素吸收线十分接近时,均会产生谱线干扰。可用减小狭缝或另选分析线的方法来抑制这种干扰。

背景干扰:包括分子吸收和光散射引起的干扰。背景干扰使吸光度增加,导致测定结果偏高。分子吸收是指在原子化过程中生成的气态分子、氧化物和盐类分子等对光源共振辐射产生吸收而引起的干扰;光散射则是在原子化过程中,产生的固体微粒对光产生散射而引起的干扰。多采用氘灯扣背景和塞曼效应扣背景的方法来消除这种干扰。

2. 电离干扰

由于基态原子电离而造成的干扰称为电离干扰。这种干扰造成火焰中待测元素的基态原子数量减少,使测定结果偏低。

火焰温度越高,元素电离电位越低,元素越易电离。碱金属和碱土金属由于电离电位较低,容易发生电离干扰。消除方法一是降低火焰温度,二是加入比待测元素更易电离的物质。

3. 化学干扰

待测元素与试样中的共存组分或火焰成分发生化学反应,引起原子化程度改变所造成的干扰称为化学干扰。

化学干扰是原子吸收光谱分析中的主要干扰来源,典型的化学干扰是待测元素与共存元素之间形成更加稳定的化合物,使基态原子数目减少。

常用的消除方法有:加入释放剂、加入保护剂、加入基体改进剂。此外,还可采用提高火焰温度、化学预分离等方法来消除化学干扰。

4.物理干扰

物理干扰指试样一种或多种物理性质(如黏度、密度、表面张力)发生改变所引起的干扰。主要来源于雾化、去溶剂及伴随固体转化为蒸气过程中物理化学现象的干扰。

物理干扰可用配制与待测试样组成尽量一致的标准溶液的方法来消除,也可采用蠕动泵、标准加入法或稀释法来减小和消除物理干扰。

子任务 2 选择火焰原子吸收光谱法的最佳实验条件

一、仪器与试剂

1.仪器

原子吸收分光光度计、镁空心阴极灯、空气压缩机、乙炔钢瓶、100 mL 烧杯 1 个、1000 mL 容量瓶 1 个、100 mL 容量瓶 3 个,5 mL 移液管 1 支,10 mL 移液管 1 支、10 mL 吸量管 1 支。

2.试剂

镁储备液:准确称取于 800 ℃灼烧至恒重的氧化镁(分析纯)1.6583 g,滴加 1 mol·L^{-1} HCl 至完全溶解,移入 1000 mL 容量瓶中,稀释至标线,摇匀。此溶液镁的质量浓度为1.000 mg·mL^{-1}

二、操作步骤

1.配制镁标准溶液

(1)配制 0.1000 mg·mL^{-1}镁标准溶液:移取 10 mL 1.000 mg·mL^{-1}储备液于100 mL容量瓶中,用蒸馏水稀释至标线,摇匀。

(2)配制 0.00500 mg·mL^{-1}镁标准溶液:移取 5 mL 0.1000 mg·mL^{-1}标准溶液于100 mL 容量瓶中,用蒸馏水稀释至标线,摇匀。

(3)配制 0.300 μg·mL^{-1}镁标准溶液:移取 6 mL 0.00500 mg·mL^{-1}标准溶液于100 mL 容量瓶中,用蒸馏水稀释至标线,摇匀。

常用储备液的配制方法见表 2-5。

表 2-5   常用储备液的配制方法

金属	基准物	配制方法(浓度 1 mg·mL^{-1})
Ag	金属银(99.99%)	溶解 1.000 g 银于 20 mL(1+1)硝酸中,用水稀释至 1 L
	$AgNO_3$	溶解 1.575 g 硝酸银于 50 mL 水中,加 10 mL 浓硝酸,用水稀释至 1 L
Au	金属金	将 0.1000 g 金溶解于数毫升水中,在水浴上蒸干,用盐酸和水溶解,稀释至 100 mL,盐酸浓度约 1 mol·L^{-1}
Ca	$CaCO_3$	将 2.4972 g 在 110 ℃烘干过的碳酸钙溶于(1+4)硝酸中,用水稀释至 1 L
Cd	金属镉	溶解 1.000 g 金属镉于(1+1)硝酸中,用水稀释至 1 L
Co	金属钴	溶解 1.000 g 金属钴于(1+1)盐酸中,用水稀释至 1 L
Cr	$K_2Cr_2O_7$	溶解 2.829 g 重铬酸钾于水中,加 20 mL(1+1)硝酸,用水稀释至 1 L
	金属铬	溶解 1.000 g 金属铬于(1+1)盐酸中,加热使之溶解完全,冷却,用水稀释至 1 L

2. 安装镁空心阴极灯,调整灯位置

3. 参数设置

打开主机电源,打开电脑,进入 AAWin2.0 工作软件,仪器初始化,选择镁元素灯为工作灯,对元素灯的特征波长进行寻峰操作,选择最佳测定波长,并设置实验条件。详见子任务 3:学习原子吸收分光光度计的使用。

4. 打开气源,点火

(1)检查水封,开启排风装置排风 10 min,接通空气压缩机电源,将输出压调至0.3 MPa。

(2)开启乙炔钢瓶总阀,调节乙炔钢瓶减压阀输出压力为 0.05 MPa。

(3)将燃气流量调节到 2000~2400 mL·min^{-1},点火(若火焰不能点燃,可重新点火或适当增加乙炔流量后重新点火)。点燃后,应重新调节乙炔流量,选择合适的分析火焰。

5. 最佳实验条件选择

初步固定镁的工作条件为:

分析线波长 λ/nm	285.2
空心阴极灯工作电流 I/mA	8
狭缝宽度/mm	0.4
乙炔流量/(mL·min^{-1})	2000

(1)选择分析线:根据对试样分析灵敏度的要求和干扰情况,选择合适的分析线。试液浓度低时,选最灵敏线;试液浓度高时,选次灵敏线,并要选择没有干扰的谱线。

(2)选择空心阴极灯工作电流:吸喷 0.300 μg·mL^{-1} 镁标准溶液,固定其他实验条件,改变灯电流分别为 1 mA、2 mA、4 mA、6 mA、8 mA、10 mA,以不同灯电流测定镁标准溶液的吸光度并记录相应的灯电流和吸光度。

🐭**注意**:每次测定后都应该用去离子水为空白液喷雾,重新调节吸光度"零"点。

灯电流 /mA						
A						

(3)选择乙炔流量:固定其他实验条件和助燃气流量,乙炔流量设定为 1800 mL·min^{-1}、2000 mL·min^{-1}、2200 mL·min^{-1}、2400 mL·min^{-1}、2600 mL·min^{-1},喷入镁标准溶液,记录相应的乙炔流量和吸光度。

🐭**注意**:改变流量后,都要用去离子水调节吸光度"零"点。

空气流量/(L·min^{-1})				
乙炔流量/(mL·min^{-1})				
A				

(4)选择燃烧器高度:吸喷镁标准溶液,改变燃烧器高度分别为 2.0 mm、4.0 mm、6.0 mm、8.0 mm、10.0 mm,逐一记录相应的燃烧器高度和吸光度。

燃烧器高度/mm						
A						

（5）选择光谱带宽：在以上最佳燃助比及燃烧器高度条件下，改变光谱带宽即狭缝宽度分别为 0.1 mm、0.2 mm、0.4 mm、1 mm、2 mm，测定镁标准溶液的吸光度并记录。

狭缝宽度/mm						
A						

6. 实验结束工作

（1）实验结束，吸喷去离子水 5 min 后，关闭乙炔钢瓶总阀，熄灭火焰，待压力表指针回零后旋松减压阀，关闭空气压缩机。

（2）退出工作软件，关闭电脑，关闭仪器电源总开关。

（3）清洗所用仪器，清理实验台面，填写仪器使用登记卡，打扫实验室，关闭电源总闸。

7. 数据处理

通过上面实验得出的最佳实验条件为：

灯电流_____ mA   燃气流量_____ mL·min^{-1}

分析线_____ nm   燃烧器高度_____ mm

光谱带宽_____ nm

任务考核

【考核评分表】

序号	作业项目	考核内容	配分	操作要求	考核记录	扣分	得分
一	仪器安全性检查	燃气压力、气路密封、燃烧头位置、报警装置	5	正确			
二	溶液配制	容量瓶使用	5	正确规范（洗涤、试漏、定容）			
		移液管使用	5	正确规范（润洗、吸放、调刻度）			
三	开机	开排风，开电脑，开主机，自检	2	正确			
四	元素灯、灯电流、样品设置、参数设置	选择元素灯	2	正确			
		调节灯电流	2	正确，合适			
		调节光谱带宽	2	正确，合适			
		选择分析线波长	2	正确			
		调节燃气流量	2	正确，合适			
		调节燃烧器高度	2	正确，合适			
		样品设置	2	正确			

(续表)

序号	作业项目	考核内容	配分	操作要求	考核记录	扣分	得分
五	点火	检查水封	2	正确			
		开启空气压缩机	2	正确			
		开启乙炔钢瓶，调节乙炔气压力	2	正确			
		点火	2	正确			
		燃气、助燃气开启顺序	2	正确			
六	测样	测量前吸喷蒸馏水，校零	2	正确			
		测量由稀到浓	2	正确			
		每测一个溶液，吸喷蒸馏水，再测下一个溶液	2	正确			
		读数	2	正确，及时			
		测试完毕后吸喷蒸馏水 5 min	2	正确			
七	关机	先关燃气、再关助燃气	1	正确			
		关排风	1	正确			
		关主机	1	正确			
		关电脑	1	正确			
八	数据处理和实训报告	分析线的选择	6	正确			
		灯电流的选择	6	正确			
		燃气流量的选择	6	正确			
		燃烧器高度的选择	6	正确			
		光谱带宽的选择	6	正确			
		报告	10	正确、完整、规范、及时			
九	文明操作结束工作	物品摆放，仪器结束工作	5	仪器拔电源，盖防尘罩；台面无水迹或少水迹、废纸废液不乱扔乱倒、结束工作完成良好			
十	总分						

技能训练测试题

一、单选题

1.原子吸收光谱法测定中,通过改变狭缝宽度,可消除(   )。

A. 分子吸收 B. 背景吸收 C. 光谱干扰 D. 基体干扰

2.原子吸收光谱法的背景干扰,主要表现形式为(   )。

A. 火焰中被测元素发射的谱线

B. 火焰中干扰元素发射的谱线

C. 光源产生的非共振线

D. 火焰中产生的分子吸收

3. 原子空心阴极灯的主要操作参数是(　　　)。

A. 灯电流　　　　　B. 灯电压　　　　　C. 阴极温度　　　　D. 内充气体压力

4. 选择不同的火焰类型主要取决于(　　　)。

A. 分析线波长　　　B. 灯电流大小　　　C. 狭缝宽度　　　　D. 待测元素性质

5. 原子吸收光谱法中的物理干扰可用下述(　　　)的方法消除。

A. 扣除背景

B. 加释放剂

C. 配制与待测试样组成相似的溶液

D. 加保护剂

6. 原子吸收分光光度计工作时需采用多种气体,下列(　　　)不是 AAS 室使用的气体。

A. 空气　　　　　　B. 乙炔气　　　　　C. 氮气　　　　　　D. 氧气

任务 3　工业硫酸中铁含量的测定

【任务分析】

见子项目 1(工业硫酸中铁含量的测定)的项目分析。

学习目标

1. 知识目标

(1)熟练掌握原子吸收光谱分析定量方法。

(2)熟悉仪器性能的评价。

2. 能力目标

(1)会熟练操作和评价仪器。

(2)会熟练使用数据处理软件。

(3)能正确选择不同的定量方法测定样品。

(4)会进行可燃气体、高压钢瓶等的安全操作。

3. 素质目标

(1)具有独立工作能力。

(2)具有团结协作能力。

(3)具有灵活运用所学知识解决实际问题的能力。

(4)具有安全操作意识和意外事故处理能力。

子任务 1　熟悉样品预处理知识

样品的预处理是指在进行原子吸收测定之前,将样品处理成溶液状态,也就是对试样进行分解,使被测元素处于溶解状态。

在原子吸收光谱分析中,各种金属离子的溶液通常需用盐酸或硝酸调至 pH＝1～2 保存。采用低温冷藏(5 ℃左右)或冷冻(－18～－22 ℃),避光和避免暴露于空气中,能抑制微生物的活动,减缓物理挥发和化学反应。在盛装溶液之前,容器还必须用规定的方法反复洗涤干净。样品溶液不宜长期放置,以防发生吸附、沉淀现象或发生其他反应从而改变被测组分的含量和状态。

一、取 样

试样制备的第一步是取样,取样要有代表性,取样量大小要适当。样品在采样、包装、运输、碎样等过程中要防止污染,样品存放的容器材质要根据测定要求而定。

二、样品预处理

原子吸收光谱分析通常是以溶液的形式进样。如果被测元素浓度太高,可用适当溶剂稀释后测定;如果待测元素浓度太低或共存干扰组分浓度较高,则应先富集或分离被测组分,然后再进行测定。

1. 溶解法、消化法、熔融法、微波溶样法

溶解法是用水、酸或碱溶液将样品溶解。

消化法分为湿法消化和干法灰化法。湿法消化是将样品置于强酸或混合强酸中加热,目的是破坏样品中的有机物,溶解样品中的无机物,使各种形态的待测组分转变为单一的高价态,以便分析。湿法消化不容易损失金属元素,所需时间较短,但酸的用量大,造成较高的试剂空白。干法灰化是在较高温度下,用氧来氧化样品。具体做法是:准确称取一定量样品,放在石英坩埚或铂坩埚中,于80～150 ℃低温加热,赶去大量有机物,然后放于高温炉中,加热至450～550 ℃进行灰化处理。冷却后再将灰分用 HNO_3、HCl 或其他溶剂进行溶解。此法适合大批样品分析,空白值比湿法消化要低。但样品消化时间长,难以被彻底消化,且回收率比较低。

用酸不能溶解或溶解不完全的样品需要采用熔融法。熔融剂的选择原则是:酸性试样用碱性熔融剂,碱性试样用酸性熔融剂。

微波溶样法是利用样品与酸的混合物对微波能的吸收达到快速加热消解样品的目的。此法具有加热速率快、效率高等优点,已被广泛采用。无论是地质样品还是有机样品,微波消解均可获得满意结果。

2. 被测元素的分离与富集

分离共存干扰组分同时使被测组分得到富集是提高痕量组分测定相对灵敏度的有效途径。目前常用的分离与富集方法有沉淀和共沉淀法、萃取法、离子交换法、浮选分离富集技术、电解预富集技术及应用泡沫塑料、活性炭等的吸附技术。其中应用较普遍的是萃取和离子交换法。

注:本任务的样品处理方法详见实训部分。

子任务2 学习原子吸收光谱定量分析方法

一、工作曲线法

工作曲线法也称标准曲线法,与紫外-可见分光光度法的工作曲线法相似。

1.方法

先配制与试样溶液相同或相近基体的含有不同浓度的待测元素的标准溶液,在最佳测定条件下,由低浓度到高浓度依次测定它们的吸光度,绘制吸光度(A)-浓度(c)的工作曲线(图2-15)。将在相同条件下测得的试样吸光度值从标准曲线上查找出对应的浓度值,最后计算出原始试样中待测组分的浓度。

图 2-15 工作曲线法

2.优缺点

工作曲线法简便快速,适于组成较简单的大批样品分析。但对于组成复杂的样品测定,标准样的组成难以与其接近,基体效应差别较大,测定准确度欠佳。

3.注意事项

(1)配制标准系列的浓度,一般控制吸光度在0.1～0.8之内,以免浓度过大或过小,超出标准曲线的直线范围,测定结果不准。标准溶液浓度范围应将试液中待测元素的浓度包括在内。

(2)测量过程要严格保持条件不变。一旦测定条件改变,分析前都应重新绘制工作曲线。

(3)标准溶液与试液的基体(指溶液中除待测组分外的其他成分的总体)要相似,以消除基体效应(指试样中与待测元素共存的一种或多种组分所引起的种种干扰)。

二、标准加入法

1.适用范围

当试样中共存物不明或基体复杂而又无法配制与试样组成相匹配的标准溶液时,可采用标准加入法进行分析。

2.方法

吸取试液四份以上,第一份不加待测元素标准溶液,第二份开始,依次按比例加入不同量待测组分标准溶液,用溶剂稀释、定容到相同体积,以空白为参比,在相同测量条件下,分别测量各份试液的吸光度,绘制吸光度(A)-浓度(c)工作曲线,将直线外推至浓度轴,延长线在横坐标上的截距所表示的浓度(绝对值),即为待测液的浓度c_x,如图2-16所示。

图 2-16 标准加入法

3. 优缺点

标准加入法可以消除基体效应带来的影响,并在一定程度上消除了化学干扰和电离干扰,但不能消除背景干扰。因此只有在扣除背景之后,才能得到待测元素的真实含量,否则将使测量结果偏高。批量分析由于过程繁杂,不宜采用标准加入法。

4. 注意事项

(1)相应的标准曲线应是一条直线,而且当待测元素不存在时,曲线应通过零点。待测组分的浓度应在曲线线性范围之内。

(2)加入标准物质的最低含量应与被测元素在同一数量级或略低。

(3)为了保证在整个测定范围内有良好的线性,至少要采用四个点来制作外推曲线。

三、内标法

内标法是指将一定量试液中不存在的元素 N 的标准物质加到一定试液中进行测定的方法,所加入的这种标准物质称之为内标物质或内标元素。

内标法与标准加入法的区别就在于前者所加入的标准物质是试液不存在的;而后者所加入的标准物质是待测组分的标准溶液,是试液中存在的。

1. 方法

在一系列不同浓度的待测元素标准溶液及试液中依次加入相同量的内标元素 N,稀释至同一体积。在同一实验条件下,分别在内标元素及待测元素的共振吸收线处,依次测量每种溶液中待测元素 M 和内标元素 N 的吸光度 A_M 和 A_N,并求出它们的比值 A_M/A_N,再绘制 $A_M/A_N \sim c_M$ 的内标工作曲线(图 2-17)。

由待测试液测出 A_M/A_N 的比值,在内标工作曲线上用内插法查出试液中待测元素的浓度并计算试样中待测元素的含量。

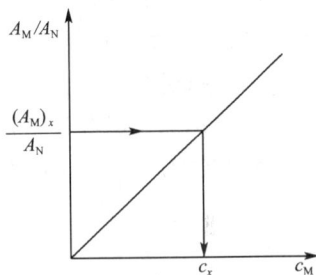

图 2-17　内标工作曲线

2. 注意事项

(1)所选用内标元素在物理性质、化学性质等方面应与待测元素相同或相近。

(2)内标元素加入量应接近待测元素的量。

在实际工作中往往是通过试验来选择合适的内标元素和内标元素量。表 2-6 列举了一些常用内标元素。

表 2-6　　　　　　　　　　　　　　常用内标元素

待测元素	内标元素	待测元素	内标元素	待测元素	内标元素
Al	Cr	Cu	Cd,Mn	Na	Li
Au	Mn	Fe	Au,Mn	Ni	Cd
Ca	Sr	K	Li	Pb	Zn
Cd	Mn	Mg	Cd	Si	Cr,V
Co	Cd	Mn	Cd	V	Cr
Cr	Mn	Mo	Sr	Zn	Mn,Cd

（3）内标法仅适用于双道或多道仪器,单道仪器不能采用。

3. 内标法的优点

内标法能消除溶液黏度、表面张力、样品的雾化率等物理干扰,还能消除实验条件波动而引起的误差。

子任务 3　熟悉衡量仪器的性能指标——灵敏度、检出限和回收率

一、灵敏度

1. IUPAC(国际纯粹与应用化学联合会)定义

1975 年 IUPAC 规定,将灵敏度定义为 A-c 工作曲线的斜率,用 S 表示:

$$S = \frac{dA}{dc}$$

式中　A——吸光度;

　　　c——待测元素浓度,$\mu g \cdot mL^{-1}$。

2. 实际应用

在原子吸收光谱分析中,为了方便反映不同元素灵敏度的高低,普遍采用"1%吸收灵敏度"特征浓度或特征含量来表征灵敏度的高低。

（1）特征浓度

在火焰原子吸收光谱法中常用特征浓度来表征元素的灵敏度。特征浓度指能产生 1%吸收或能产生 0.0044 吸光度时待测元素的浓度。

$$c_0 = \frac{0.0044}{A}\rho$$

式中　c_0——特征浓度,$\mu g \cdot mL^{-1} \cdot (1\%)^{-1}$;

　　　ρ——被测溶液浓度,$\mu g \cdot mL^{-1}$;

　　　A——测得的溶液吸光度。

（2）特征质量

在石墨炉原子吸收光普法中常用特征质量来表征灵敏度,所谓特征质量指能产生 1%吸收或能产生 0.0044 吸光度时待测元素的质量。

$$m_c = \frac{0.0044}{A}m$$

式中　m_c——特征质量,$\mu g \cdot (1\%)^{-1}$;

　　　m——被测元素的质量,μg;

　　　A——测得的溶液吸光度。

对分析工作来说,显然是特征浓度或特征质量愈小愈好。

二、检出限

1. 定义

检出限指仪器能以适当的置信度检出的待测元素的最小浓度或最小量。通常是指空白溶液吸光度信号标准偏差的 3 倍所对应的待测元素浓度或质量。

2. 表达式

火焰法中：

$$\rho_{DL} = \frac{3S_b}{S_c}$$

其中 $S_b = \sqrt{\dfrac{\sum\limits_{i=1}^{n}(x_i - \overline{x})^2}{n-1}}$，$S_c$ 指浓度的灵敏度。

石墨炉法中：

$$m_{DL} = \frac{3S_b}{S_m}$$

其中 $S_b = \sqrt{\dfrac{\sum\limits_{i=1}^{n}(x_i - \overline{x})^2}{n-1}}$，$S_m$ 指质量的灵敏度。

检出限取决于仪器稳定性，并随样品基体的类型和溶剂的种类不同而变化。信号的波动来源于光源、火焰及检测器噪声，因而不同类型仪器的检测器可能相差很大。两种不同元素可能有相同的灵敏度，但由于每种元素光源噪声、火焰噪声及检测器等噪声不同，检出限就可能不一样。因此，检出限是仪器性能的一个重要指标。待测元素的存在量只有高出检出限，才能可靠地将有效分析信号与噪声信号分开。"未检出"就是待测元素的量低于检出限。

三、灵敏度和检出限的区别

灵敏度只考虑检测信号的大小，而检出限考虑了仪器噪声，检出限越低，说明仪器越稳定。因此检出限是衡量仪器性能的一项重要的综合指标。

子任务 4　测定工业硫酸中的铁含量

一、实验原理

试料蒸干后，残渣溶解于稀硝酸中，用原子吸收分光光度计在波长 248.3 nm 处以空气-乙炔火焰测定铁的吸光度，用标准曲线法计算测定结果。硫酸中的杂质不干扰测定。

二、试剂和材料

硝酸溶液(1+2)、铁标准溶液：(1 mg·mL^{-1}：称取 8.635 g 硫酸铁铵，溶解于 600 mL 水中，加 65 mL 上述硝酸溶液，移至 1000 mL 容量瓶中，稀释至刻度，摇匀)。

乙炔：由乙炔钢瓶或乙炔发生器供给。

空气：由空气压缩机供给。

三、仪器、设备

称量移液管(容量约 10 mL)、滴瓶(容量约 30 mL)、原子吸收分光光度计、铁空心阴极灯。

四、分析步骤

1. 试样溶液的制备

用装满试样的称量移液管或滴瓶,以差减法称取约 2 g 试样(精确至 0.01 g)移至烧杯中,在沙浴(或可调温电炉)上小心蒸发至干,冷却,加 5 mL 硝酸溶液(1+2)和 25 mL水,加热溶解残渣,再蒸发至干,冷却,加 5 mL 硝酸溶液(1+2)溶解残渣,移至 10 mL 容量瓶中,用水稀释至刻度,摇匀,备用。

2. 工作曲线的制作

每次测定,均需同时制作工作曲线。

(1)标准溶液的制备

取 6 个 100 mL 容量瓶,按表 2-7,分别加入铁标准溶液。往每个容量瓶中,加入 50 mL 硝酸溶液,用水稀释至刻度,摇匀。

表 2-7 制备标准溶液过程

铁标准溶液体积 V/mL	对应铁含量 $m/(\mu g \cdot mL^{-1})$
0	0
0.5	5
1.0	10
2.0	20
3.0	30
4.0	40
空白溶液	

(2)吸光度的测量

将原子吸收分光光度计调至最佳工作状态,点燃空气-乙炔火焰,以水净化燃烧器,使仪器稳定后,在波长 248.3 nm 处测量铁标准系列溶液的吸光度。

(3)工作曲线的绘制

每一标准溶液的吸光度值减去空白溶液的吸光度值,以所得吸光度值之差为纵坐标,对应的铁含量为横坐标绘制工作曲线。

3. 试料溶液的测定

按上述工作曲线吸光度的测定步骤,在波长 248.3 nm 处测量试料溶度的吸光度值。

4. 空白试验

在测定试液的同时,用 5 mL 硝酸溶液代替试液,测定吸光度。

5. 分析结果的表述

从试液的吸光度值减去空白试验的吸光度值,据所得吸光度值之差从工作曲线查出相应的铁含量。并按试液的体积计算出试样中铁的质量。

工业硫酸中铁的质量分数 $W(\%)$ 计算:

$$W(\%) = \frac{m}{m_0} \times 100$$

式中　m——试样中铁的质量,g;

　　　m_0——试料的质量,g;

取平行测定结果的算术平均值为测定结果。

6.允许差

表 2-8 　　　　　　　　　　　　　　铁含量测定允许差

铁的质量分数/%	允许相对偏差/%
>0.005	≤10
≤0.005	≤20

任务考核

【考核评分表】

序号	作业项目	考核内容	配分	操作要求	考核记录	扣分	得分
一	仪器安全性检查	燃气压力、气路密封、燃烧头位置、报警装置	2	正确			
二	溶液配制	容量瓶使用	5	正确规范(洗涤、试漏、定容)			
		移液管使用	5	正确规范(润洗、吸放、调刻度)			
三	开机	开排风,开电脑,开主机,自检	2	正确			
四	元素灯、灯电流、样品设置、参数设置	选择元素灯	2	正确			
		调节灯电流	2	正确,合适			
		调节光谱带宽	2	正确,合适			
		选择分析线波长	2	正确			
		调节燃气流量	2	正确,合适			
		调节燃烧器高度	2	正确,合适			
		定量分析方法选择	3	正确			
		样品设置	2	正确			
五	点火	检查水封	2	正确			
		开启空气压缩机	2	正确			
		开启乙炔钢瓶,调节乙炔气压力	2	正确			
		点火	2	正确			
		燃气、助燃气开启顺序	2	正确			
六	测样	测量前吸喷蒸馏水,校零	2	正确			
		测量由稀到浓	2	正确			
		每测一个溶液,吸喷蒸馏水,再测下一个溶液	2	正确			
		读数	2	正确,及时			
		测试完毕后吸喷蒸馏水 5 min	2	正确			

（续表）

序号	作业项目	考核内容	配分	操作要求	考核记录	扣分	得分
七	关机	先关燃气、再关助燃气	1	正确			
		关排风	1	正确			
		关主机	1	正确			
		关电脑	1	正确			
八	数据处理和实训报告	工作曲线图	6	正确			
		工作曲线线性	6	正确			
		结果精密度	8	合格			
		结果准确度	10	合格			
		报告	10	正确、完整、规范、及时			
九	文明操作结束工作	物品摆放,仪器结束工作	5	仪器拔电源,盖防尘罩;台面无水迹或少水迹、废纸废液不乱扔乱倒、结束工作完成良好			
十	总分						

技能训练测试题

一、简答题

1.原子吸收光谱分析常用的定量方法有哪些？说明其应用特点。

2.内标法定量时,如何选择内标元素？

3.如何评价原子吸收光谱仪器的性能？

二、计算题

1.吸取 0.00、1.00、2.00、3.00、4.00 mL,浓度为 10 $\mu g \cdot mL^{-1}$ 的镍标准溶液,分别置于 25 mL 容量瓶中,稀释至标线,在火焰原子吸收光谱仪上测得吸光度分别为 0.00、0.06、0.12、0.18、0.23。另称取镍合金试样 0.3125 g,经溶解后移入 100 mL 容量瓶中,稀释至标线。准确吸取此溶液 2.00 mL,放入另一 25 mL 容量瓶中,稀释至标线,在与标准曲线相同的测定条件下,测得溶液的吸光度为 0.15。求试样中镍的含量。

2.称取含镉试样 2.5115 g,经溶解后移入 25 mL 容量瓶中稀释至标线。依次分别移取此样品溶液 5.00 mL,置于四个 25 mL 容量瓶中,再向此四个容量瓶中依次加入浓度为 0.5 $\mu g \cdot mL^{-1}$ 的镉标准溶液 0.00、5.00、10.00、15.00 mL,并稀释至标线,在火焰原子吸收光谱仪上测得吸光度分别为 0.06、0.18、0.30、0.41。求样品中镉的含量。

3.某原子吸收分光光度计,对浓度均为 0.20 $\mu g \cdot mL^{-1}$ 的 Ca^{2+} 溶液和 Mg^{2+} 溶液进行测定,吸光度分别为 0.054 和 0.072。试问这两元素哪个灵敏度高？

三、讨论题

总结本实验测定工业硫酸中铁含量的原子吸收光谱分析的条件。

子项目2　工业硫酸色度的测定(目视比色法)

【项目分析】

色度是工业硫酸的质量指标之一,此项目采用目视比色法进行测定。

学习目标

1. 知识目标

了解目视比色法的原理、测定方法、特点。

2. 能力目标

会利用目视比色法测定硫酸或某些被测样品的色度。

3. 素质目标

(1)具有高度的责任感。

(2)具有实事求是的工作作风。

(3)具有按规范规程操作的习惯。

子任务1　认识目视比色法

朗伯-比尔定律是光度法定量分析的基础,可以通过仪器测吸光度,然后通过标准比较法或标准曲线法得到被测组分的浓度。实际测量中也可通过肉眼直接观测颜色的深浅判断组分含量。

目视比色法(图2-18)是用眼睛观察、比较溶液颜色深度以确定物质含量的方法。它所需要的设备简单、操作简便、灵敏度高,但相对误差较大(5%~20%),常应用于准确度要求不高,且需要较快获得分析结果的场合,比如一些中间控制分析和限界分析(指要求确定样品中待测杂质含量是否在规定的最高含量限界以下)中。环境监测中对各种工业废水浊度和色度的测定即可应用此法。

试样　　**标准系列: 分别取0、10、20、30、40、50 mL的标准溶液(5.0 μg/mL)**

图2-18　目视比色法原理示意图

将有色的标准溶液和被测溶液在相同条件下对颜色进行比较,当溶液液层厚度相同、颜色深度一样时,两者的浓度相等。

一般采用标准系列法(图2-18):即在一套等体积的比色管中配置一系列浓度不同的标准溶液,并按同样的方法配置待测溶液,待显色反应达平衡后,将比色管放置于白瓷板(或白纸)上,从管口垂直向下观察(对于高含量的试样,也可从管侧面观察),比较待测溶液与标准系列中哪一个标准溶液颜色相同,便表明二者浓度相等。如果待测试液的颜色介于某相邻两标准溶液之间,则待测试样的含量可取两标准溶液含量的中间值。

目视比色法适合于大批样品的分析,对浑浊溶液也可以进行测定。但许多有色溶液颜色不稳定,标准系列不能久存,需要在测定时临时配制,较费时。对于成熟稳定的分析项目,有时也可用塑料色列或纸色列代替标准溶液色列。

子任务 2　测定工业硫酸色度

一、原理

见子任务 1。

二、试剂和材料

氨水:0.91 g/cm^3;硫化钠溶液:20 $g \cdot L^{-1}$;明胶溶液:10 $g \cdot L^{-1}$;铅标准溶液:0.1 $mg \cdot mL^{-1}$,称准 0.1831 g 乙酸铅,用水溶解,移入 1000 mL 容量瓶中,如果浑浊可滴加几滴乙酸铅,然后加水稀释至刻度。

三、分析步骤

于两支 50 mL 比色管中,其一加入 20 mL 试样,另一只依次加入 10 mL 水,3 mL 明胶溶液、2～3 滴氨水,3 mL 硫化钠溶液及铅标准溶液 2.0 mL,再加水稀释至 20 mL,目视比较两管色度,试样色度不深于标准色度为合格。

任务考核

【考核评分表】

序号	作业项目	考核内容	配分	操作要求	考核记录	扣分	得分
一	标准色阶溶液和待测溶液配制	比色管(或容量瓶)使用	10	正确规范(洗涤、试漏、定容)			
		移液管使用	10	正确规范(润洗、吸放、调刻度)			
二	比色测定	观察方法	10	正确规范			
		颜色判断	10	正确规范			
三	数据处理和实训报告	准确度	30	合格			
		报告	25	正确、完整、规范、及时			
四	文明操作结束工作	仪器清洗,摆放	5	仪器清洗干净,摆放整齐。台面无水迹或少水迹、废纸废液不乱扔乱倒、结束工作完成良好			
五	总分						

技能训练测试题

一、简答题

1.何谓目视比色法？目视比色法所用的仪器是什么？

2.何谓标准色阶？如何将试样显色液与标准色阶进行比色？

二、计算题

称取 0.4994 g $CuSO_4 \cdot 5H_2O$ 溶于 1 L 水中,取此标准溶液 1、2、3、4、5、6 mL 分别置于 6 支比色管中,加浓氨水 5 mL,用水稀至 25 mL 刻度,制成标准色阶。称取含铜试样 0.5 g,溶于 250 mL 水中,吸取 5 mL 试液放入比色管中,加浓氨水,用水稀至 25 mL,其颜色深度与第四个比色管的标准溶液相同。求试样中铜的质量分数。

模块二

有机产品分析示例

项目三　PVC产品残留氯乙烯单体含量的测定(气相色谱法)

【项目分析】

生产 PVC(聚氯乙烯)的某工厂需要检验 PVC 产品中残留氯乙烯单体含量。PVC 中有两种物质具致癌可能性,一是 VCM(氯乙烯单体),一是 DEHA(增塑剂),VCM 的成分在 1 ppm(百万分之一)的范围内是无毒的,如果超标就有致癌的可能性;而增塑剂在高温下会释放出来并对人体有害。

作为质检人员,需要首先搜集相关标准分析方法,然后依据标准方法进行具体实验分析,一般依据国家标准(GB 4615—1984)来进行测定。

任务1　认识气相色谱法

【任务分析】

依据国家标准(GB 4615—1984),本项目采用气相色谱法进行分析。质检中心已经提供了完成本子项目所需要的仪器和试剂,包括气相色谱仪、钢瓶气、辅助试剂、分析用玻璃仪器、PVC样品等。我们的任务是首先学习气相色谱法的基本原理,然后学习如何使用气相色谱仪来完成样品的测定,如何通过解析色谱仪提供的色谱图来完成样品的定性定量分析。

气相色谱法广泛应用于石油化工(如:油气田勘探中的化学分析、原油分析、炼厂气分析、模拟蒸馏、油料分析、单质烃分析、含硫/含氮/含氧化合物分析、汽油添加剂分析、脂肪烃分析、芳烃分析)、环境分析(如:大气污染物分析、水分析、土壤分析、固体废弃物分析)、食品分析(如:农药残留分析、香精香料分析、添加剂分析、脂肪酸甲酯分析、食品包装材料分析)、药物和临床分析(如:雌三醇分析、儿茶酚胺代谢产物分析、尿中孕二醇和孕三醇分析、血浆中睾丸激素分析、血液中乙醇/麻醉剂及氨基酸衍生物分析)、农药残留物分析(如:有机氯农药残留分析、有机磷农药残留分析、杀虫剂残留分析、除草剂残留分析等)、精细化工分析(如:添加剂分析、催化剂分析、原材料分析、产品质量控制)、聚合物分析(如:单体分析、添加剂分析、共聚物组成分析、聚合物结构表征/聚合物中的杂质分析、热稳定性研究)等诸多领域。

⤷ 学习目标

1.知识目标

(1)了解"茨维特"实验原理、气相色谱的分类。

(2)熟悉色谱流出曲线和基本术语。

(3)熟悉色谱分离的基本原理和基本理论。

(4)熟悉分离度的概念和应用。

2.能力目标

(1)能熟练解读色谱流出曲线。

(2)能根据分离度判断分离效果。

3.素质目标

(1)具有高度的责任感和"质量第一"的理念。

(2)具有实事求是的工作作风。

(3)具有较好的团结协作能力。

子任务1　了解色谱法——"茨维特经典实验"

一、"色谱法"名称的由来

俄国植物学家茨维特(M·S·Tswett,图
3-1)的一生致力于植物色素的分离与提纯工作。
1906年,在研究植物色素的过程中,做了一个经
典的实验(图3-2):将植物叶色素的石油醚提取液
倾入一根装有颗粒碳酸钙吸附剂的竖直玻璃柱管
中,并不断地以纯净的石油醚来冲洗柱子,使其冲
洗液自由流下。经过一段时间之后,发现在玻璃
柱管内形成间隔明晰的不同颜色的谱带,即植物
叶子的几种色素在玻璃柱上展开:留在最上面的
是叶绿素;绿色层下接着是两三种叶黄素;最下层

图 3-1　色谱法创始人——俄国植物学家茨维特

的是黄色的胡萝卜素。把具有不同颜色的色带填充剂推出,按色层的位置分段切割,各种
色素就得以分离。再用合适溶剂将色素分别溶下,就得到了各成分的纯溶液。当时
Tswett把这种色带叫做"色谱"(Chromatography),把这种分离方法叫做"色谱法",把盛装
碳酸钙吸附剂的玻璃管叫做"色谱柱",碳酸钙叫做"固定相",纯净的石油醚叫做"流动相"。

从上述实验可以看出:色谱法是一种物理化学分离方法。色谱法中流动相的作用是
携带样品流经色谱柱;固定相被固定于色谱柱中,能吸附或溶解样品中的组分。样品中各
个组分流经色谱柱的过程中在两相间反复分配而得到分离。现代色谱法不仅能分离有色
组分还能分离无色组分,不仅能分离混合物还能进行定性定量分析。

图 3-2 "茨维特经典实验"

二、色谱法的分类

1. 按固定相和流动相的状态分类

流动相为液体的色谱法称为液相色谱法(LC),流动相是气体的色谱法称为气相色谱法(GC)。根据固定相是液态还是固态物质,液相色谱又可分为液液色谱(LLC)和液固色谱(LSC),气相色谱也可分为气液色谱(GLC)和气固色谱(GSC)。

2. 按固定相形式分类

将固定相装入色谱柱中的色谱法叫柱色谱法,用滤纸及其吸着水为固定相的色谱法叫纸色谱法,用涂成或压成薄层的吸附剂粉末作固定相的色谱法叫薄层色谱法(图3-3)等。

图 3-3 薄层色谱法

3. 根据分离原理分类

按照分离的原理分类,利用固体吸附剂对不同组分的吸附性能的差异进行分离的色谱法叫吸附色谱法;利用不同组分在两相中有不同的分配系数来进行分离的色谱法叫分配色谱;利用离子交换原理进行分离的色谱法叫离子交换色谱法;利用多孔性凝胶对不同大小分析的渗透或排阻作用而分离的色谱法叫凝胶渗透色谱法等。

目前,应用最广泛的是气相色谱法和高效液相色谱法。

三、色谱法的优点

色谱法具有分离效率高;应用范围广;分析速度快;样品用量少;灵敏度高;分离和测

定一次完成;可以和多种波谱分析仪器联用;易于自动化,可在工业流程中使用等优点。

子任务 2　解析色谱图

气相色谱法就是以气体为流动相的色谱法,是基于色谱柱能分离样品中各组分,检测器能连续响应,能同时对各组分进行定性定量的一种分离分析方法。气相色谱法不仅可以分析气体,还可以分析液体和固体。只要样品在 $-196\sim450$ ℃范围内能汽化,都可以用气相色谱法进行分析。

气相色谱法的缺点是在没有纯样品或纯样品的色谱图时,对未知物的定性定量比较困难,常需要与其他高分离效能和定性能力强的仪器比如红外、质谱等联用;无机物和某些高沸点有机物或易分解、腐蚀性和反应性比较强的物质,用气相色谱法难以分析。

一、色谱流出曲线

色谱分析时,试样进入色谱柱,试样中的各个组分经色谱柱分离后,随载气(流动相)依次进入检测器,被转换成电信号,然后由记录系统放大和记录下来,得到一条反映组分产生的信号随时间变化的曲线,即色谱流出曲线,也叫色谱图(图 3-4)。色谱流出曲线是以组分流出色谱柱的时间(t)或载气流出体积(V)为横坐标,以检测器对各组分的电信号响应值(mV)为纵坐标的一条曲线。

图 3-4　色谱流出曲线

根据色谱图,可以得到对样品进行定性定量分析所需的信息。比如:根据色谱峰的个数,可判断样品所含的最少组分数,如果图中有 3 个色谱峰,则此样品中至少含有 3 种组分;根据色谱峰的流出时间等,可以进行定性分析;根据色谱峰的面积或峰高,可以进行定量分析。除此之外,色谱图也是评价柱效能和分离效能的依据。

二、基线

当气路中只有载气通过,没有组分流出时记录仪所记录的流出曲线叫基线。基线是仪器各种杂散信号的记录,反映了实验条件的稳定程度。稳定的基线是一条平直的线。如果实验条件不稳定,基线就会产生波动或漂移,只有基线稳定,仪器才能正常工作。

三、色谱峰

色谱峰是流出曲线上的突起部分。每个峰代表样品中的一个组分。

1. 峰形

理论上讲色谱峰应该是对称的,符合高斯正态分布。

实际上一般情况下的色谱峰都是非对称的,称为非高斯峰(图 3-5),主要有以下几种情况:

图 3-5 非高斯峰

(1)前伸峰:前沿较后沿平缓的不对称峰。

(2)拖尾峰:后沿较前沿平缓的不对称峰。

(3)分叉峰:两种组分没有完全分开而重叠在一起的峰。

(4)"馒头"峰:峰形比较矮而胖的峰。

2. 峰高和峰面积

峰高(h)是指从峰最大值到基线的距离(图 3-4)。峰面积(A)是指峰与基线间所包围的面积。峰高或峰面积与组分含量成正比,是气相色谱进行定量分析的主要依据。

3. 峰宽与半峰宽

色谱峰两侧拐点处所作的切线与峰底相交两点之间的距离,称为峰宽,如图 3-4 的 IJ 段,常用符号 W_b 表示。在峰高为 $h/2$ 处的峰宽 GH,称为半峰宽,常用符号 $W_{1/2}$ 表示。

4. 标准偏差(σ)

色谱峰两边拐点间距离的一半,即 $0.607h$ 处的色谱峰宽度的一半等于标准偏差。

$$W_{1/2} = 2\sigma\sqrt{2\ln 2} = 2.354\sigma$$
$$W_b = 4\sigma = 1.699W_{1/2}$$

四、保留值

保留值用来描述各组分色谱峰在色谱图中的位置,在一定实验条件下,组分的保留值具有特征性,是气相色谱定性的参数。保留值通常用时间或用将组分带出色谱柱所需载气的体积来表示。

1. 死时间(t_M)

死时间指不与固定相作用的气体(如空气或甲烷等)从进样开始到柱后出现浓度极大值时所需要的时间(图 3-4),t_M 近似为载气流过色谱柱所需时间,它反映了未被固定相填充的柱内死体积和检测器死体积的大小,与待测组分的性质无关。以 s 或 min 为单位表示。

2. 保留时间(t_R)

试样从进样开始到柱后出现待测组分浓度最大值时所需的时间(图 3-4)称为保留时间,它对应于样品到达柱末端的检测器所需的时间。当固定相、柱温、载气流速和其他操作条件不变时,一种组分只有一个特定的保留时间,它是色谱定性分析的依据。以 s 或 min 为单位表示。

3. 调整保留时间(t_R')

扣除了死时间后的保留时间称为该组分的调整保留时间(图 3-4)。

$$t_R' = t_R - t_M$$

t_R' 是由于被分析组分与色谱柱中固定相发生相互作用而引起的组分在柱内滞留的时间,t_R' 扣除了组分在柱内气相所占的空间内运行消耗的 t_M,所以用它定性比 t_R 更合理。以 s 或 min 为单位表示。

4. 死体积(V_M)、保留体积(V_R)、调整保留体积(V_R')

保留时间受载气流速的影响,为了消除这一影响,保留值也可以用从进样开始到出现峰极大值所流过的载气体积来表示,即用保留时间乘以载气平均流速,以 mL 为单位表示。

死体积: $$V_M = t_M \times F_c$$

保留体积: $$V_R = t_R \times F_c$$

调整保留体积: $$V_R' = t_R' \times F_c$$

F_c 是操作条件下柱内载气的平均流速,单位一般为 mL/min。

5. 相对保留值(r_{21})

在一定色谱条件下组分 2 对组分 1 的调整保留时间之比称为相对保留值。

$$r_{21} = \frac{t_{R2}'}{t_{R1}'} = \frac{V_{R2}'}{V_{R1}'}$$

式中 t_{R2}'——组分 2 的调整保留时间;

t_{R1}'——组分 1 的调整保留时间。

r_{21} 仅与柱温及固定相性质有关,而与其他操作条件如柱长、柱内填充情况及载气流速等无关。相对保留值是定性指标之一,比绝对保留值更可靠。许多物质的相对保留值数据可以从色谱手册中查到,通常下标 2 表示被测物,下标 1 表示标准物。

6. 相比率(β)

色谱柱内气相与吸附剂或固定液体积之比。它是色谱柱型和结构的重要参数,常用符号 β 表示。填充柱 β 为 6～35,毛细管柱 β 为 50～1500。

$$\beta = \frac{V_M}{V_s}$$

式中 V_M——色谱柱中流动相体积,mL;

V_s——色谱柱中固定相体积,mL,在气液色谱中,V_s 为柱内固定液体积;在气固色谱中,V_s 为吸附剂表面容量。

7. 分配系数(K)和容量因子(k)

(1)分配系数(K)

分配系数是分配达到平衡状态时,组分在固定相与流动相中的浓度比。样品在色谱柱中两相间的分配如图 3-6 所示。

组分的分配系数为:

$$K = \frac{c_s}{c_M}$$

式中 c_s——组分在固定相中的浓度,g/mL;

c_M——组分在流动相中的浓度,g/mL。

图 3-6 样品在色谱柱中两相间的分配

影响 K 的因素包括固定相和温度：

①组分一定时，K 主要取决于固定相性质。

②组分及固定相一定时，温度增加，K 减小。

③试样中的各组分具有不同的 K 值，这是分离的基础。

④选择适宜的固定相可改善分离效果。

（2）容量因子（k）

容量因子又称分配比、容量比，指在一定温度、压力下，组分在固定相和流动相中达到分配平衡时，在固定相中的质量和在流动相中的质量之比。

$$k = \frac{m_{\mathrm{s}}}{m_{\mathrm{M}}}$$

式中　m_{s}、m_{M}——分别为组分在固定相和流动相中的质量，g。

（3）K 与 k 的关系

$$K = \frac{c_{\mathrm{s}}}{c_{\mathrm{M}}} = \frac{m_{\mathrm{s}}/V_{\mathrm{s}}}{m_{\mathrm{M}}/V_{\mathrm{M}}} = k\frac{V_{\mathrm{M}}}{V_{\mathrm{s}}} = k\beta$$

分配系数和分配比之间的关系如下：

①K 与 k 都与组分及固定相的性质有关，并随柱温、柱压变化而变化。分配系数与两相体积无关，分配比与两相体积有关。

②K 与 k 都能说明色谱柱对组分保留能力的大小，数值越大，该组分的保留时间越长。且：

$$k = \frac{t_{\mathrm{R}}'}{t_{\mathrm{M}}}$$

子任务 3　熟悉色谱分离的基本原理和基本理论

一、色谱分离的基本原理

试样气体由载气携带进入色谱柱，与固定相接触时，很快被固定相溶解或吸附。随着载气的不断通入，被溶解或吸附的组分又从固定相中挥发或脱附下来，挥发或脱附下来的组分随着载气向前移动时，又再次被固定相溶解或吸附。随着载气的流动，溶解与挥发或吸附与脱附的过程反复进行。由于组分性质的差异，固定相对它们的溶解或吸附的能力将不同。易被溶解或吸附的组分，挥发或脱附较难，随载气移动的速度慢，在柱内停留的时间长；反之，不易被溶解或吸附的组分随载气移动的速度快，在柱内停留的时间短，所以，经过一定的时间间隔（一定柱长）后性质不同的组分便彼此分离。

二、色谱分离的基本理论

1. 塔板理论

塔板理论是 1941 年由马丁（Martin）和詹姆斯（James）提出的半经验式理论。

塔板理论把色谱柱比作分馏塔，即色谱柱由一系列连续的、相等板高的塔板组成。塔板理论认为，在每一块塔板上，组分在两相间很快达到平衡。由于流动相在不停地移动，组分就在这些塔板间隔的气液两相间不断达到分配平衡。经过多个塔板后，分配系数小即挥发性大的组分先从柱内流出。由于色谱柱的塔板数很多，因此不同组分的分配系数即使仅有微小差异，仍然可能得到很好的分离效果。

塔板理论把每一块塔板的高度,即组分在柱内达成一次分配平衡所需要的柱长称为理论塔板高度,简称板高,用 H 表示,单位为 mm。设柱长为 L(mm),则理论塔板数 n 为:

$$n = \frac{L}{H}$$

理论塔板数(n)可根据色谱图上所测得的保留时间(t_R)和峰底宽(W_b)或半峰宽($W_{1/2}$)按下式推算:

$$n = 5.54 \left(\frac{t_R}{W_{\frac{1}{2}}}\right)^2 = 16 \left(\frac{t_R}{W_b}\right)^2$$

可以看出,当色谱柱长 L 一定时,组分的保留时间越长,峰形越窄,则理论塔板数 n 越大,H 越小,组分在该柱内达到分配平衡的次数就越多,色谱柱的柱效能似乎就越高。但在实际应用中,常常出现计算出的 n 值很大,但真正的分离效能并不高的现象。这是由于保留时间 t_R 中包括了死时间 t_M,而 t_M 不参加柱内的分配,即理论塔板数还未能真实地反映色谱柱的实际分离效能。因此,为了真实反映柱效的高低,应以 t_R' 代替 t_R 计算所得到的有效理论塔板数 n_{eff} 来衡量色谱柱的柱效能。计算公式为:

$$n_{eff} = \frac{L}{H_{eff}} = 5.54 \left(\frac{t_R'}{W_{\frac{1}{2}}}\right)^2 = 16 \left(\frac{t_R'}{W_b}\right)^2$$

式中 H_{eff} 是有效理论塔板高度。由于 n_{eff} 和 H_{eff} 能较好地反映实际柱效能的高低,因此可将它们作为柱效能指标。组分的 t_R' 越大,峰形越窄,n_{eff} 越大,H_{eff} 越小,被测组分在柱内被分配的次数越多,柱效能越高。

不同物质在同一色谱柱上的分配系数不同,用有效塔板数和有效塔板高度作为衡量柱效能的指标时,应指明测定物质。在比较不同色谱柱的柱效能时,应在同一色谱操作条件下,以同一种组分通过不同色谱柱,测定并计算不同色谱柱的 n_{eff} 或 H_{eff},然后再进行比较。但是对某一组分柱效的高低并不能反映各组分的分离情况,因此 n_{eff} 或 H_{eff} 不是衡量分离程度的指标。

塔板理论虽然指出了理论塔板数 n 或理论板塔高度 H 对色谱柱效率的影响,但是没有指出色谱操作条件影响塔板高度的原因,因此存在一定的局限性。

2. 速率理论

1956 年,范第姆特(J. J. Van Deemter)等人提出了色谱过程的动力学理论——速率理论。

速率理论吸收了塔板理论中板高的概念,充分考虑了组分在两相间的扩散和传质过程,从动力学角度较好地解释了影响板高的各种因素,对气相、液相色谱都较为适用。它以方程的形式概括了影响板高的三个因素,即范第姆特方程式(Van Deemter equation):

$$H = A + \frac{B}{u} + Cu$$

式中 A——涡流扩散项;

        B/u——分子扩散项;

        Cu——传质项;

        u——载气线速度,cm/s。

(1)涡流扩散项 A

$$A = 2\lambda d_p$$

式中　d_p——固定相颗粒平均直径；

λ——固定相填充的不均匀因子。

由于试样组分分子进入色谱柱碰到柱内填充颗粒时不得不改变流动方向，因而它们在气相中形成紊乱的类似"涡流"的流动(图 3-7)。组分分子所经过的路径长度不同，达到柱出口的时间也不同，因而引起色谱峰形展宽，板高增大，柱效降低。

图 3-7　涡流扩散现象示意图

固定相颗粒越小，填充得越均匀，可有效降低 λ 和 d_p，从而使 A 减小，H 减小，则柱效越高，色谱峰越窄。

(2)分子扩散项 B/u

$$B = 2\gamma D_g$$

式中　γ——弯曲因子，它反映了固定相对分子扩散的阻碍程度，填充柱的 $\gamma < 1$，空心柱 $\gamma = 1$；

D_g——组分在气相中的扩散系数，随载气和组分的性质、温度、压力而变化。

组分进入色谱柱后，以"塞子"的形式存在于柱端，随载气向前移动，由于柱内存在浓度梯度，组分分子必然由高浓度向低浓度扩散(其扩散方向与载气运动方向一致)，从而使峰扩张(图 3-8)。

结论：流动相流速加快，可减小扩散；组分在气相中的扩散系数 D_g 近似地与载气的摩尔质量的平方根成反比，所以实际过程中使用摩尔质量大的载气可以减小分子扩散。

图3-8　分子扩散现象示意图

(3)传质阻力项 Cu

物质在相际之间的转移过程叫传质过程(图 3-9)。传质阻力项包括气相传质阻力项和液相传质阻力项。

$$Cu = C_g u + C_l u$$

式中　C_g、C_l——分别为气相传质阻力系数和液相传质阻力系数。

气相传质阻力是组分从气相到气液界面间进行质量交换所受到的阻力，这个阻力会使柱横断面上的浓度分配不均匀。涡流扩散项力越大，所需时间越长，峰形展宽

图 3-9　传质过程示意图

就越大。由于 $C_g \cdot u \propto (d_p^2 / D_g) \cdot u$，所以实际过程中若采用小颗粒的固定相，以 D_g 较大的 H_2 或 He 作载气，提高柱温，减少固定液用量可以减少传质阻力，提高柱效。

液相传质阻力是指试样组分从固定相的气液界面到液相内部进行质量交换达到平衡后，又返回到气液界面时所受到的阻力。显然进入液相的组分分子，因其在液相里有一定的停留时间，当它回到气相时，必然落后于原在气相中随载气向柱出口方向运动的分子，这样势必造成色谱峰扩张。由于 $C_l \cdot u \propto (d_f^2 / D_l) \cdot u$，（式中 d_f 为固定相液膜厚度；D_l 为组分在液相中的扩散系数）。所以实际过程中若采用液膜薄的固定液则有利于液相传质，但不宜过薄，否则会减少样品的容量，降低柱的寿命。提高柱温，组分在液相中的扩散系数 D_l 大，也有利于传质、减少峰扩张。

综上所述，气相色谱中影响柱效的因素有柱填充的均匀程度；载体的粒度，表面无深孔；固定液的液膜厚度（气液）；载气的流速和种类；柱温等。

子任务4　判断相邻两峰分离是否完全——认识分离度

样品中各组分，特别是难分离物质对（即物理常数相近，结构类似的相邻组分）在一根柱内能否得到分离，取决于各组分在固定相中分配系数的差异，也就是取决于固定相的选择性，而不是由柱效高低确定。因而柱效不能说明难分离物质对的实际分离效果，而选择性也无法说明柱效的高低。因此，必须引入一个既能反映柱效能，又能反映柱选择性的指标，作为色谱柱的总分离效能指标，来判断难分离物质对在柱中的实际分离情况，这一指标就是分离度 R。

分离度又称分辨率，其定义为：相邻两组分色谱峰的保留时间之差与两峰底宽度之和一半的比值，即：

$$R = \frac{t_{R2} - t_{R1}}{(W_{b1} + W_{b2})/2}$$

或

$$R = \frac{2(t_{R2} - t_{R1})}{1.699[W_{1/2(1)} + W_{1/2(2)}]}$$

式中　t_{R1}、t_{R2}——分别为组分 1、2 的保留时间；

W_{b1}、W_{b2}——分别为组分 1、2 的色谱峰峰底宽度；

$W_{1/2(1)}$、$W_{1/2(2)}$——分别为组分 1、2 色谱峰的半峰宽。

显然，分子项中两保留时间差愈大，即两峰相距愈远，两峰愈窄，R 值就愈大。R 值愈大，两组分分离得就愈完全。一般来说，当 $R = 1.5$ 时，分离程度可达 99.7%；当 $R = 1$ 时，分离程度可达 98%；当 $R < 1$ 时，两峰有明显的重叠。所以，通常用 $R \geq 1.5$ 作为相邻两峰得到完全分离的指标（图 3-10）。

分离度全面考虑了两峰完全分离的两个条件，反映了色谱分离的热力学和动力学（即峰间距和峰宽）因素，体现了色谱柱对物质对的直接的分离效果，因而用它作色谱柱的总分离效能指标。

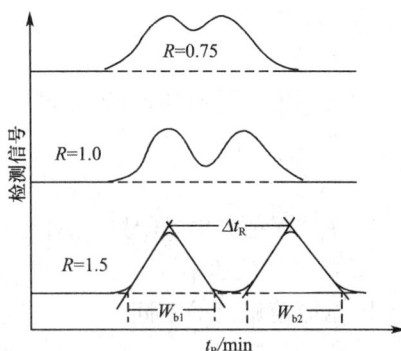

图 3-10　不同分离度的色谱峰

有效理论塔板数 n_{eff} 与分离度 R、相对保留值 r_{21} 之间的关系为：

$$n_{eff} = 16R^2 \left(\frac{r_{21}}{r_{21}-1}\right)^2$$

技能训练测试题

一、解释名词

固定相　流动相　色谱图　色谱峰　保留时间　调整保留时间　死时间　分配系数

二、填空题

1.色谱图是指_____通过检测器系统时所产生的_____对_____或_____的曲线图。

2.一个组分的色谱峰,其峰位置(即保留值)可用于_____,峰高或峰面积可用于_____。

3.色谱分离的基本原理是_____通过色谱柱时与_____之间发生相互作用,这种相互作用大小的差异使_____互相分离而按先后次序从色谱柱后流出;这种在色谱柱内_____起作用的填料称为固定相。

4.气固色谱的固定相是_____;气液色谱的固定相是_____。

5.在气固色谱中,各组分的分离是基于组分在吸附剂上的_____和_____能力的不同;而在气液色谱中,分离是基于各组分在固定液中_____和_____能力的不同。

6.在一定温度下,组分在两相之间的分配达到平衡时的浓度比称之为_____。

7.色谱峰越窄,表明理论塔板数就越_____,理论塔板高度就越_____,柱效能越_____。

8.范特姆特方程式说明了_____和_____的关系。

9.涡流扩散与_____和_____有关。

10.分子扩散又称_____,与_____及_____有关。

三、选择题

1.俄国植物学家茨维特在研究植物色素的成分时所采用的色谱方法属于(　　)。

A.气液色谱　　　　　　　　　　B.气固色谱

C.液液色谱　　　　　　　　　　D.液固色谱

2.气相色谱谱图中,与组分含量成正比的是(　　)。

A.保留时间　　　　　　　　　　B.相对保留值

C.峰高　　　　　　　　　　　　D.峰面积

3.在气固色谱中,样品中各组分的分离是基于(　　)。

A.组分性质的不同

B.组分溶解度的不同

C.组分在吸附剂上吸附能力的不同

D.组分在吸附剂上脱附能力的不同

4.在气液色谱中,首先流出色谱柱的组分是(　　)。

A.吸附能力大的　　　　　　　　　　B.吸附能力小的

C.挥发性大的　　　　　　　　　　　D.溶解能力小的

5.范特姆特方程式主要说明(　　)。

A.板高的概念

B.色谱峰的扩张

C.柱效降低的影响因素

D.组分在两相间的分配情况

E.色谱分离操作条件的选择

四、简答题

1.简要说明气相色谱的分析流程。

2.试写出范第姆特方程式的表达式,并说明其中各个参数的物理意义。

任务 2　认识气相色谱仪

【任务分析】

气相色谱仪型号多样,如图 3-11 为 GC-2010 型气相色谱仪。气相色谱仪是目前最为普遍的一种分析仪器,它通过对所分析样品含量的检测,再对比国家标准和对应的行业标准,就知道所测物质某组成是否达标或超标,从而判定此物质是否合格。气相色谱仪广泛应用于诸多行业单位,如室内环境检测行业(建材产品质量检测中心、室内空气检测公司、建筑工程质量检验测试站、环境检测站等需要气相色谱仪分析空气质量、材料质量的单位)、食品行业(酿酒公司、食品厂、蜂蜜厂等需要气相色谱仪分析不同食品中指定组成含量的单位)、科研及事业单位(产品质量监督检验所、研究所、设计院、技术学院、农业质量监测中心、白蚁防治研究所、燃气公司等同样需要气相色谱仪分析、检测、研究的单位)、化工行业(制药厂、农化公司、精细化工、生物化工、石油化工等用气相色谱仪分析检测的单位)、医药行业(司法鉴定中心、疾病控制中心等需要使用气相色谱仪的单位)。

图 3-11　GC-2010 型气相色谱仪

为了完成本任务,应学习气相色谱仪的相关组成结构和工作原理,明确质检中心提供的仪器型号,认真阅读仪器的使用说明书(不同生产厂家、不同型号的仪器,其使用操作规程是不同的),以达到迅速熟练操作仪器的目的。

🔊 **学习目标**

1.知识目标

熟悉气相色谱仪分析流程,主要组成系统的结构和工作原理。

2.能力目标

(1)认识气相色谱仪主要组成部件,熟悉其位置和作用。

(2)能熟练进行气路的连接、安装和检漏。

(3)能进行气相色谱分析基本操作。

3.素质目标

(1)具有独立工作能力。

(2)具有团结协作能力。

(3)具有按规范、规程操作的习惯。

(4)具有安全操作意识。

子任务1　熟悉气相色谱仪的分类和工作流程

一、气相色谱仪分类

常见的气相色谱仪有单柱单气路和双柱双气路两种类型。

单柱单气路(图3-12)由高压气瓶供给的载气经减压、稳压、转子流量计、色谱柱、检测器后放空。这种气路结构简单,操作方便,一般适用于恒温分析。

图 3-12　单柱单气路结构示意图

1—载气钢瓶;2—减压阀;3—净化器;4—气流调节阀;

5—转子流量计;6—汽化室;7—色谱柱;8—检测器

双柱双气路(图3-13)是将经过稳压阀后的载气分成两路进入各自的色谱柱和检测器,其中一路作分析用,另一路作补偿用。这种结构可以补偿气流不稳或固定液流失等原因引起的检测器噪声,提高了仪器工作的稳定性,既可用于恒温分析也可用于程序升温分析。

图 3-13　双柱双气路结构示意图

1—载气钢瓶；2—减压阀；3—净化器；4—稳压阀；5—压力表；

6,6′—针形阀；7,7′—转子流量计；8,8′—汽化室；9,9′—色谱柱；10—检测器

二、工作流程

N_2 或 H_2 等载气(用来载送试样而不与待测组分作用的惰性气体)由高压载气钢瓶供给，经减压阀减压后进入净化器，以除去杂质和水分，再由稳压阀和针形阀控制，载气以稳定和精确的流速连续流经压力表和流量计，以指示色谱柱前的载气压力和流速，然后通过汽化室进入色谱柱。待载气流量，汽化室、色谱柱、检测器的温度以及记录仪的基线稳定后，试样由进样器快速注入汽化室，则液体试样被瞬间汽化，并由载气带入色谱柱。由于色谱柱中的固定相对试样中不同组分的吸附能力或溶解能力是不同的，试样中各种组分彼此分离而先后流出色谱柱，然后进入检测器，经检测后放空。检测器将混合气体中组分的浓度($mg \cdot mL^{-1}$)或质量流量($g \cdot s^{-1}$)转变成可测量的电信号，并经放大器放大后，通过记录仪即可得到其色谱图。样品流经色谱柱得到色谱图的过程示意图如图 3-14 所示。

图 3-14　样品流经色谱柱得到色谱图

子任务 2　熟悉仪器主要组成部件

气相色谱仪的型号种类繁多，但它们的基本结构是一致的，均由气路系统、进样系统、分离系统、检测系统、数据处理系统和温度控制系统等六大部分组成。

第一部分　气路系统

气相色谱仪中的气路是一个载气连续运行的密闭管路系统。载气的纯度、流速对色谱柱的分离效能、检测器的灵敏度均有很大影响。气路系统的作用是将载气及辅助气进行稳压、稳流和净化，以满足分析需要。

一、气源

1. 载气和辅助气

（1）分类

载气是载送样品进行分离的惰性气体，是气相色谱的流动相。常用的载气为氮气、氢气、氦气、氩气。这些气体一般由高压钢瓶供给（也可由气体发生器产生），初始压力为 $100\sim150$ kgf/cm²，纯度要求在 99.99％ 以上。市售的钢瓶气往往含有水分和其他杂质，需要纯化。辅助气常用空气作助燃气，氢气作燃气。空气由空气压缩机提供，常用无油空气压缩机，工作时噪声小，排出的气体无油。

选择何种载气，主要由所用检测器的性质和分离要求决定。例如氢气分子量小，热导系数大，黏度小，在使用氢火焰离子化检测器时作燃气，在使用热导检测器时常作为载气；氮气扩散系数小，柱效比较高，除热导检测器以外的其他几种检测器中，多采用氮气作载气；氦、氩由于价格高，应用较少。

（2）载气不纯带来的问题

①载气中氧的存在导致固定相氧化，损坏色谱柱，改变样品的保留值。

②载气中水的存在导致部分固定相或硅烷化载体发生水解，甚至损坏柱子。

③气体中有机化合物或其他杂质的存在产生基线噪音和拖尾现象。

④气体中夹带的粒状杂质可能是气路控制系统失灵。

2. 高压钢瓶

载气除空气外一般可由高压气体钢瓶提供。气瓶顶部装有开关阀，瓶阀上装有防护装置（钢瓶帽）。每个气体钢瓶筒体上都套有两个橡皮腰圈，以防震动后撞击。钢瓶要有 10％ 的钢瓶气保有量。

二、气体净化器

气体钢瓶供给的气体经减压阀后，必须经装有气体净化剂的气体净化管（图 3-15）来除去水分和杂质。

图 3-15　气体净化管

常用的净化剂有活性炭、硅胶和分子筛，分别用来除去烃类物质、水分和氧气。净化管的出口和入口应加上标志，出口应当用少量纱布或脱脂棉轻轻塞上，严防净化剂粉尘流出净化管进入色谱仪。当硅胶变色时，应重新活化分子筛和硅胶后，再装入使用。

三、载气流速控制装置——减压阀与稳压阀、稳流阀与针形阀

新采购的高压钢瓶气的压力约为 13 MPa，由于气相色谱仪使用的各种气体压力在 $0.2\sim0.4$ MPa 之间，因此需要通过减压阀减压后才能使用。

减压阀装在高压气瓶的出口，用来将高压气体调节到较小的压力。高压瓶顶部开关阀（又称总阀）与减压阀（外观如图 3-16 所示，结构如图 3-17 所示）。使用时将减压阀用螺旋套帽装在高压气瓶总阀的支管 B 上，并且能使该压力在工作时保持不变。因此减压阀的功用是高压气体的减压和稳压。打开钢瓶总阀 A（逆时针方向转动），此时高压气体进入减压阀的高压室，其压力表（$0\sim25$ MPa）指示出气体钢瓶内压力。沿顺时针方向缓

慢转动减压阀,使气体进入减压阀低压室,其压力表(0～2.5 MPa)指示输出气体管线中的低工作压力。不用气时应先关闭气体钢瓶总阀,待压力表指针指向零点后,再将减压阀沿逆时针方向转动旋松关闭(避免减压阀中的弹簧长时间压缩失灵)。打开钢瓶总阀之前应检查减压阀是否已经关好(减压阀旋松),否则容易损坏减压阀。

图 3-16　高压钢瓶与减压阀　　　　图 3-17　高压钢瓶与减压阀结构图

载气流速的稳定性、准确性都对测定结果有影响。载气流速范围常选在 30～100 mL/min 之间,流速稳定度要求小于 1%,用气流调节阀(稳压阀、稳流阀、针形阀等)来控制流速。

稳压阀的作用有两个:一是通过改变输出气压来调节气体流量的大小;二是稳定输出气压。在恒温色谱分析中,当操作条件不变时,整个系统阻力不变,单独使用稳压阀即可使色谱柱入口压力稳定,从而保持稳定的流速。但在程序升温色谱分析中,由于柱内阻力随温度升高而不断增加,载气的流量逐渐减少,因此需要在稳压阀后连接一个稳流阀,以保持恒定的流量。先进的气相色谱仪,从气源出来的气体经减压后直接进入 EPC(电子压力流量控制器)转化成数字控制,流量和压力控制用 EPC 代替了一般阀件,控制精度有了很大提高,从而提高了分析的精度和准确度。

针形阀可以调节载气流量,也可以控制燃气和空气的流量。针形阀不能精确地调节流量,常安装于空气的气路中,用以调节空气的流量。

四、气路安装与检漏

气路安装步骤如下:

第一步:钢瓶与减压阀的连接;第二步:减压阀与气体管道的连接;第三步:气体管道与净化器的连接;第四步:净化器与气相色谱仪的连接;第五步:检漏,用毛笔将皂液涂于各接头处,看是否有气泡溢出。若有,则表示漏气;若无,则表示不漏气。

气相色谱仪的管路多数采用内径为 3 mm 的不锈钢管,靠螺母、压环和"O"形密封圈进行连接。最好使用不锈钢管或紫铜管。连接管道时,要求既要能保证气密性,又不会损坏接头。气路不密封将会使实验出现异常现象,甚至可能会发生爆炸事故。气路检漏常用的方法有两种:一种是皂膜检漏法,即用毛笔蘸上肥皂水涂在各接头上,若接口处有气泡,则表明该处漏气,应重新拧紧,直到不漏气为止。检漏完毕应使用干布将皂液擦净。另一种是堵气观察法,即用橡皮塞堵住出口处,转子流量计流量为 0,同时关闭稳压阀,压力表压力不下降,则表明不漏气;反之,若转子流量计流量指示不为 0,或压力表压力缓慢下降(在半小时内,仪器上压力表指示的压力下降大于 0.005 MPa),则表明该处漏气,应重新拧紧各接头至不漏气为止。

五、载气流量的测定

载气流量是气相色谱分析的一个重要的操作条件,正确选择载气流量,可以提高色谱柱的分离效能,缩短分析时间。由于气相色谱分析中,所用气体流量较小,一般采用转子流量计(图 3-18)和皂膜流量计(图 3-19)测量。

图 3-18　转子流量计实物和结构示意图　　　　图 3-19　皂膜流量计实物和结构示意图

转子流量计是由一个上宽下窄的锥形玻璃管和一个能在管内自由旋转的转子组成的。当气体自下端进入转子流量计又从上端流出时,转子随气体流动方向而上升,转子上浮高度和气体流量有关,因此根据转子的位置就可以确定气体流速的大小。对于一定的气体,气体的流速和转子的高度并不成直线关系,转子流量计上的刻度只是等距离的标记而不是流量数值。因此实际使用时必须先用皂膜流量计来标定,绘出气体的体积流速与转子高度的关系曲线图(不同压力、不同气体流速与转子位置关系不一样)。

皂膜流量计由一根带有气体进口的量气管和橡皮滴头组成,使用时先向橡皮滴头中注入肥皂水,挤动橡皮滴头就有皂膜进入量气管。当气体自流量计底部进入时,就顶着皂膜沿着管壁自下而上移动。用秒表测定皂膜移动一定体积对应所需时间就可以算出气体流速(mL·min^{-1}),测量精度达 1%。

第二部分　进样系统

进样系统包括进样器和汽化室。其作用是把待测样品(气体或液体)快速定量地引入色谱系统,并使样品有效地汽化,然后用载气将样品快速"扫入"色谱柱。进样量的准确度、重复性、试样汽化速度等都会影响定性和定量的结果。

一、进样器

1. 气体样品

气体样品可以用平面六通阀(又称旋转六通阀)(图 3-20)进样。取样时,气体进入定量管,而载气直接由图中 A 到 B。进样时,将阀旋转 60°,此时载气由 A 进入,通过定量管,将管中气体样品带入色谱柱中。定量管有 0.5、1、3、5 mL 等规格,实际工作时,可以根据需要选择合适体积的定量管。这类定量管阀重复性优于 0.5%,使用温度较高、寿命长、耐腐蚀、死体积小、气密性好,可以在低压下使用。气体进样一般不超过 10 mL。

2. 液体样品

液体样品可以采用微量注射器(图 3-21)直接进样。常用的微量注射器有 0.5、1、5、

图 3-20　平面六通阀结构,取样和进样位置

10、50、100 μL 等规格,重复性为 2.0%。实际工作中可根据需要选择合适规格的微量注射器。填充柱进样一般不超过 10 μL。

3.固体样品

固体样品通常用溶剂溶解后,按液体样品的进样方式分析。

工业流程色谱分析和批量样品常规分析,常采用自动进样器,重复性好,它使得气相色谱分析实现了自动化和智能化。

图 3-21　微量注射器

二、汽化室

汽化室的作用是将液体样品瞬间汽化而不分解。汽化室位于进样口的下端,如图 3-22 中 5 所示。它实际上是一个加热器,通常采用金属块作加热体。当用注射器针头直接将样品注入热区时,样品瞬间汽化,然后由预热过的载气,在汽化室前部将汽化了的样品迅速带入色谱柱内。对汽化室的要求是热容量要大,温度要足够高且无催化效应,死体积小。

图 3-22　填充柱进样口结构示意图

1—固定隔垫的螺母;2—隔垫;3—隔垫吹扫装置;4—隔垫吹扫气出口;5—汽化室;6—加热块;7—石英玻璃衬管;8—石英毛玻璃;9—载气入口;10—柱连接件固定螺母;11—色谱柱固定螺母;12—色谱柱;13—3 的放大图

在汽化室内不锈钢套管中插入石英玻璃衬管以消除金属表面的催化作用。实际工作中应保持衬管干净,使用一段时间应及时清洗或更换。

汽化室注射孔用厚度为 5 mm 的硅橡胶隔垫密封,其作用是防止漏气。进样时用注射器针头直接刺穿硅橡胶密封垫,然后将样品尽快注入汽化室。硅橡胶在使用多次后会失去密封作用,应经常更换。一个隔垫的连续使用时间不能超过一周。进入进样口的载气会分成两路,一路进行隔垫吹扫,用少量的载气(1～3 mL/min)吹扫硅橡胶含有的一些残留溶剂或低分子齐聚物以及硅橡胶在汽化室高温的影响下降解产生的产物,以免产生干扰峰;一路进入衬管,由此携带样品进入色谱柱。进样口外观如图 3-23 所示。

图 3-23　进样口外观

使用毛细管柱时,由于柱内固定相量少,柱对样品的容量要比填充柱低,为防止柱超载,常使用分流进样方式,这是毛细管柱系统最经典的进样方式。进入进样口的载气分两路,一路吹扫进样隔垫,另一路以较快的速度进入汽化室,在此处与汽化后的样品混合,并在毛细管柱入口处进行分流。在分流进样中,汽化后的样品大部分经分流管放空,只有极少部分样品被载气携带进入色谱柱。在分流进样时,进入毛细管柱内的载气流量与放空的载气流量的比称为分流比。分析时使用的分流比范围一般为 1∶10～1∶100。

除分流进样外,还有冷柱上进样、程序升温汽化进样、大体积进样、顶空进样等进样方式。

正确选择液体样品的汽化温度十分重要,尤其对高沸点和易分解的样品,要求在汽化温度下,样品能瞬间汽化而不分解、汽化室控温范围在室温至 450 ℃左右,一般比柱温高50～100 ℃。

第三部分　分离系统

分离系统主要由柱箱和色谱柱组成,其中色谱柱是气相色谱仪的心脏,由柱管和其中的固定相组成。色谱柱的作用是使试样经过色谱柱时其各组分得以分离。

一、柱箱

柱箱是一个精密的恒温箱。柱箱的基本参数有两个:一个是柱箱的尺寸,另一个是柱箱的控温参数。柱箱的尺寸主要关系到是否能安装多根色谱柱,以及操作是否方便。柱箱的操作温度范围一般在室温以上至 450 ℃,且均带有多阶程序升温设计。部分气相色谱仪带有低温功能,用于在冷柱上进样。

二、色谱柱

色谱柱一般可分为填充柱和毛细管柱。如图 3-24 所示位于前面的柱管是填充柱,后面的柱管是毛细管柱。

1. 填充柱

填充柱是指在柱内均匀、紧密填充固定相颗粒的色谱柱。柱长一般为 1～5 m,内径一般为 2～4 mm,用不锈钢、铜、玻璃或聚四氟乙烯等材料制成,其形状有 U 形和螺旋形。一般分析多用不锈钢柱。

不锈钢柱的优点是机械强度好又有一定的惰性,如用它来分离烃类和脂肪酸酯类是足够稳定的,但分析活性较高的物质时要避免使用不锈钢柱,在使用高分子小球时也不要用不锈钢柱,其他金属柱现在很少使用。在分析较为活泼的物质时,多用玻璃柱,它透明便于观察柱内填充物的情况,光滑易于填充成密实的高效柱,其缺点是易碎。

填充柱制备简单,可供选择的固定相种类多,柱容量大,分离效率也足够高,应用广泛。

图 3-24　柱箱

2. 毛细管柱

毛细管柱又称空心柱,它的分离效率相对于填充柱有很大的提高,可解决复杂的、填充柱难于解决的分析问题。常用的毛细管柱为涂壁空心柱(WCOT),其内壁直接涂渍固定液,柱材料大多采用熔融石英(即弹性石英)。柱长一般为 $25\sim100$ m,内径一般为 $0.1\sim0.5$ mm。表 3-1 列出了一些常用色谱柱的特点及用途。

表 3-1　　　　　　　　　　常用色谱柱的特点和用途

参数		柱长/m	内径/mm	柱效 N/m	进样量/ng	液膜厚度/μm	相对压力	主要用途
填充柱	经典	1~5	2~4	500~1000	10~10^6	10	高	分析样品
	微型		≤1					分析样品
	制备		>4					制备纯化合物
WCOT	微径柱	1~10	≤0.1	4000~8000	10~1000	0.1~1	低	快速GC
	常规柱	10~60	0.2~0.32	3000~5000				常规分析
	大口径柱	10~50	0.53~0.75	1000~2000				定量分析

第四部分　检测系统

气相色谱检测器的作用是将经色谱柱分离后顺序流出的组分的浓度变化信息转变为易于测量的电信号,然后对被分离物质的组成和含量进行鉴定和测量。检测器是色谱仪的"眼睛"。

一、分类

气相色谱检测器根据响应原理的不同可分为浓度型检测器和质量型检测器两类。

浓度型检测器测量的是载气中某组分瞬间浓度的变化,即检测器的响应值和组分的瞬间浓度成正比。如热导检测器(TCD)和电子俘获检测器(ECD)。

质量型检测器测量的是载气中某组分质量比率的变化,即检测器的响应值和单位时间进入检测器的组分质量成正比。如氢火焰离子化检测器(FID)和火焰光度检测器(FPD)。

表 3-2 总结了几种常用检测器的特点和技术指标。

表 3-2　　　　　　　　　常用气相色谱仪检测器的特点和技术指标

检测器	类型	最高操作温度/℃	最低检测限	线性范围	主要用途
氢火焰离子化检测器(FID)	质量型,准通用型	450 ℃	丙烷:<5 pg/s 碳	$10^7(\pm10\%)$	各种有机化合物的分析,对碳氢化合物的灵敏度高
热导检测器(TCD)	浓度型,通用型	400 ℃	丙烷:<400 pg/mL 壬烷:20000 · mL/mg	$10^5(\pm5\%)$	适用于各种无机气体和有机物的分析,多用于永久气体的分析
电子俘获检测器(ECD)	浓度型,选择型	400 ℃	六氯苯:<0.04 pg/s	$>10^4$	适合分析含电负性元素或基团的有机化合物,多用于分析含卤素化合物
微型 ECD	质量型,选择型	400 ℃	六氯苯:<0.008 pg/s	$>5\times10^4$	同 ECD
氮磷检测器(NPD)	质量型,选择型	400 ℃	用偶氮苯和马拉硫磷的混合物测定:<0.4 pg/s 氮;<0.2 pg/s 磷	$>10^5$	适合于含氮和含磷化合物的分析
火焰光度检测器(FPD)	浓度型,选择型	250 ℃	用十二烷硫醇和三丁基膦酸酯混合物测定:<20 pg/s 硫;<0.9 pg/s 磷;	硫:$>10^5$ 磷:$>10^6$	适合于含硫、含磷和含氮化合物的分析

二、检测器性能指标

分析对检测器的要求是测量准确,响应快,稳定性好,灵敏度高,适应范围宽等。检测器性能的主要指标有灵敏度、检测限和检测器的线性范围等。

1. 灵敏度 S

当一定浓度或一定质量的试样进入检测器,产生一定响应信号 R。以进样量 Q(单位 mg/mL 或 g/s)对响应信号 R 作图,就可得到一条直线,直线的斜率就是检测器的灵敏度,以 S 表示。即:

$$S = \frac{\Delta R}{\Delta Q}$$

对于浓度型检测器,如果进样为液体,则灵敏度的单位是 mV · mL/mg,即每毫升载气中含有 1 mg 试样时在检测器上能产生的响应信号(单位 mV);若试样为气体,灵敏度的单位是 mV · mL/mL。对于质量型检测器,其响应值取决于单位时间内进入检测器的某组分的量,对载气没有响应,灵敏度的单位是 mV · s/g。

2. 检测限 D

检测限 D 也叫敏感度。灵敏度和检测限是衡量检测器敏感程度的指标。灵敏度越大、检测限越小,表示检测器性能越好。

检测器的输出信号可由放大器放大以提高灵敏度,是否将灵敏度放大到越高越好?

答案是否定的,因为信号在放大过程中,噪音也被放大,有时噪音甚至会掩盖信号,这样噪音就限制了检测限度,单用灵敏度评价检测器是不够的,因而引入检测限这个概念。

检测限 D 定义为检测器产生两倍噪声信号时,单位体积的载气或单位时间内进入检测器的组分量。规定了组分产生的信号至少为噪声的 2 倍,组分才可以定量。

$$D = \frac{2N}{S}$$

式中　N——检测器的噪声,即基线波动,mV;

S——检测器灵敏度,mV·ml/mg 或 mV·mL/mL 或 mV·s/g。

3. 线性范围

准确的定量分析取决于检测器的线性范围。线性范围指进入检测器组分量与其响应值保持线性关系,或是灵敏度保持恒定所覆盖的区间,称为线性范围,以最大允许进样量与最小进样量的比值表示。检测器的线性范围越宽越好。样品分析时要求在线性范围内工作,这对组分的准确定量是很重要的。

4. 基线噪声 N 与漂移 M

在没有组分进入检测器的情况下,仅因为检测器本身及色谱条件波动(如固定相流失,隔垫流失,载气、温度、电压波动及漏气等因素)使基线在短时间内发生起伏的信号称为噪声(N),单位用毫伏或毫安表示。噪声是检测器的本底信号。基线在一定时间内产生的偏离,称为基线漂移(M),单位为 mV/h 或 mA/h。良好的检测器其噪声与漂移都应该很小,它们表明检测器的稳定状况。基线噪声与漂移如图 3-25 所示。

(a)两种短期噪声　　　(b)短期噪声和长期噪声的叠加　　　(c)漂移

图 3-25　基线噪声与漂移

三、热导检测器和氢火焰离子化检测器

1. 热导检测器(TCD)

热导检测器是利用被测组分和载气的导热系数不同而响应的浓度型检测器,亦称为热导池。

(1)结构

如图 3-26 所示为热导检测器的实物及其结构示意图。

图 3-26　热导检测器(左图为实物图,右图为双臂热导池结构示意图)

　　热导池由池体和热敏元件构成,热敏元件为金属丝(钨丝或铂金丝)。热导池体中,只通纯载气的孔道称为参比池,通载气与样品气的孔道为测量池。双臂热导池包括一个参比池和一个测量池;四臂热导池中,有两臂为参比池,另两臂为测量池。

　　(2)工作原理

　　热导检测器的工作原理是基于不同气体具有不同的热导系数。以双臂热导池桥电路为例,在热导池的两池孔中装入完全相同的热丝,组成参比池和测量池。另取两只完全相同的电阻,将它们与热丝连接成惠斯登电桥。仪器工作时,热丝被恒定直流电加热,载气以稳定的速度流经池体。未进样时,由于参比池和测量池通入的都是纯载气,同一种载气有相同的热导系数,载气从热丝带走相同的热量,热丝温度变化相同,因此两臂的电阻值变化相同,电桥处于平衡状态,无信号输出,记录系统记录的是一条直线。当有试样进入检测器时,纯载气流经参比池,载气携带着样品气流经测量池,由于载气和样品气的混合气的热导系数和纯载气的热导系数不同,测量池中散热情况发生变化,使参比池和测量池两池孔中热丝电阻值之间产生了差异,电桥失去平衡,检测器有电压信号输出,记录仪画出相应组分的色谱峰。在检测器的线性范围内,输出电压的大小随组分及其浓度不同而不同。组分与载气的热导系数相差越大,组分在载气中的浓度越大,输出的电压信号就越强,这正是热导检测器的定量基础。

　　(3)影响灵敏度的因素

　　①载气种类、纯度和流量

　　载气与组分的热导系数相差越大,检测器灵敏度越高。由于一般物质的热导系数比较小,所以选择热导系数大的气体(例如:H_2 或 He)作载气,灵敏度就比较高,峰形正常,易于定量,线性范围宽。通常不使用 N_2 或 Ar 作载气,因其灵敏度低,线性范围窄。

　　载气的纯度影响 TCD 的灵敏度。实验表明:在桥电流 160～200 mA 范围内,用 99.999％的超纯 H_2 比用 99％的普通 H_2 灵敏度高 6％～13％。载气纯度对峰形也有影响,用 TCD 作高纯气中杂质检测时,载气纯度应比被测气体高十倍以上,否则将出现倒峰。

　　TCD 为浓度敏感型检测器,色谱峰的峰面积响应值反比于载气流速。因此,检测过程中,载气流速必须保持恒定。在柱分离许可的情况下,载气应尽量选用低流速。流速波动可能导致基线噪声和漂移增大。

　　②桥电流

　　增大桥电流,热丝温度将上升,它与环境之间的温差变大,气流更容易把热丝上的热传导出去,热丝的温度和电阻值的变化会更灵敏,从而使检测器的灵敏度提高。理论证明,灵敏度 S 值与桥电流的三次方成正比。所以,增大桥电流能显著提高灵敏度。但是,桥电流过大,热丝温度过高,产生很大的热噪声,结果是信噪比下降,检测限变大。过高的桥电流甚至可能烧断热丝。所以,在满足分析灵敏度要求的前提下,应尽量选取低的桥电流,这时噪声小,热丝寿命长。但是 TCD 若长期在低桥电流下工作,可能造成池污染,此时可用溶剂清洗热导池。实际工作时可参考仪器说明书推荐的桥电流值。另外,如果使用热导系数较大的载气,即使桥电流较高,也不会影响检测器的稳定性,比如用 H_2 作载气。

　　③检测器温度

　　TCD 的灵敏度与热丝和池体间的温差成正比。增大其温差有两种方法:一是提高桥电流,以提高热丝温度;二是降低检测器池体温度,这决定于被分析样品的沸点。检测器池体温度不能低于样品的沸点,以免样品在检测器内冷凝而造成污染或堵塞,所以检测器温度通常需要高于柱温。

(4)优缺点及应用

热导检测器是一种通用型、浓度型检测器。不破坏组分,结构简单、性能稳定,无论对单质、无机物或有机物均有响应,操作维护简单,价格便宜。不足之处是灵敏度相对较低。

热导检测器是应用最多的气相色谱检测器之一。TCD在检测过程中不破坏被检测的组分,有利于样品的收集,或与其他仪器联用。

2. 氢火焰离子化检测器(FID)

氢火焰离子化检测器是气相色谱检测器中使用最广泛的一种,是典型的破坏型、质量型检测器。

(1)结构

如图3-27所示为氢火焰离子化检测器的实物与结构示意图。

图3-27　氢火焰离子化检测器(左图为实物图,右图为结构示意图)

氢火焰离子化检测器由离子头、离子室组成,此外还必须有供气管线。离子室是一个不锈钢圆筒,它包括空气入口、载气和燃气(H_2)入口、气体出口等,顶部有不锈钢罩。它可以防止外界气流扰动火焰,避免灰尘进入离子头内,并可屏蔽外部电磁场的干扰。离子头位于离子室内,是FID的核心部件。它由石英(或不锈钢)喷嘴、圆环状的铂丝发射极(极化极)、圆筒状的不锈钢收集极以及点火器组成。收集极在发射极的上方,点火器在喷嘴附近,有时也用发射极兼作点火器。在收集极和发射极之间加一定的直流电压,以收集极作负极、发射极作正极,构成一外加电场。在离子室下部,被测组分被载气(一般用N_2)携带,从色谱柱流出,与燃气(H_2)混合后通过喷嘴,再与空气混合后点火燃烧,形成氢火焰。

(2)工作原理

当仅有载气从柱后流出,进入检测器时,虽然载气N_2本身不会被电离,但载气中的有机杂质和流失的固定液在氢火焰(2100 ℃)中电离,生成正、负离子和电子。在电场作用下,正离子移向收集极(负极),负离子和电子移向发射极(正极),它们会在电路中形成微电流,经微电流放大器放大后,在记录仪上记录为一信号,称为基流。只要载气流速和柱温等条件不变,基流的大小也不会改变。实际过程中,总是希望基流越小越好。在电位器上加一个反向补偿电压,使流经输入电阻的基流降至"零",这叫"基流补偿"。一般在进样前均要进行基流补偿,将记录器上的基线调至零。进样后,载气和分离后的组分一起从柱后流出,氢火焰中增加了组分被电离后产生的正、负离子和电子,从而使电路中收集极的微电流显著增大,此即该组分的信号。该信号的大小与进入火焰中组分的质量是成正比的,这便是 FID 的定量依据。

(3)影响灵敏度的因素

①气体种类、流速和纯度

载气种类及其流量对正离子的形成和移动都有影响,进而影响 FID 的灵敏度。N_2、Ar、H_2、He 等均可作 FID 的载气。N_2、Ar 作载气时 FID 灵敏度高、线性范围宽。因 N_2 价格较 Ar 低,所以通常用 N_2 作载气。通常根据"既要分离效果好,又要分析时间短"两个要求来选择载气流速。

燃气的流速直接影响火焰的温度和稳定程度。适当加大氢气流速能大大提高分析灵敏度,但流速太高,热噪声增大,引起基线剧烈波动而无法正常分析;流速太低,则火焰温度下降,灵敏度降低,甚至熄火。当用 N_2 作载气时,一般适宜的氮氢流量比是(1:1)~(1:1.5)。在最佳氮氢比时,不但灵敏度高,而且稳定性好。

空气是氢火焰的助燃气。其中的氧还直接参与化学电离反应。同时,空气还有清扫燃烧产生的 CO_2、H_2O 等废气的作用。通常空气流速约为氢气流速的 10 倍。空气流速过小,供氧量不足,灵敏度很低;流速过大,易使火焰不稳,噪声增大。一般情况下空气流速在 $300\sim500\ mL\cdot min^{-1}$ 范围。

必须保证载气、氢气和空气纯度足够。常量分析要求各种气体的纯度在 99.9% 以上。但若作痕量分析,则要求三种气体的纯度都必须大于 99.999%,而且空气中总烃含量应小于 $0.1\ \mu L\cdot L^{-1}$。如果气体中含有微量有机杂质或机械杂质,可能造成 FID 噪声、基线漂移、假峰,以及加快色谱柱流失,缩短柱寿命等。

②温度

在 FID 中,由于氢气燃烧,产生大量水蒸气。若检测器温度低于 80 ℃,水蒸气不能以蒸气状态从检测器排出冷凝成水,使 FID 灵敏度下降,噪声增加。所以,为了确保检测器正常工作,要求 FID 检测器温度必须在 120 ℃ 以上。在 FID 中,汽化室温度变化时对其性能既无直接影响亦无间接影响,只要能保证试样汽化而不分解就行。

③极化电压

施加于发射极和收集极之间的电压标为极化电压。极化电压的大小会直接影响检测器的灵敏度。当极化电压很小时,灵敏度随之升高而迅速增大,但当电压超过 50 V 后,再继续升高极化电压,对离子化电流的增大没有明显的影响。正常操作时,所用极化电压一般为 150~300 V。

④电极形状和距离

有机物在氢火焰中的离子化效率很低,因此要求收集极必须具有足够大的表面积,这样可以收集更多的正离子,提高收集效率。收集极的形状多样,有网状、片状、圆筒状等。圆筒状收集极的采集效率最高。两极之间距离为 5~7 mm 时,往往可以获得较高的灵敏度。另外,喷嘴内径小,气体流速大有利于组分的电离,检测器灵敏度高。圆筒状收集极的内径一般为 0.2~0.6 mm。

(4)优缺点及应用

FID 的优点是灵敏度高、检出限低、线性范围宽、噪声小、死体积小、结构简单、性能稳定。既可以与填充柱联用,也可以直接与毛细管柱联用;FID 对能在火焰中燃烧电离的有机化合物都有响应。其缺点是对那些在火焰中不能进行化学电离的无机化合物、稀有气体、永久性气体、水分等物质都不能产生响应。FID 被广泛应用于化工、轻工、食品、医药等许多领域,能进行各种样品中有机成分的常量、微量和痕量分析。

第五部分　数据处理系统

数据处理系统最基本的功能是将检测器输出的模拟信号随时间的变化曲线,即将色谱图绘制出来。目前使用较多的是色谱数据处理机与色谱工作站。

第六部分　温度控制系统

温度控制是气相色谱分析中重要的操作条件之一,直接影响色谱柱的选择性、分离效能和检测器的灵敏度、稳定性。因此,要对色谱柱、汽化室与检测器进行严格的温度控制。因各部分要求的温度不同,所以需要三套不同的温控装置。温度控制系统的主要元件有铂电阻或热电偶等热敏元件、电子放大器、可控硅电热器等,柱箱中还有排风扇等。通常用温度计和测温毫伏计来显示温度的高低。

温度控制可分为恒温控制和程序升温控制。

恒温控制要求精度高,一般只允许有(±0.1~±0.3)℃的波动;温度梯度要小,控温室内各点的温度梯度不超过±0.5 ℃/cm;升、降速度要快,以利于快速分析;保温性能要好。

程序升温控制主要用于组分沸点范围很宽的混合物。所谓程序升温是指在一个分析周期内,柱温随时间由低温向高温线性或非线性地变化,使沸点不同的组分,在最佳柱温下流出,改善了分离效果,缩短了分析时间。

子任务 3　练习气相色谱仪的基本操作

一、仪器与试剂

1.仪器

气相色谱仪,气体高压钢瓶(N_2、H_2),空气压缩机,填充色谱柱(PEG-20M,2 m× ϕ3 mm,100~120 目),色谱工作站,样品瓶,电子天平,微量注射器(1 μL)。

2.试剂

异丁醇、仲丁醇、叔丁醇、正丁醇(均为 GC 级)。

二、操作步骤

1.醇标样的配制

各取少量异丁醇、仲丁醇、叔丁醇、正丁醇(均为 GC 级),用蒸馏水稀释至适当浓度,备用。

2.混合醇样的配制

取一个干燥洁净的样品瓶,吸取 3 mL 水,分别加入 100 μL 叔丁醇、仲丁醇、异丁醇与正丁醇(GC 级),称其准确质量为 m_{S1}、m_{S2}、m_{S3}、m_{S4}。摇匀备用。

3.气相色谱仪的开机及参数设置

(1)逆时针打开载气(N_2)钢瓶总阀,顺时针调节减压阀至压力表显示输出压力为 0.4 MPa。

(2)调节载气柱前压为 0.1 MPa,控制载气流量约为 30 mL·min^{-1}。

(3)打开气相色谱仪的电源开关。

注意:打开仪器电源开关之前要求必须先打开载气并确保其通入色谱柱中,同理,必须关闭仪器电源开关与加热开关之后才能关闭载气钢瓶与减压阀。

(4)设置柱箱温度 90 ℃、汽化室温度 160 ℃、氢火焰离子化检测器温度 140 ℃。

4.氢火焰离子化检测器的基本操作

(1)待柱温、汽化温度和检测温度达到设定值并稳定后,打开空气压缩机,调节输出压力为 0.4 MPa;打开氢气钢瓶,调节输出压力为 0.2 MPa。

(2)调节空气合适柱前压,如 0.02 MPa,控制其流量约为 200 mL·min^{-1}。

(3)调节氢气合适柱前压,如 0.2 MPa,控制其流量约为 60 mL·min^{-1}。

(4)点燃氢火焰。

(5)点着氢火焰后,缓缓将氢气压力降至 0.1 MPa,控制其流量约为 30 mL·min^{-1}。

(6)让气相色谱仪走基线,待基线稳定。

注意:如果仪器安装的是 TCD 检测器,则应当待柱温等到达设定值后,调节合适桥电流(载气为 H_2,桥电流 150～270 mA;载气为 N_2,桥电流 100～150 mA),然后等待基线稳定。

5.试样分析

(1)取两支 1 μL 微量注射器,以溶剂(如无水乙醇)清洗完毕后,备用。

(2)打开色谱工作站,观察基线是否稳定。

(3)基线稳定后,将其中一支微量注射器用任意一种醇标样润洗后,准确吸取 1 μL 该标样按规范进样,启动色谱工作站,绘制色谱图,完毕后停止数据采集。

(4)按相同方法再分别测定其他三种醇标样,记录各主要色谱峰的出峰时间和峰面积。

(5)将另一支微量注射器用混合醇样润洗后,准确吸取 1 μL 按规范进样,绘制色谱图,记录主要色谱峰的出峰时间和峰面积。

三、结束工作

1.实验完毕后先关闭氢气钢瓶总阀,待压力表回零后,关闭仪器上的氢气稳压阀。

2.关闭空气压缩机。

3.设置汽化室温度、柱温、检测室温度在室温左右。

4.待柱温达到设定值时关闭气相色谱仪主机电源开关。

5.关闭载气钢瓶和减压阀。

(如果对应的是 TCD 检测器,应当先关闭桥电流,再降低柱温等,然后关闭载气。)

6.关闭色谱工作站,关闭电脑。

7.清洗仪器,清理实验台。

任务考核

【考核评分表】

序号	作业项目	考核内容	配分	操作要求	考核记录	扣分	得分
一	标样和测试样的配制	分析天平、移液管等的使用	2	正确规范			
二	开机和参数设置	气路系统的检漏	2	正确			
		开载气	1	正确			
		开主机	1	正确			
		调节载气柱前压和流量	2	正确、合适			
		使用皂膜流量计	2	正确			
		设置柱箱温度	2	正确、合适			
		设置汽化室温度	2	正确、合适			
		设置检测器温度	2	正确、合适			
		调节桥电流	2	正确、合适			
		开空压机	1	正确			
		调节空气柱前压和流量	2	正确、合适			
		开氢气	1	正确			
		调节氢气柱前压和流量	2	正确、合适			
		点火	1	正确			
三	测样	清洗微量注射器	2	正确规范			
		开电脑,开色谱工作站	1	正确			
		设置测量参数	2	正确			
		设置分析方法	2	正确			
		润洗微量注射器	2	正确规范			
		吸取样品	2	正确规范			
		进样	2	正确规范			
		采集谱图	2	正确			
		处理谱图	2	正确			
四	关机	关氢气	1	正确			
		关空压机	1	正确			
		关桥电流	1	正确			
		设置各温度在室温左右	1	正确			
		关主机	2	正确			
		关载气	1	正确			
		关色谱工作站,关电脑	1	正确			

（续表）

序号	作业项目	考核内容	配分	操作要求	考核记录	扣分	得分
五	数据处理和实训报告	气相色谱图	5	正确			
		结果精密度	15	合格			
		结果准确度	15	合格			
		报告	10	正确、完整、规范、及时			
六	文明操作结束工作	物品摆放，仪器结束工作	5	仪器拔电源，盖防尘罩；台面无水迹或少水迹、废纸废液不乱扔乱倒，结束工作完成良好			
七	总分						

技能训练测试题

一、简答题

1. 试说明气相色谱仪的基本构造及工作流程。

2. 简述气路检漏的两种常用的方法。

3. 试说明 TCD 检测器的工作原理。

二、选择题

1. 装在高压气瓶的出口，用来将高压气体调节到较小的压力是（　　）。

A. 减压阀　　　　　B. 稳压阀　　　　　C. 针形阀　　　　　D. 稳流阀

2. 既可用来调节载气流量，也可用来控制燃气和空气的流量的是（　　）。

A. 减压阀　　　　　B. 稳压阀　　　　　C. 针形阀　　　　　D. 稳流阀

3. 在毛细管色谱中，应用范围最广的柱是（　　）。

A. 玻璃柱　　　　　B. 石英玻璃柱　　　　　C. 不锈柱　　　　　D. 聚四氟乙烯管柱

4. 评价气相色谱检测器的性能好坏的指标有（　　）。

A. 基线噪声与漂移　　　　　　　　B. 灵敏度与检测限

C. 检测器的线性范围　　　　　　　D. 检测器体积的大小

5. 下列气相色谱检测器中，属于浓度敏感型检测器的有（　　）。

A. TCD　　　　　B. FID　　　　　C. ECD　　　　　D. FPD

6. 影响热导检测器灵敏度的最主要因素是（　　）。

A. 载气的性质　　　　B. 热敏元件的电阻值　　　C. 热导池的结构

D. 热导池池体的温度　　E. 桥电流

7. 使用热导检测器时，为使检测器有较高的灵敏度，应选用的载气是（　　）。

A. N_2　　　　　B. H_2　　　　　C. Ar　　　　　D. N_2 与 H_2 混合气

8. 所谓检测器的线性范围是指（　　）。

A. 检测曲线呈直线部分的范围

B. 检测器响应呈线性时，最大和最小进样量之比

C. 检测器响应呈线性时，最大和最小进样量之差

D. 最大允许进样量与最小检测量之比

任务3　PVC产品残留氯乙烯单体含量的测定

【任务分析】

见项目三(PVC产品残留氯乙烯单体含量的测定)的项目分析。

本标准方法是用液上气相色谱法测定聚氯乙烯(PVC)树脂中残留氯乙烯单体(RVCM)含量的方法。适用于氯乙烯(VC)均聚物、共聚物树脂及其制品中残留氯乙烯单体的测定。本方法最低检出量0.5 mg·kg^{-1}。

☺学习目标

1.知识目标

(1)熟练掌握定性依据和定性方法(纯物质对照、文献值对照和联机定性等)。

(2)熟练掌握定量分析方法(归一化法、内标法、标准加入法)。

2.能力目标

(1)能根据国家标准分析PVC产品残留氯乙烯单体的含量并判断是否合格。

(2)能根据相关标准方法,利用气相色谱仪,利用不同的定性定量方法分析化工产品。

3.素质目标

(1)具有独立工作能力。

(2)具有团结协作能力。

(3)具有灵活运用所学知识解决实际问题的能力。

(4)具有安全操作意识和意外事故处理能力。

子任务1　认识常用的气相色谱定性定量方法

一、定性方法

用气相色谱法进行定性分析,就是确定每个色谱峰各代表何种物质。在色谱条件一定时,每种物质都有确定的保留值或确定的色谱数据,并且不受其他组分的影响。因此,在相同色谱条件下,通过比较已知物和未知物的保留值,就可确定未知物是何种物质。但在同一色谱条件下,不同物质也可能具有相似或相同的保留值,即保留值并非是专属的。因此对于一个完全未知的混合样品单靠色谱法定性比较困难,还需与质谱或其他光谱法联用,才能准确地判断某些组分是否存在。

1.用已知物对照进行定性

当有待测组分的纯样品时,用对照法进行定性极为简单。

(1)单柱比较法

将未知物和已知纯样用同一根色谱柱,在相同的色谱操作条件下进行分析,绘制出色谱图,然后比较其保留时间或保留体积,或比较换算为以某一物质为基准的相对保留值。当两者的保留值相同时,即可认为试样中有纯样组分存在。

两个相同的物质在相同的色谱条件下应该具有相同的保留值,但相反的结论却不成立,即在相同的色谱条件下,具有相同保留值的两个物质却不一定是同一物质。

如图3-28中将未知试样与已知标准物质在同样的色谱条件下得到的色谱图进行比

较。可以推测未知样品中峰 2 可能是甲醇,峰 3 可能是乙醇,峰 4 可能是正丙醇,峰 7 可能是正丁醇,峰 9 可能是正戊醇。但这个结论并不准确可靠。

图 3-28 用已知标准物质与未知样品对照比较进行定性分析
1~9—未知样品的色谱峰;a—四醇峰;b—乙醇峰
c—正丙醇峰;d—正丁醇峰;e—正戊醇峰

（2）双柱比较法

若要得到更为准确可靠的结论,可采用双柱比较法。双柱比较法是在两个极性完全不同的色谱柱上,按照单柱定性的方法,测定纯样和待测组分在每一根柱上的保留值。如果都相同,则可比较准确地判断试样中有与此纯样相同的物质存在。双柱法比单柱法更可靠,因为有些不同的化合物会在某一固定液上表现出相同的色谱性质。

（3）峰高加入法

峰高加入法是将已知纯样加入待测组分后再进行一次分析,然后与原来待测组分的色谱图进行比较,若前者的色谱峰增高,则可认为加入的已知纯物与试样中的某一组分为同一化合物。应该指出,当进样量很低时,如果峰不重合,峰中出现转折,或者半峰宽变宽,则一般可以肯定试样中不含有与所加已知纯物相同的化合物。

2. 用经验规律和文献值进行定性

当没有待测组分的纯样时,一般可以用文献值进行定性或者用气相色谱中的经验规律定性。

（1）经验规律

①碳数规律

在一定温度下,同系物的调整保留时间的对数与分子中的碳数呈线性关系:

$$\lg t_R' = A_1 n + C_1$$

式中,A_1 和 C_1 是常数,$n(n \geqslant 3)$ 为分子中的碳原子数。该式说明,如果知道两种或更多同系物的调整保留时间,则可求出常数 A_1 和 C_1。从色谱图查出未知物的 t_R' 后,根据该式即可求出未知物的碳数。

②沸点规律

同族具有相同碳数链的异构体化合物,其调整保留时间的对数和它们的沸点呈线性关系:

$$\lg t_R' = A_2 T_b + C_2$$

式中,A_2 和 C_2 是常数,T_b 为组分的沸点(K)。由此可见,根据同族同数碳链异构体中几个已知组分的调整保留时间的对数值,就能求得同族中具有相同碳数的其他异构体的调整保留时间。

(2)相对保留值

在相同色谱条件下,组分与参比组分的调整保留值之比即为相对保留值。

$$r_{21} = \frac{t_{R2}'}{t_{R1}'} = \frac{V_{R2}'}{V_{R1}'}$$

相对保留值只受柱温和固定相性质的影响,而柱长、固定相的填充情况和载气流速均不影响相对保留值的大小,所以在柱温和固定相一定时,相对保留值为一定值,可以用它来定性。

(3)保留指数

保留指数又称科瓦茨指数,用 I 表示。它规定:正构烷烃的保留指数为其碳数乘 100。如正己烷和正辛烷的保留指数分别是 600 和 800。至于其他物质的保留指数,则可以正构烷烃为参比物进行测定。测定时,将碳数为 n 和 $n+1$ 的正构烷烃加于试样 X 中进行分析。若测得它们的调整保留时间分别为 $t_{R(n)}'$、$t_{R(n+1)}'$、$t_{R(x)}'$,且 $t_{R(n)}' < t_{R(x)}' < t_{R(n+1)}'$ 时,则组分 X 的保留指数为:

$$I_x = 100 \times \left[n + \frac{\lg t_{R(x)}' - \lg t_{R(n)}'}{\lg t_{R(n+1)}' - \lg t_{R(n)}'} \right]$$

同系物组分的保留指数之差一般应为 100 的整数倍。一般来说,除正构烷烃外,其他物质保留指数的 1/100 并不等于该化合物的含碳数。

3.联机定性

色谱法具有很高的分离效能,但它不能对已分离的每一组分进行直接定性。利用上述方法定性,若无对应标准物质就无法进行,而且很多物质保留值十分接近,甚至相同,因此定性结果的准确性是很难保证的。

通常称为"四大谱"的质谱法、红外光谱法、紫外光谱法和核磁共振波谱法对于单一组分(纯物质)有机化合物具有很强的定性能力。将色谱分析与这些仪器联用,能很好地解决组成复杂的混合物的定性分析问题。

二、定量方法

气相色谱法定量分析的依据是当操作条件一定时,所测组分的质量(或浓度)与它在检测器中产生的响应信号(峰高或峰面积)成正比,即

$$m_i = f_i A_i \qquad 或 \qquad c_i = f_{i(h)} h_i$$

其中 m_i 为组分的质量，c_i 为组分的浓度，f_i 或 $f_{i(h)}$ 为组分的校正因子，A_i 为组分 i 的峰面积，h_i 为组分 i 的峰高。

由上述两公式可知，要对组分定量，首先要准确测定峰面积 A_i 或峰高 h_i，并准确求出定量校正因子 f_i、$f_{i(h)}$。

一般来说，对浓度型检测器（如 TCD），常用峰高定量；对质量型检测器（如 FID），常用峰面积定量。

1. 响应信号的测量

色谱峰的峰高是指其峰顶与基线之间的距离，测量比较简单，特别是较窄的色谱峰。

测量峰面积的方法分为手工测量和自动测量两大类。目前气相色谱仪一般都装有数据处理机或配备了化学工作站系统，其峰面积由数据处理机或化学工作站自动计算。峰面积的大小不易受操作条件如柱温、流动相的流速、进样速度等的影响，比峰高更适于作为定量分析的参数。

2. 校正因子

相同量的不同物质在同一检测器上产生的响应信号（峰高、峰面积）是不同的，而相同量的同一物质在不同检测器上产生的响应信号也不同，这是由物质的物理化学性质的差异或检测器性能差异的影响造成的。因此，混合物中某物质的含量并不等于该物质的峰面积占总峰面积的百分率。为了解决这一问题，一般选用某一物质作为标准，用校正因子把其他物质的峰面积校正成相当于这个标准物质的峰面积，然后用这种经过校正后的峰面积来计算物质的含量。

校正因子分为绝对校正因子和相对校正因子。

（1）绝对校正因子

绝对校正因子表示单位峰面积或单位峰高所代表的物质的量。

$$f_i = \frac{m_i}{A_i} \qquad \text{或} \qquad f_{i(h)} = \frac{m_i}{h_i}$$

m_i 的单位用质量、物质的量或体积表示时，相应的校正因子分别称为质量校正因子（f_m）、摩尔校正因子（f_M）和体积校正因子（f_V）。

要准确测量出进入检测器的组分的量 m_i 和峰面积（或峰高 h），并要求严格控制色谱操作条件来精确求出绝对校正因子是比较困难的，故其应用受到限制。在实际定量分析中，常采用相对校正因子。

（2）相对校正因子

相对校正因子是指组分 i 与另一标准物 S 的绝对校正因子之比，用 f_i' 或 $f_{i(h)}'$ 表示。

$$f_i' = \frac{f_i}{f_S} = \frac{m_i \cdot A_S}{m_S \cdot A_i} \qquad \text{或} \qquad f_{i(h)}' = \frac{f_i}{f_S} = \frac{m_i \cdot h_S}{m_S \cdot h_i}$$

上述校正因子组分的量均是以质量表示的，因此称为相对质量校正因子，一般用 f_m' 或 $f_{m(h)}'$ 表示。也可用同样的方法求出相对摩尔校正因子或相对体积校正因子，但应用最广泛的还是相对质量校正因子。

常用的基准物质对不同检测器是不同的，热导检测器常用苯作基准物，氢火焰离子化检测器常用正庚烷作基准物质。

由于绝对校正因子很少采用,因此,一般文献上提到的校正因子,就是相对校正因子,相对校正因子只与检测器类型有关,而与色谱操作条件、柱温、载气流速和固定液的性质等无关。表 3-3 列出了一些化合物的相对校正因子。

表 3-3 一些化合物的相对校正因子

化合物	沸点/℃	相对分子质量	热导池检测器		氢火焰离子化检测器
			f_M	f_m	f_m
甲烷	−160	16	2.80	0.45	1.03
乙烷	−89	30	1.96	0.59	1.03
丙烷	−42	44	1.55	0.68	1.02
丁烷	−0.5	58	1.18	0.68	0.91
乙烯	−104	28	2.08	0.59	0.98
丙烯	−48	42	1.55	0.63	
乙炔	−83.6	26			0.94
苯	80	78	1.00	0.78	0.89
甲苯	110	92	0.86	0.79	0.94
环己烷	81	84	0.88	0.74	0.99
甲醇	65	32	1.82	0.58	4.35
乙醇	78	46	1.39	0.64	2.18
丙酮	56	58	1.16	0.68	2.04
乙醛	21	44	1.54	0.68	
乙醚	35	74	0.91	0.67	
甲酸	100.7	46			1.00
乙酸	118.2	60			4.17
乙酸乙酯	77	88	0.9	0.79	2.64
氯仿		119	0.93	1.10	
吡啶	115	79	1.0	0.79	
氨	33	17	2.38	0.42	
氮		28	2.38	0.67	
氧		32	2.5	0.80	
CO_2		44	2.08	0.92	
CCl_4		154	0.93	1.43	
水	100	18	3.03	0.55	

如果某些物质的校正因子查不到,需要自己测定,其方法是:准确称取色谱纯(或已知准确含量)的被测组分和基准物质,配制成已知准确浓度的样品,在一定的色谱实验条件下,取一定体积的样品进样,准确测量所测组分和基准物质的色谱峰的峰面积,根据计算公式就可以计算出该组分的相对校正因子。

(3)相对响应值 S_i'

相对响应值是物质 i 与标准物质 S 的响应值(灵敏度)之比,单位相同时,与校正因子互为倒数,即:

$$S_i' = 1/f_i'。$$

f_i' 和 S_i' 只与试样、标准物质以及检测器类型有关,而与操作条件和柱温、载气流速、固定液性质等无关,是一个能通用的参数。

3.定量具体方法

用于气相色谱分析法中的定量方法主要有归一化法、标准加入法与内标法。

(1)归一化法

①定义

归一化法就是以样品中被测组分经校正过的峰面积(或峰高)占样品中各组分经校正过的峰面积(或峰高)的总和的比例来表示样品中各组分含量的定量方法。

②条件

只有当试样中所有组分经过色谱分离后均能产生可以测量的色谱峰时才能用归一化法定量。

③计算公式

设试样中有 n 个组分,各组分的质量分别为 $m_1, m_2, \cdots, m_n$,在一定条件下测得各组分峰面积分别为 $A_1, A_2, \cdots, A_n$,各组分峰高分别为 $h_1, h_2, \cdots, h_n$,则组分 i 的质量分数 w_i 为:

$$w_i = \frac{m_i}{m} = \frac{m_i}{m_1 + m_2 + \cdots + m_n} \times 100\%$$

$$= \frac{f_i' \cdot A_i}{f_1' \cdot A_1 + f_2' \cdot A_2 + \cdots + f_n' \cdot A_n} \times 100\% = \frac{f_i' \cdot A_i}{\sum f_i' \cdot A_i} \times 100\%$$

或 $w_i = \dfrac{m_i}{m} = \dfrac{m_i}{m_1 + m_2 + \cdots + m_n} \times 100\%$

$$= \frac{f_{(i)h}' \cdot h_i}{f_{1(h)}' \cdot h_1 + f_{2(h)}' \cdot h_2 + \cdots + f_{n(h)}' \cdot h_n} \times 100\% = \frac{f_{i(h)}' \cdot h_i}{\sum f_{i(h)}' \cdot h_i} \times 100\%$$

④特点

归一化法的优点是简便、精确,进样量的多少与测定结果无关,操作条件(如流速,柱温)的变化对定量结果的影响较小。缺点是校正因子的测定较为麻烦。

若试样中各组分的相对校正因子很接近(如同分异构体或同系物),则可直接用峰面积归一化法进行定量,即上述公式可简化为 $w_i = A_i / \sum A_i$。此外,采用色谱数据处理机或色谱工作站处理数据时,往往采用峰面积直接归一化进行定量;对工厂出厂的产品,其主成分含量大于 99% 的,也直接使用简化的归一化法计算公式进行计算。该法不适于痕量分析。

(2)标准加入法

①定义

标准加入法是一种将待测组分的纯物质加入到待测样品中,然后在相同的色谱条件下,分别测定加入待测组分纯物质前后待测组分的峰面积(或峰高),从而计算待测组分在样品中的含量的方法。

②计算公式

$$w_i = \frac{m_S}{m \times (\frac{A_{i+S}}{A_i} - 1)} \times 100\% \qquad \text{或} \qquad w_i = \frac{m_S}{m \times (\frac{h_{i+S}}{h_i} - 1)} \times 100\%$$

式中　m——试样的质量,g;

　　　m_S——标准物质的质量,g;

　　　A_{i+S}和h_{i+S}——加入标准物质后待测组分的峰面积或峰高;

　　　A_i和h_i——试样中待测组分的峰面积或峰高。

③特点

优点是用待测组分的纯物质作标准物质,操作简单。若在样品的预处理之前就加入已知准确量的待测组分,则可以完全补偿待测组分在预处理过程中的损失。

缺点是进样量要求十分准确,加入待测组分前后色谱操作条件要求完全相同。

(3)内标法

①定义

内标法就是将一定量选定的标准物(称内标物 S)加入一定量试样中,混合均匀后,在一定操作条件下注入色谱仪进行分析,出峰后分别测量组分 i 和内标物 S 的峰面积(或峰高),按一定的计算公式计算组分 i 的含量。

②条件

若试样中所有组分不能全部出峰,或只要求测定试样中某个或某几个组分的含量时,可以采用内标法进行定量。

③计算公式

a.通用公式

$$w_i = \frac{m_i}{m_{试样}} \times 100\% = \frac{m_s \cdot \frac{f'_i \cdot A_i}{f'_S \cdot A_S}}{m_{试样}} \times 100\% = \frac{m_S}{m_{试样}} \cdot \frac{A_i}{A_S} \cdot \frac{f'_i}{f'_S} \times 100\%$$

式中　f'_i、f'_S——组分 i 和内标物 S 的相对质量校正因子;

　　　A_i、A_S——组分 i 和内标物 S 的峰面积。也可以用峰高代替峰面积,即:

$$w_i = \frac{m_S \cdot f'_{i(h)} \cdot h_i}{m_{试样} \cdot f'_{S(h)} \cdot h_S} \times 100\%$$

式中　$f'_{i(h)}$、$f'_{S(h)}$——组分 i 和内标物 S 的峰高校正因子。

b.简化公式

内标法中,常以内标物为基准,即 $f'_S = 1.0$ 则上式可改写为:

$$w_i = f'_i \frac{m_S \cdot A_i}{m_{试样} \cdot A_S} \times 100\% \qquad \text{或} \qquad w_i = f'_{i(h)} \frac{m_S \cdot h_i}{m_{试样} \cdot h_S} \times 100\%$$

④内标物的选择

内标物的选择是非常重要的,它直接影响结果的准确性。一般来说,内标物必须符合以下原则:

a.内标物是样品中不存在的纯物质。

b.内标物很容易获取。

c.内标物的化学性质与样品中被测组分相似并能与样品互溶,但不与样品发生化学反应。

d.内标峰位于被测组分峰附近并与组分峰完全分离。

e.内标物浓度应恰当,其峰面积与待测组分相差不大。

⑤特点

内标法的优点是:定量准确度高,不需准确进样,可避免定量进样带来的某些不确定因素。

内标法的缺点是:必须在所有样品中加入内标物,选择合适的内标物比较困难,每次分析都要准确称取样品和内标物,还必须求出待测组分的相对校正因子,故不利于快速分析。

子任务 2　定量分析练习——丁醇异构体混合物归一化法定量

一、仪器与试剂

1.仪器

气相色谱仪、色谱工作站、色谱柱(邻苯二甲酸二壬酯固定液制备的 DNP 柱)、氢气钢瓶、试剂瓶、1 μL 微量注射器。

2.试剂

异丁醇、仲丁醇、叔丁醇、正丁醇(A.R.)。

标准醇样:各取少量异丁醇、仲丁醇、叔丁醇、正丁醇(A.R.),用蒸馏水稀释至适当浓度。

混合醇样:称取 0.5 g 正丁醇、0.6 g 仲丁醇、0.5 g 异丁醇、0.5 g 叔丁醇(精确至0.001 g)于小样品瓶中,混合均匀,备用。

二、操作步骤

1.气相色谱仪的开机及参数设置

(1)逆时针打开载气(H_2)钢瓶总阀,顺时针调节减压阀。调节载气流量约为20~30 mL·min⁻¹。

(2)打开气相色谱仪的电源开关。

(3)设置柱箱温度75 ℃、汽化室温度160 ℃、热导检测器温度80 ℃、桥电流150 mA、衰减比 1∶1。

(4)打开电脑,打开色谱工作站。

2.混合醇样的分析

(1)待仪器电路和气路系统达到平衡,基线稳定后,用清洗并润洗过的微量注射器,各吸取四种标准醇样 1 μL 进样,绘制色谱图,完毕后停止数据采集,记录其保留时间。

(2)用清洗并润洗过的微量注射器,吸取混合试样 0.6 μL 进样,绘制色谱图,完毕后停止数据采集,记录保留时间和峰面积等数据。确定混合醇样中各个峰所代表的物质。

三、结束工作

1.实验结束后,关闭桥电流。

2. 设置汽化室温度、柱温、检测室温度在室温左右。

3. 待柱温降至室温后关闭主机电源,关闭色谱工作站,关闭电脑。

4. 关闭载气。

5. 清洗仪器,清理实验台。

四、数据处理

按归一化法定量的计算公式计算各组分的质量分数,其中:

f'_m(叔丁醇)$=0.98$;f'_m(仲丁醇)$=0.97$;f'_m(异丁醇)$=0.98$;f'_m(正丁醇)$=1.00$。

子任务3　气相色谱法测 PVC 产品残留氯乙烯单体的含量

一、原理

将试样在密封的玻璃瓶中溶解或悬浮在适宜溶剂中,经一定时间加热调节使氯乙烯在气液两相之间达到平衡,气体自顶空取出,注入气相色谱仪中,组分在柱中得到分离并经氢火焰离子化检测器(FID)检出。

二、仪器和试剂

1. 试剂与材料

氯乙烯(VCM),纯度>99.5%;氯乙烯标准气;N,N-二甲基乙酰胺(DMAC),在测试条件下不含与氯乙烯的色谱保留时间相同的任何杂质;氮气(满足气相色谱分析要求,使用前需经过净化处理);氢气(满足气相色谱分析要求,使用前需经过净化处理);空气(应无腐蚀性杂质,使用前需经过净化处理)。

2. 仪器

①气相色谱仪;

②氢火焰离子化检测器(FID);

③色谱柱(要求试样中杂质与氯乙烯完全分开)适宜条件如下:

编号	柱长/m	直径/mm	载体	固定液组成 (质量比)	固定液/载体 (质量比)	柱温℃
1	2～3	3～4	6201 釉化载体粒径(150～180)μm	氧二丙腈: 硅油Ⅲ=2:1	1:10	50
2	3～4	3～4	407 有机载体粒径 (150～180)μm			100

各部分温度满足:色谱柱(50±0.5)℃;检测室(120±1)℃;汽化室(110±1)℃。

气体流量分别为:氮气 30 mL·min^{-1};氢气 50 mL·min^{-1};空气 350～400 mL·min^{-1}。

④恒温器:(70±1)℃;

⑤气密注射器:1 mL、5 mL 或其他适宜体积;

⑥微量注射器:10 μL、100 μL、200 μL 或其他适宜体积;

⑦玻璃样品瓶及密封盖(25±0.5)mL,使用温度为 70 ℃,耐压 0.05 MPa。带密封垫和金属螺旋密封帽,密封垫中不能产生对氯乙烯的干扰峰;

⑧天平:精确至 0.0001 g;

⑨天平:精确至 0.01 g;

⑩磁力搅拌器。

三、实验步骤

1. 氯乙烯标准气和标准样的配制

（1）标准气的配制

在样品瓶中放几颗玻璃珠,盖紧密封盖后称量,精确至 0.0001 g。用气密注射器取 5 mL 氯乙烯气体(取气时注射器先用氯乙烯气体洗两次)注入样品瓶中称量,精确至 0.0001 g,摇匀后静置 10 min,立即使用。

该标准气的浓度 c_1 可按下式计算:

$$c_1 = \frac{W_2 - W_1}{V_1 + V_2} \times 10^6$$

式中　W_1——放进玻璃珠的样品瓶的质量,g;

　　　W_2——放进玻璃珠的样品瓶注入 5 mL 氯乙烯气体后的质量,g;

　　　V_1——样品瓶的体积,mL;

　　　V_2——加入氯乙烯气体的体积,mL。

（2）标准样的配制

在两个系列各三个样品瓶中,用气密注射器分别精确注入 3 mL DMAC,再用微量注射器分别精确注入适宜体积(如 5 μL、10 μL、30 μL)标准气摇匀待用。每个标准瓶中氯乙烯的质量 W_{VCM} 按下式计算:

$$W_{VCM} = c_1 \cdot V \cdot 10^{-3}$$

式中　c_1——标准气的浓度,μg/mL;

　　　V——加入的标准气体积,μL。

2. 试样溶液的制备

（1）迅速称取 0.3~0.5 g 试样,精确至 0.1 mg。置于样品瓶中,再放入一根 $\phi 2\,mm \times 20\,mm$ 镀锌的铁丝,立即密封。

（2）将上述样品瓶放在磁力搅拌器上,在缓慢搅拌下,用气密注射器精确注入 3 mL DMAC,使试样溶解。

3. 试样的平衡

将标准样瓶和试样瓶一起置于恒温器中,于(70±1)℃恒温 30 min 以上,使氯乙烯在气液两相中达到平衡。

4. 测定

注射器应预先恒温到与试样溶液相同的温度。依次从平衡后的标准样和试样瓶中,用气密注射器迅速取出 1 mL 液上气体,注入色谱仪,记录氯乙烯峰面积。

当试样中 RVCM 含量过高或过低时,可根据实际情况适当降低或增加上部气体样品取样体积,但要确保有一个含量相近的标准样,且标准样与试样要取相同量的气体,在仪器同一灵敏度下分析。

四、结果表示和计算

试样中残留氯乙烯单体含量 c_{RVCM},按下式计算:

$$c_{RVCM} = \frac{A_1 \times W_{VCM}}{A_2 \times W}$$

式中　A_1——试样中氯乙烯的峰面积，mm^2；

　　　A_2——与试样峰面积相近的标准样的峰面积，mm^2；

　　　W_{VCM}——与试样峰面积相近的标准样中 VCM 质量，μg；

　　　W——试样的质量，g。

任务考核

【考核评分表】

序号	作业项目	考核内容	配分	操作要求	考核记录	扣分	得分
一	标样和测试样的配制	分析天平、移液管等的使用	2	正确规范			
二	开机和参数设置	气路系统的检漏	2	正确			
		开载气	1	正确			
		开主机	1	正确			
		调节载气柱前压和流量	2	正确、合适			
		使用皂膜流量计	2	正确			
		设置柱箱温度	2	正确、合适			
		设置汽化室温度	2	正确、合适			
		设置检测器温度	2	正确、合适			
		调节桥电流	2	正确、合适			
		开空压机	1	正确			
		调节空气柱前压和流量	2	正确、合适			
		开氢气	1	正确			
		调节氢气柱前压和流量	2	正确、合适			
		点火	1	正确			
三	测样	清洗微量注射器	2	正确规范			
		打开电脑，打开色谱工作站	1	正确			
		设置测量参数	2	正确			
		设置分析方法	2	正确			
		润洗微量注射器	2	正确规范			
		吸取样品	2	正确规范			
		进样	2	正确规范			
		采集谱图	2	正确			
		处理谱图	2	正确			

（续表）

序号	作业项目	考核内容	配分	操作要求	考核记录	扣分	得分
四	关机	关氢气	1	正确			
		关空压机	1	正确			
		关桥电流	1	正确			
		设置各温度在室温附近	1	正确			
		关主机	2	正确			
		关载气	1	正确			
		关色谱工作站,关电脑	1	正确			
五	数据处理和实训报告	气相色谱图	5	正确			
		结果精密度	15	合格			
		结果准确度	15	合格			
		报告	10	正确、完整、规范、及时			
六	文明操作结束工作	物品摆放,仪器结束工作	5	仪器拔电源,盖防尘罩;台面无水迹或少水迹、废纸废液不乱扔乱倒、结束工作完成良好			
七	总分						

技能训练测试题

一、选择题

1. 气相色谱的定性参数有（   ）。

A. 保留值　　　　B. 相对保留值　　　　C. 保留指数　　　　D. 峰高或峰面积

2. 气相色谱的定量参数有（   ）。

A. 保留值　　　　B. 相对保留值　　　　C. 保留指数　　　　D. 峰高或峰面积

3. 如果样品比较复杂,相邻两峰间距离太近或操作条件不易控制稳定,要准确测量保留值有一定困难时,可采用（   ）。

A. 相对保留值进行定性　　　　　　B. 加入已知物以增加峰高的办法进行定性

C. 文献保留值数据进行定性　　　　D. 利用选择性检测器进行定性。

4. 在法庭上,涉及审定一个非法的药品,起诉表明该非法药品经气相色谱分析测得的保留时间,在相同条件下,刚好与已知非法药品的保留时间相一致。辩护证明:有几个无毒的化合物与该非法药品具有相同的保留值。你认为用下列哪个检定方法为好?（   ）

A. 利用相对保留值进行定性

B. 用加入已知物以增加峰高的办法进行定性

C. 利用文献保留指数进行定性

D. 用保留值的双柱法进行定性

5.用色谱法定量分析时要求混合物中每个组分都需要出峰的方法是( )。

A.外标法　　　　　B.内标法　　　　　C.归一化法　　　　　D.标准加入法

二、简答题

1.选择内标物的条件是什么?

2.总结PVC中残留氯乙烯单体含量的测定中气相色谱分析的条件。

三、计算题

1.试样混合液中仅含有甲醇、乙醇和正丁醇,测得峰高分别为8.90 cm、6.20 cm和7.40 cm,已知$f_{i(h)}$分别为0.60、1.00和1.37,求各组分的质量分数。

2.苯甲酸工业粗产品纯度的测定:称取工业品苯甲酸150 mg,溶于甲醇,加入内标物正庚烷50 mg,进样后测得苯甲酸的峰面积为176 mm^2,正庚烷峰面积53 mm^2,用正庚烷作标准测定苯甲酸的相对校正因子$f_{S(A)}$为0.85,试计算苯甲酸的含量为多少。

任务4　色谱分离条件的选择

【任务分析】

从事气相色谱分析的质检人员会发现,尽管可以依据各种标准方法进行样品分析,但由于样品的情况复杂多样,仪器情况也不尽相同,按照标准方法提供的色谱分析条件分离样品,并不总能得到满意的分析结果。因此质检人员应熟悉气相色谱操作条件的选择,能针对具体样品选择最佳操作条件,以获得最佳的分离效果。

学习目标

1.知识目标

熟悉气相色谱操作条件的选择(固体吸附剂、固定液的要求、分类及选择;柱温的选择;汽化室、检测器温度的选择;进样量的选择;进样技术的掌握等)。

2.能力目标

(1)能熟练操作气相色谱仪。

(2)会针对具体样品进行气相色谱操作条件的选择。

3.素质目标

(1)具有运用所学知识解决实际问题的能力。

(2)具有创新精神。

子任务1　熟悉色谱分离条件的选择原则

在固定相确定后,对于一项分析任务,主要以在较短时间内实现试样中难分离的相邻两组分的定量分离为目标来选择分离操作条件。两个组分怎样才算达到完全分离? 前面已提到,首先是两组分的色谱峰之间的距离必须相差足够大,若两峰间仅有一定距离,而每一个峰却很宽,致使彼此重叠,则两组分仍无法完全分离;第二是峰必须窄。只有同时满足这两个条件时,两组分才能完全分离。影响相邻两峰是否完全分离的因素很多,比如:载气种类、流速、色谱柱选择、柱温、汽化温度、柱长、柱内径、进样时间和进样量等分离条件的选择。

一、载气及流速选择

1. 载气种类的选择

(1)考虑检测器:若使用热导检测器,选用 H_2 或 He 作载气能提高灵敏度;若使用氢火焰离子化检测器,最好选用 N_2 作载气。

(2)考虑有利于提高柱效能和分析速度:根据范第姆特方程式,当 u 较小时,纵向扩散为影响色谱柱塔板高度的主要因素,为了降低纵向扩散可选择分子量较大的载气(N_2、Ar);u 较大时,选择分子量较小的载气(H_2、He),有利于降低气相传质阻力,尤其在低固定液配比时,气相传质阻力对板高的影响较大。

2. 载气流速的选择

由速率理论方程可知:涡流扩散项与载气流速无关,分子扩散项与载气流速成反比,传质阻力项与载气流速成正比。必然有一最佳流速使板高 H 最小,柱效能最高。最佳流速一般通过实验选择,其方法是:选择好色谱柱和柱温后,固定其他实验条件,依次改变载气流速,将一定量待测组分纯物质注入色谱仪。出峰后,分别测出在不同载气流速下,该组分的保留时间和峰底宽。

利用公式计算出不同流速下的有效理论塔板数 n_{eff} 值:

$$n_{eff} = \frac{L}{H_{eff}} = 5.54 \left(\frac{t_R'}{W_{\frac{1}{2}}}\right)^2 = 16 \left(\frac{t_R'}{W_b}\right)^2$$

然后,由 $H = L/n$ 求出相应的有效塔板高度。以载气 u 为横坐标,板高 H 为纵坐标,绘制出 H-u 曲线。

图 3-29 中曲线最低点处对应的塔板高度最小,因此对应载气的最佳流速 $u_{最佳}$,在最佳流速下操作可获得最高柱效。使用最佳流速虽然柱效高,但分析速度慢,因此实际工作中,在加快分析速度,同时又不明显增加塔板高度的情况下,一般采用比 $u_{最佳}$ 稍大的流速(比最佳流速高 10% 左右)进行测定。对于填充柱,用 N_2 作载气时,流速可选 20～60 mL·min^{-1};用 H_2 作载气时,流速可选 40～90 mL·min^{-1};对于毛细管柱,通常选用的流速为 1～2 mL·min^{-1}。

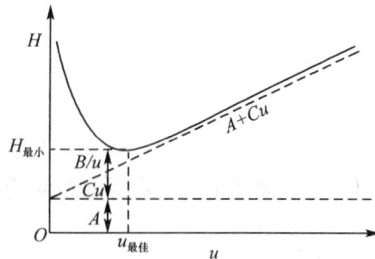

图 3-29 H-u 关系曲线

二、固定相的选择

气相色谱根据使用的固定相状态不同可分为气固色谱和气液色谱。气固色谱固定相为吸附剂;气液色谱是用高沸点的有机化合物(固定液)涂渍在惰性的固体支持物(载体)上作为固定相。某一混合物中各组分能否完全分开,主要取决于色谱柱的效能和选择性,后者在很大程度上取决于固定相的选择是否合适,因此,固定相的性质对分离起着关键的作用。气液色谱与气固色谱的区别见表 3-4。

表 3-4　　　　　　　　　　　　气液色谱与气固色谱的区别

气液色谱	气固色谱
分配系数小,保留时间短	吸附系数大,保留时间长
分配等温线的直线部分范围大,色谱峰对称	吸附等温线的直线部分范围很小,色谱峰常常不对称
重现性好,固定液批与批之间差异小,保留值重现性好	吸附剂批与批之间差异大,保留值及分离性能不稳定
固定液一般无催化性	高温下一般吸附剂有催化性
可用于高沸点化合物的分离	一般情况下不适合于高沸点化合物的分离,适应于永久气体和低沸点化合物的分离
品种多,选择余地大	品种少,选择余地不大
高温下易流失	在较高的柱温下不易流失

1. 固体固定相(吸附剂)

(1)种类:主要有强极性硅胶、中等极性氧化铝、非极性活性炭及特殊作用的分子筛。

(2)使用范围:主要用于惰性气体和 H_2、O_2、N_2、CO、CO_2、CH_4 等一般气体及低沸点有机化合物的分析。

(3)优点:比表面大,吸附容量大,热稳定性好,无流失现象,且制柱方便,价格便宜。

(4)缺点:吸附线性范围小,进样量稍大就得不到对称峰;柱效低,制备重现性差;在高温条件下的催化活性会干扰分析;对某些组分会产生永久性吸附而影响柱的分离效能;由于吸附剂的种类少,应用范围有限;吸附剂在使用前需要先进行活化处理,然后再装入柱中制成填充柱再使用。

气相色谱法常用吸附剂的性能比较见表 3-5。

表 3-5　　　　　　　　　　　气相色谱法常用吸附剂的性能比较

吸附剂	主要化学成分	最高使用温度/℃	性质	分离特征
活性炭	C	<300	非极性	永久性气体、低沸点烃类
石墨化碳黑	C	>500	非极性	主要分离气体及烃类
硅胶	$SiO_2 \cdot xH_2O$	<400	极性	永久性气体及低级烃
氧化铝	Al_2O_3	<400	弱极性	烃类及有机异构物
分子筛	$x(MO) \cdot y(Al_2O_3) \cdot z(SiO_2) \cdot n(H_2O)$	<400	极性	特别适宜分离永久气体

2. 液体固定相

液体固定相由固定液和载体两部分组成,主要起分离作用的是固定液。

(1)固定液

①对固定液的要求

a. 沸点高,挥发性小,热稳定性好,以免在较高柱温下发生固定液流失、造成色谱基线不稳、重现性差、柱寿命短等(一般根据固定液沸点确定其最高使用温度)。

b. 在操作柱温下呈液态(一般根据固定液的凝固点决定其最低使用温度),其黏度较低,以保证固定液能均匀地分布在载体上,并减小液相传质阻力。

c. 溶解度大并且具有良好的选择性,这样才能根据各组分溶解度的差异,达到相互分离。

d. 化学稳定性好,在操作柱温度下,不能与载体以及待测组分发生不可逆的化学反应。

②常用固定液的分类

固定液种类众多,其组成、性质和用途各不相同。主要根据固定液的极性和化学类型来进行分类。表3-6为常用固定液。

固定液极性是表示含有不同官能团的固定液,与分析组分中官能团及亚甲基间相互作用的能力。通常用相对极性(P)的大小来表示。这种表示方法规定:β,β-氧二丙腈的相对极性 $P=100$,角鲨烷的相对极性 $P=0$,其他固定液以此为标准通过实验测出它们的相对极性均在0~100之间。通常将相对极性值分为五级,每20个相对单位为一级,相对极性在0~+1间的为非极性固定液(亦可用"-1"表示非极性);+2、+3为中等极性固定液;+4、+5为强极性固定液。

表 3-6   常用固定液

	固定液	最高使用温度/℃	常用溶剂	相对极性	分析对象
非极性	十八烷	室温	乙醚	0	低沸点碳氢化合物
	角鲨烷	140	乙醚	0	C_8以下碳氢化合物
	阿匹松(L. M. N)	300	苯、氯仿	+1	各类高沸点有机化合物
	硅橡胶(SE30,E301)	300	丁醇+氯仿(1+1)	+1	各类高沸点有机化合物
中等极性	癸二酸二辛酯	120	甲醇、乙醚	+2	烃、醇、醛酮、酸酯各类有机物
	邻苯二甲酸二壬酯	130	甲醇、乙醚	+2	烃、醇、醛酮、酸酯各类有机物
	磷酸三苯酯	130	苯、氯仿、乙醚	+3	芳烃、酚类异构物、卤化物
	丁二酸二乙二醇酯	200	丙酮、氯仿	+4	饱和及不饱和脂肪酸酯,苯二甲酸酯异构体
极性	苯乙腈	常温	甲醇	+4	卤代烃、芳烃和$AgNO_3$一起分离烷烯烃
	二甲基甲酰胺	20	氯仿	+4	低沸点氢化合物
	有机皂土-34	200	甲苯	+4	芳烃,特别对二甲苯异构体有高选择性
	β,β'-氧二丙腈	<100	甲醇、丙酮	+5	分离低级烃、芳烃、含氧有机物
氢键型	甘油	70	甲醇、乙醇	+4	醇和芳烃,对水有强滞留作用
	季戊四醇	150	氯仿+丁醇(1+1)	+4	醇、酯、芳烃
	聚乙二醇400	100	乙醇、氯仿	+4	极性化合物:醇、酯、醛、腈、芳烃
	聚乙二醇20M	250	乙醇、氯仿	+4	极性化合物:醇、酯、醛、腈、芳烃

表3-7列出了常用的12种固定液。这12种固定液分离效果好、热稳定性高、使用温度范围宽、极性均匀递增,可作为色谱分离的优选固定液。

表 3-7 十二种最佳固定液

固定液名称	型号	相对极性	最高使用温度/℃	溶剂	分析对象
角鲨烷	SQ	0	140	乙醚、甲苯	气态烃、轻馏分液态烃
甲基硅油或甲基硅橡胶	SE-30 OV-101	+1	300 200	氯仿、甲苯	各种高沸点化合物
苯基(10%)甲基聚硅氧烷	OV-3	+1	350	丙酮、苯	各种高沸点化合物,对芳香族和极性化合物保留值增大(OV-17)+(QF-1)可分析含氯农药
苯基(25%)甲基聚硅氧烷	OV-7	+2	300	丙酮、苯	
苯基(50%)甲基聚硅氧烷	OV-17	+2	300	丙酮、苯	
苯基(60%)甲基聚硅氧烷	OV-22	+2	300	丙酮、苯	
三氟丙基(50%)甲基聚硅氧烷	QF-1 OV-210	+3	250	氯仿 二氯甲烷	含卤化合物、金属螯合物、甾类
β-氰乙基(25%)甲基聚硅氧烷	XE-60	+3	275	氯仿 二氯甲烷	苯酚、酚醚、芳胺、生物碱、甾类
聚乙二醇	PEG-20M	+4	250	丙酮、氯仿	选择性保留分离含 O、N 官能团及 O、N 杂环化合物
聚己二酸二乙二醇酯	DEGA	+4	250	丙酮、氯仿	分离 $C_1 \sim C_{24}$ 脂肪酸甲酯,甲酚异构体
聚丁二酸二乙二醇酯	DEGS	+4	220	丙酮、氯仿	分离饱和及不饱和脂肪酸酯,苯二甲酸酯异构体
1,2,3-三-(2-氰乙氧基)丙烷	TCEP	+5	175	氯仿、甲醇	选择性保留低级含 O 化合物,伯、仲胺,不饱和烃、环烷烃等

③固定液的选择

选择固定液应根据不同的分析对象和分析要求进行。一般可以按照"相似相溶"原理进行选择,即按待分离组分的极性或化学结构与固定液相似的原则来选择,其一般规律如下:

a. 分离非极性物质，一般选用非极性固定液。由于有机化合物的色散力相差不大，故试样中各组分按沸点从低到高的顺序流出色谱柱。

b. 分离极性物质，可选用极性固定液。主要由定向力的大小决定出峰顺序。极性小的组分与固定液分子间的定向力小，保留时间短；反之，极性大的组分保留时间长。所以各组分一般按极性从小到大的顺序流出色谱柱。

c. 分离非极性和极性混合物时，一般选用极性固定液。一般不易极化的非极性组分按沸点顺序先出峰，而极性组分或易被极化的非极性组分则因有额外的定向力或诱导力作用而后出峰。

d. 能形成氢键的试样，如醇、酚、胺和水的分离，一般选用氢键型固定液。此时试样中各组分按与固定液分子间形成氢键能力大小的顺序流出色谱柱，易形成氢键的组分后出峰，不易形成氢键的组分先流出。

e. 对于复杂组分，一般可选用两种或两种以上的固定液配合使用，以增加分离效果。

f. 对于性质不明的未知样品，可试用五种优选固定液。即让样品分别通过 SE-30、OV-17、QF-1、PEG-20M 和 DEGS 等五根柱子，观察其分离情况，然后再选用极性适当的固定液。

上面几点是选择固定液的大致原则。由于色谱柱中的作用比较复杂，因此合适的固定液还必须通过实验进行选择。

(2)载体(担体)

载体的作用是提供一个具有较大表面积的惰性表面，使固定液能在它的表面上形成一层薄而均匀的液膜。

①对载体的要求

a. 载体比表面积要大，孔径分布均匀。

b. 载体表面应是化学惰性的，即无吸附性、无催化性。

c. 热稳定性要好。

d. 载体机械强度好，不易破碎。

②载体的种类

a. 硅藻土型

一般分为红色硅藻土载体和白色硅藻土载体两种。这两种载体的化学组成基本相同，内部结构相似，但是它们的表面结构差别很大。

红色硅藻土载体是由硅藻土与黏合剂混合后在 900 ℃左右煅烧而成的，因其中含有少量的氧化铁而略带红色。其特点是表面孔隙密集，孔径较小，表面积大，能负荷较多的固定液，机械强度较好。分析极性组分时易产生拖尾峰；适合涂渍非极性固定液，分析非极性和弱极性组分；不宜用于高温分析。

白色硅藻土载体是由硅藻土和少量碳酸钠助熔剂混匀后在高于 900 ℃的温度下煅烧而成的，其中的氧化铁在助熔剂的作用下与硅质反应而转化成白色的硅酸钠铁盐，因此变成了白色的多孔性颗粒。其特点是孔径比较粗，表面积小，能负荷的固定液少，机械强度不如红色载体。但是和红色硅藻土载体相比，它的表面吸附作用和催化作用比较小，能用于高温分析，应用于极性组分分析时，易于获得对称峰。

b. 非硅藻土型

非硅藻土型载体包括聚合氟塑料载体、玻璃微球载体、高分子微球载体等。

③载体的预处理

载体主要是起承担固定液的作用,它表面应是化学惰性的,但实际应用中的载体总是呈现出不同程度的催化活性,特别是当固定液的液膜厚度较小,分离极性物质时,载体对组分有明显的吸附作用,其结果是造成色谱峰严重不对称,所以载体在使用前必须预处理,具体方法如下:

a. 酸洗法

用 6 mol·L^{-1}盐酸溶液浸泡载体 2 h,然后用水洗至呈中性,于 110 ℃烘箱中烘干备用。酸洗可除去载体表面的铁等金属氧化物杂质。酸洗后的载体可用于分析酸性物和酯类样品。

b. 碱洗法

将酸洗后的载体放在 100 g·L^{-1}的氢氧化钠-甲醇溶液浸泡后过滤,再用甲醇和水洗至中性,在 110 ℃烘箱中烘干备用。碱洗可以除去载体表面的 Al_2O_3 等酸性作用点。碱洗后载体可用于分析胺类碱性物质。

c. 硅烷化处理

硅烷化处理是指利用硅烷化试剂处理载体,使载体表面的硅醇和硅醚基团失去氢键力,因而纯化了表面,消除了色谱峰拖尾现象。常用的硅烷化试剂有三甲基氯硅烷,二甲基二氯硅烷和六甲基二硅胺等。硅烷化处理后的载体只适于涂渍非极性及弱极性固定液,而且只能在低于 270 ℃的柱温下使用。

d. 釉化处理

将待处理的载体在 20 g·L^{-1}的硼砂水溶液中浸泡 48 h,其间搅拌数次后,吸滤,并于 120 ℃烘干,再在 860 ℃高温下灼烧 70 min,在 950 ℃下保持 30 min,最后再用开水煮沸 20～30 min,过滤烘干,过筛备用。处理过的载体吸附性能低,强度大,可用于分析强极性物质(对于一般极性和非极性样品,可不必用此法处理)。

目前,市售载体有的已经处理过,过筛,用蒸馏水漂洗除去粉末(已硅烷化的载体应用无水乙醇漂洗)后即可使用(常选用 60～80 目或 80～100 目),涂渍前将载体放在 105 ℃烘箱中烘 4～6 h,除去吸附在载体表面的水蒸气等。

④载体的选择

选择适当载体能提高柱效,有利于混合物的分离。选择载体的大致原则是:

a. 如果液载比(液载比是指在固定相中固定液与载体的质量比,液载比的范围可以在 0.05%～30%)较小,可选用比表面较小的载体,例如:若液载比大于 5%,可选用硅藻土类担体;若液载比小于 5%,应用处理过的硅胶土类载体;当液载比低至 0.05%～3%时,可选用比表面很小的玻璃微球等载体。

b. 腐蚀性样品可选耐腐蚀的载体,如氟载体、石英微球等;对强极性和高沸点组分,应选用比表面较小的载体,如玻璃微球、石英微球等。

c. 载体程度一般选用 60～80 目或 80～100 目;高效柱可选用 100～120 目。

载体选择可参见表 3-8。

表 3-8   载体选择参考表

固定液	样品	选用硅藻土载体	备注
非极性	非极性	未经处理过的载体	
非极性	极性	酸、碱洗或经硅烷化处理过的载体	当样品为酸性时,最好用酸洗载体,为碱性时用碱洗载体
极性或非极性,固定液含量(质量分数)<5%时	极性及非极性	硅烷化载体	
弱极性	极性及非极性	酸洗载体	
弱极性,固定液含量(质量分数)<5%时	极性及非极性	硅烷化载体	
极性	极性及非极性	酸洗载体	
极性	化学稳定性低	硅烷化载体	对化学活性和极性特强的样品,可选用聚四氟乙烯等特殊载体

3. 合成固定相

（1）高分子多孔小球

高分子多孔小球(GDX)是以苯乙烯等为单体与交联剂二乙烯基苯交联共聚的小球,从化学性质上可以分为极性和非极性两种。这种聚合物在有些方面具有类似吸附剂的性能,而在另外一些方面又显示出固定液的性能。高分子多孔小球作为固定相主要具有吸附活性低、对含羟基的化合物具有相对低的亲和力、可选择的范围大等优点。高分子多孔小球本身既可以作为吸附剂在气固色谱中直接使用,也可以作为载体涂上固定液后使用。在烷烃、芳烃、卤代烷、醇、酮、醛、醚、酯、酸、胺、腈以及各种气体的气相色谱分析中已得到广泛应用。高分子多孔小球在交联共聚过程中,使用不同的单体或不同的共聚条件,可获得不同分离效能、不同极性的产品。

（2）化学键合固定相

化学键合固定相,又称化学键合多孔微球固定相。这是一种以表面孔径度可人为控制的球形多孔硅胶为基质,利用化学反应方法把固定液键合于载体表面上而制成的键合固定相。这种键合固定相大致可以分为硅氧烷型、硅脂型以及硅碳型等三种类型。同用载体涂渍固定液制成的固定相比较,化学键合固定相主要有以下优点:具有良好的热稳定性;适合于快速分析;对极性组分和非极性组分都能获得对称峰;耐溶剂。化学键合固定相在气相色谱中常用于分析 $C_1 \sim C_3$ 的烷烃、烯烃、炔烃、CO_2、卤代烃及有机含氧化合物等。

4. 色谱柱的老化

新的柱子不能马上用于测定,需要先进行老化处理。色谱柱老化的目的有两个,一是彻底除去固定相中残存的溶剂和某些易挥发性杂质;二是促使固定液更均匀、更牢固地涂布在载体表面上。

色谱柱老化的方法是:将色谱柱接入色谱仪气路中,将色谱柱的出气口(接真空泵的一端)直接通大气,不要接检测器,以免柱中逸出的挥发物污染检测器。开启载气,在稍高于操作柱温下(老化温度可选择为实际操作温度以上30℃),以较低流速连续通入载气一段时间(老化时间因载体和固定液的种类及质量而异,2~72 h不等)。然后将色谱柱出口端接至检测器上,开启记录仪,继续老化。待基线平直、稳定、无干扰峰时,说明柱的老化工作已完成,可以进样分析。

三、柱温的选择

柱温直接影响色谱柱的使用寿命、柱的分离效能和分析速度。

降低柱温可使色谱柱的选择性增大,有利于组分分离,但柱温过低,被测组分可能在柱中冷凝,或者传质阻力增加,使分析时间增加,色谱峰扩张甚至拖尾。升高柱温可缩短分析时间,有利于降低塔板高度,改善柱效,但同时分配系数减小,分离度下降,从而导致柱效下降。同时柱温不能高于色谱柱的最高使用温度,否则会造成固定液大量流失。

一般通过实验选择最佳柱温,使物质既分离完全,又不使峰形扩张、拖尾。可参见表3-9:

表 3-9 柱温的选择

样品沸点/℃	固定液配比/%	柱温/℃	载体种类
气体、气态烃、低沸点化合物	15~25	室温或<50	红色
100~200 的混合物	10~15	100~150	红色
200~300 的混合物	5~10	150~200	白色
300~400 的混合物	<3	200~250	白色、玻璃

柱温选择具体原则如下:

1.柱温应控制在固定液的最高使用温度和最低使用温度范围之内。

2.使最难分离的组分有尽可能好的分离前提下,采取适当低的柱温,但以保留时间适宜、峰形不拖尾为度。

3.柱温一般选择在组分平均沸点左右或稍低。

4.对于组分复杂、沸程宽的试样,采用程序升温。程序升温不仅可以改善分离,而且可以缩短分析时间。如图3-30为正构烷烃在恒温和程序升温时分离结果的比较:

恒温150℃   程序升温50~250℃,8℃/min

图 3-30 正构烷烃恒温和程序升温色谱图比较

四、汽化室温度的选择

适宜的汽化室温度既能保证样品迅速且完全汽化,又不引起样品分解。一般汽化室温度比柱温高 30~70 ℃或比样品组分中最高沸点高 30~50 ℃,就可以满足分析要求。当进样量较大时,汽化温度宜高些;当进样量较小时,汽化温度可低些。如果汽化温度过低,会使色谱峰变成前沿平坦后沿陡峭的展宽的伸舌峰,不利于分离;如果重复进样时出峰数目变化,重现性差,则说明汽化温度过高。一般在保证样品不分解的前提下,汽化温度略高一些更好。

五、检测室温度的选择

检测室的温度应高于或等于柱温。

六、进样量的选择

1. 进样量

进样量要适当,应控制在峰高或峰面积与进样量呈线性关系的范围内。若进样量过大,峰变宽,分离度变小,会出现重叠峰、平顶峰,峰高或峰面积与进样量不呈线性关系,无法定量;进样量太小,会因检测器灵敏度不够,导致有的组分不能检出。

色谱柱最大允许进样量可以通过实验确定。方法是:其他实验条件不变,仅逐渐加大进样量,直至所出的峰的半峰宽变宽或保留值改变时,此进样量就是最大允许进样量。液体样品一般取 0.1~5 μL,气体样品一般取 0.1~10 mL。

2. 进样技术

进样时,要求速度快,最好在 0.5 s 内完成。这样可以使样品在汽化室汽化后随载气以浓缩状态进入柱内,而不被载气所稀释,因而峰的原始宽度就窄,有利于分离。反之,若进样缓慢,样品汽化后被载气稀释,峰形严重展宽,并且不对称,既不利于分离也不利于定量,甚至还会产生不出峰的现象。

为了保证良好的分离和重现性,在直接进样时应注意以下操作要点:

(1)用注射器取样时,应先用丙酮或乙醚抽洗 10 次左右,再用被测试液抽洗 10 次左右,然后缓缓抽取一定量试液(稍多于需要量),此时若有空气带入注射器内,应先排除气泡后,再排去过量的试液,并用滤纸或擦镜纸吸去针杆处所沾的试液(千万勿吸去针头内的试液)。

(2)取样后应立即进样,进样时要求注射器垂直于进样口,左手扶着针头防弯曲,右手拿注射器,迅速刺穿硅橡胶垫,平稳、敏捷地推进针筒(针尖尽可能刺深一些,且深度一定,针头不能碰到汽化室内壁),用右手食指平稳、轻巧、迅速地将样品注入,完成后立即拔出注射器。

(3)进样时要求操作稳当、连贯、迅速。进针位置及速度、针尖停留和拔出速度都会影响进样的重现性。一般进样相对误差为 2%~5%。

子任务 2　载气流速及柱温变化对分离度的影响

一、仪器与试剂

1. 仪器

带热导检测器的气相色谱仪、氢气钢瓶、色谱柱(SE-30)、色谱工作站、样品瓶、微量注射器(5 μL、1 μL)。

2. 试剂

乙醇、丙醇、丁醇标样(均为 GC 级)、未知混合样(含微量乙醇、丙醇、丁醇)。

二、操作步骤

1. 色谱仪的开机和调试

(1)开载气(H_2),调节流速为 40 mL·min^{-1}。

(2)开色谱仪主机电源。

(3)设置汽化室温度:150 ℃,柱温:100 ℃,检测器温度:120 ℃。

(4)设置桥电流:100 mA。

(5)打开电脑,打开色谱工作站。

2. 标准和未知试样的分析

(1)仪器稳定后,分别注入 0.2 μL 乙醇、丙醇、丁醇标准样品,记录保留时间。

(2)注入空气样品 2 μL,记录空气保留时间。

(3)注入 1 μL 未知样品,记录保留时间和半峰宽。

(4)确定未知样品各个峰所代表的物质。

3. 不同柱温下未知样品的测定

柱温分别在 90 ℃、110 ℃、120 ℃、130 ℃,重复测定未知样品和空气的保留时间以及半峰宽,流速保持在 40 mL·min^{-1}。

4. 不同流速下未知样品的测定

流速调整为 10 mL·min^{-1},20 mL·min^{-1},60 mL·min^{-1},80 mL·min^{-1},100 mL·min^{-1},重复测定未知样品和空气的保留时间及半峰宽,柱温保持在 100 ℃。

5. 结束工作

(1)实验结束后,关闭桥电流。

(2)设置汽化室温度、柱温、检测室温度在室温左右。

(3)待柱温降至室温后关闭主机电源,关闭色谱工作站,关闭电脑。

(4)关闭载气。

(5)清洗仪器,清理实验台。

三、数据处理

1.在给定的柱温和流速下,分别计算丙醇与乙醇、丙醇与丁醇的分离度。

2.计算改变柱温后丙醇与乙醇、丙醇与丁醇的分离度。

3.计算改变流速后丙醇与乙醇、丙醇与丁醇的分离度。

任务考核

【考核评分表】

序号	作业项目	考核内容	配分	操作要求	考核记录	扣分	得分
一	标样和测试样的配制	分析天平、移液管等的使用	2	正确规范			
二	开机和参数设置	气路系统的检漏	2	正确			
		开载气	2	正确			
		开主机	2	正确			
		调节载气柱前压和流量	2	正确、合适			
		使用皂膜流量计	2	正确			
		设置柱箱温度	2	正确、合适			
		设置汽化室温度	2	正确、合适			
		设置检测器温度	2	正确、合适			
		调节桥电流	2	正确、合适			
三	测样	清洗微量注射器	2	正确规范			
		开电脑,开色谱工作站	2	正确			
		设置测量参数	2	正确			
		设置分析方法	2	正确			
		润洗微量注射器	2	正确规范			
		吸取样品	2	正确规范			
		进样	2	正确规范			
		采集谱图	2	正确			
		处理谱图	2	正确			
四	关机	关桥电流	2	正确			
		设置各温度在室温附近	2	正确			
		关主机	2	正确			
		关载气	2	正确			
		关色谱工作站,关电脑	2	正确			
五	数据处理和实训报告	气相色谱图	6	正确			
		柱温对分离度的影响	15	结论正确			
		流速对分离度的影响	15	结论正确			
		报告	10	正确、完整、规范、及时			
六	文明操作结束工作	物品摆放,仪器结束工作	6	仪器拔电源,盖防尘罩;台面无水迹或少水迹、废纸废液不乱扔乱倒、结束工作完成良好			
七	总分						

技能训练测试题

一、简答题

1.用实例说明固定液选择的一般原则。

2.简述色谱柱的老化方法。

3.什么是程序升温？在什么情况下采用程序升温？

4.适合于作气液色谱的固定液应具备哪些条件？

5.速率理论的 $H-u$ 曲线说明什么问题？如何选择较佳载气流速？

二、选择题

1.适合于强极性物质和腐蚀性气体分析的载体是（　　）。

A.红色硅藻土载体　　　　　　　　B.白色硅藻土载体

C.玻璃微球　　　　　　　　　　　D.氟载体

2.气液色谱中选择固定液的原则是（　　）。

A.相似相溶　　　　B.极性相同　　　　C.官能团相同　　　　D.活性相同

3.对气相色谱柱分离度影响最大的是（　　）。

A.色谱柱柱温　　　B.载气的流速　　　C.柱子的长度　　　D.填料粒度的大小

4.用色谱分析法分析样品时,第一次进样得到 3 个峰,第二次进样时变成 4 个峰,原因可能是（　　）。

A.进样量太大　　　B.汽化室温度太高　　C.纸速太快　　　　D.衰减太小

5.对载体的要求（　　）。

A.表面应是化学惰性　　　　　　　B.具有多孔性

C.粒度均匀而细小　　　　　　　　D.吸附性强

6.下列哪些情况发生后,应对色谱柱进行老化？（　　）。

A.每次安装了新的色谱柱后

B.色谱柱使用一段时间后

C.分析完一个样品后,准备分析其他样品之前

D.更换了载气或燃气

项目四　头孢拉定分析

【项目分析】

生产药物头孢拉定的某制药厂有一批头孢拉定产品需要进行质量检验,作为质检人员,需要首先搜集相关标准分析方法,然后依据标准方法进行具体实验分析。头孢拉定依据中国药典 2000 版二部的检验方法进行分析。

头孢拉定又名:先锋霉素Ⅵ、头孢菌素Ⅵ、先锋瑞丁、头孢拉丁、头孢握定、头孢雷定、己环胺菌素、头孢环己烯、环己烯胺头孢菌素、环烯头孢菌素,为第一代半合成头孢菌素,其抗菌作用与头孢氨苄相似。对耐药性金黄葡萄球菌及其他多种对广谱抗生素耐药的杆

菌等有迅速而可靠的杀菌作用,主要用于呼吸道、泌尿道、皮肤和软组织等的感染,如支气管炎、肺炎、肾盂肾炎、膀胱炎、耳鼻咽喉感染、肠炎及痢疾等。

本项目对头孢拉定分别进行定性和定量分析。

子项目1　头孢拉定的定性分析(红外分光光度法)

【项目分析】

依据中国药典 2000 版二部,头孢拉定的定性鉴定通常采用红外分光光度法等方法进行分析。

任务1　认识红外分光光度法

【任务分析】

质检中心已经提供了完成本子项目所需要的仪器和试剂,包括红外分光光度计、样品池、压片机、红外灯、头孢拉定样品等。我们的任务是首先学习红外分光光度法的基本原理,然后学习如何使用红外分光光度计来完成样品的测定,如何通过解析仪器提供的红外光谱图来完成样品的定性鉴定。

⊜ 学习目标

1.知识目标

(1)了解红外吸收光谱的产生、红外光谱法的特点、产生红外吸收光谱的条件。

(2)熟悉红外吸收光谱的分区、影响基团频率位移的因素、影响吸收峰强度的因素、各类有机化合物的特征基团频率。

(3)掌握解析红外光谱图的方法。

2.能力目标

(1)能辨认常见官能团的特征吸收频率。

(2)初步掌握红外光谱图的解析方法。

3.素质目标

(1)具有高度的责任感。

(2)具有实事求是的工作作风。

(3)具有较好的团结协作能力。

子任务1　熟悉红外分光光度法原理

前面我们学习到紫外吸收光谱法只适用于芳香族或具有共轭结构的不饱和脂肪族化合物及某些无机物的定性分析,不适用于饱和有机化合物。红外分光光度法不受此限,在中红外区,能测得所有有机化合物的特征红外光谱。用于定性分析及结构研究,而且其特征性远远高于紫外吸收光谱。除此之外,红外光谱还可以用于某些无机物的研究。紫外分光光度法测定对象的物态以溶液为主,以及少数物质的蒸气;而红外分光光度法的测定对象比紫外分光光度法广泛,可以测定气、液、固体样品,并以测定固体样品最为方便。红外分光光度法主要用于定性鉴定及测定有机化合物的分子结构,亦可用于定量分析。紫外分光光度法主要用于定量分析及鉴定某些化合物的类别等。

红外光谱法的适用范围包括:实验室常规应用分析、无机物、有机物、聚合物、医药、食品、环保等领域。

红外分光光度法是利用物质对红外光区电磁辐射的选择性吸收的特性来进行结构分析、定性和定量的分析方法,又称红外吸收光谱法。

波长 λ 为 $0.75 \sim 1000~\mu m$ 的光称为红外光(也叫红外线),在红外光谱中经常用波数 υ(有的书中用 σ)表示,$\upsilon = \frac{1}{\lambda}$,单位为 cm^{-1},所以红外光的波数范围为 $10 \sim 13300~cm^{-1}$。

红外光谱在可见光区和微波区之间。通常将红外光谱划分为三个区域:近红外、中红外、远红外区域(表 4-1)。

表 4-1 红外光区的划分

区域	波长(λ)/μm	波数(υ)/cm^{-1}	能级跃迁类型
近红外光区	$0.75 \sim 2.5$	$13300 \sim 4000$	分子化学键振动的倍频和组合频
中红外光区	$2.5 \sim 25$	$4000 \sim 400$	化学键振动的基频
远红外光区	$25 \sim 1000$	$400 \sim 10$	骨架振动、转动

一、红外吸收光谱的产生

1. 分子振动

在分子中,原子的运动方式有三种,即平动、转动和振动。只有当分子间的振动能产生偶极矩周期性的变化时,对应的分子才具有红外活性,才能产生有分析价值的红外吸收光谱。

(1)双原子分子的振动

分子中的两个原子通过键合力连接在一起,该价键具有一定的弹性范围。分子中的原子以平衡点为中心,以非常小的振幅做周期性的伸缩振动,即两原子之间距离(键长)发生变化。双原子振动可近似为简谐振动,因此根据虎克定律可得到两原子间振动的固有频率:

$$\upsilon_m = \frac{1}{2\pi c}\sqrt{\frac{k}{\mu}}$$

式中 υ_m——振动频率,Hz;

k——分子内两原子之间的键力,N/cm;

μ——两原子的折合质量 $\mu = (m_1^{-1} + m_2^{-1})^{-1}$。

因为共振作用,它可吸收振动频率与其相符的振动能量,共振频率相同的电磁波。其能量为:

$$E = h\upsilon = h\upsilon_m = h \times \frac{1}{2\pi c}\sqrt{\frac{k}{\mu}}$$

带入普朗克常数 h 及 π、c 的常数,则 $E = 0.16\sqrt{\frac{k}{\mu}}$,eV;一般有机分子的 k 值范围为 $4 \sim 18$ N/cm,μ 为原子量单位(正常的两原子量的折合质量),光谱范围在中红外区。

（2）多原子分子的振动

双原子分子的振动只有伸缩振动（键长变化），多原子分子的振动除伸缩振动外，还有弯曲振动（键角变化）。弯曲振动又称变形振动。

伸缩振动是指原子沿键轴方向伸缩，使键长发生变化而键角不变的振动，用符号 ν 表示，其振动形式可分为两种：对称伸缩振动，表示符号为 ν_s 或 ν^s，振动时各键同时伸长或缩短；不对称伸缩振动，又称反对称伸缩振动，表示符号为 ν_{as} 或 ν^{as}，指振动时某些键伸长，某些键则缩短。

变形振动是指使键角发生周期性变化的振动。可分为面内、面外、对称及不对称变形振动等形式。

①面内变形振动（β）

变形振动在由几个原子所构成的平面内进行，称为面内变形振动。面内变形振动可分为两种：一是剪式振动（δ），在振动过程中键角的变化，类似于剪刀的开和闭；二是面内摇摆振动（ρ），基团作为一个整体，在平面内摇摆。

②面外变形振动（γ）

变形振动在垂直于由几个原子所组成的平面外进行。也可以分为两种：一是面外摇摆振动（ω），两个 X 原子同时向面上或面下的振动；二是卷曲振动（τ），一个 X 原子向面上，另一个 X 原子向面下的振动。

③对称与不对称变形振动

AX_3 基团或分子的变形振动还有对称与不对称之分：对称变形振动（δ^s）中，三个 A-X 键与轴线组成的夹角 α 对称地增大或缩小，形如雨伞的开闭，所以也称之为伞式振动；不对称变形振动（δ^{as}）中，两个 α 角缩小，一个 α 角增大，或相反。

伸缩振动与变形振动各种方式分别如图 4-1 所示。

| AX_2对称伸缩振动 ν^s | AX_2不对称伸缩振动 ν^{as} | AX_3对称伸缩振动 ν^s | AX_3不对称伸缩振动 ν^{as} |

AX_2面内变形振动或剪式振动 δ　　AX_2面外变形振动或面外摇摆振动 ω　　AX_2面外变形振动或卷曲振动 τ　　AX_2面内摇摆振动 ρ

AX_3对称变形振动 δ^s　　AX_3不对称变形振动 δ^{as}

图 4-1　伸缩振动和变形振动

2. 红外吸收光谱产生的条件

当分子吸收红外辐射后,必须满足以下两个条件才会产生红外吸收光谱。

一是分子吸收的红外辐射能量与分子振动跃迁的能级一致时,则可以被分子所吸收,这是红外光谱产生的必要条件。

二是只有引起分子偶极矩发生瞬间变化的振动即红外活性振动,产生红外吸收光谱。这是红外光谱产生的充分必要条件。对称分子没有偶极矩,辐射不能引起共振,无红外活性。如 N_2、O_2、Cl_2 等;非对称分子有偶极矩,有红外活性。

当样品受到频率连续变化的红外光照射时,分子选择性吸收了某些频率的红外光,发生了分子振动能级和转动能级从基态到激发态的跃迁,使相应于这些吸收区域的透射光强度减弱而形成了红外吸收光谱。记录红外光的透过率与波数或波长的关系曲线,就得到红外光谱图。

由于目前广泛用于化合物定性、定量和结构分析以及其他化学过程研究的红外吸收光谱,主要是波长处于中红外光区的光谱,所以我们主要讨论中红外吸收光谱。中红外区的红外光不足以使物质产生电子能级的跃迁,但能引起振动能级和转动能级的跃迁。

二、红外吸收光谱的表示法

红外吸收光谱一般用 T-υ 表示,即纵坐标为百分透射比 T,%;横坐标为 υ,cm^{-1}。图 4-2 是某有机化合物的红外吸收光谱图。

图 4-2 某有机化合物的红外吸收光谱图

光谱的形状、峰的位置(最大吸收峰处对应的波长或波数)、峰的数目和峰的强度是构成红外光谱的基本要素,这些基本要素与分子的结构有密切关系。根据吸收峰位置、吸收峰数目及其强度,可以用来鉴定未知物的分子结构组成或确定其化学基团;根据吸收谱带的吸收强度与分子组成或其化学基团的含量有关,可用作定量分析和纯度鉴定。

三、红外吸收光谱的应用

红外光谱能够用来鉴定纯物质、官能团或有关化合物的结构。在有机化学领域应用广泛,在无机化学领域的应用受到一定限制,首先是水作为无机溶剂,对红外光具有强烈的吸收,干扰测定;其次是一般无机物的吸收光谱带太宽,不利于应用。有机物的红外吸收光谱主要在 $400 \sim 4000$ cm^{-1} 的中红外区域。

四、红外光谱法的特点

1. 优点

(1)应用面广,几乎所有有机化合物在红外光区均有吸收,最适于进行有机物的结构分析。

(2)气态、液态和固态试样均可进行红外光谱测定,提供信息多且具有特征性。

(3)样品用量少且可回收,不破坏试样,分析速度快,操作方便。

2.局限性

(1)有些物质不能产生红外吸收峰。

(2)还有些物质(如旋光异构体,不同分子量的同一种高聚物)不能用红外吸收光谱法鉴别;红外光谱图上的吸收峰有一些是不能作出理论解释的。定量分析的准确度和灵敏度低于可见-紫外吸收光谱法。

五、红外吸收光谱与分子结构关系的基本概念

1.红外吸收峰类型

(1)基频峰

分子吸收一定频率的红外辐射,从振动能级基态($n=0$)跃迁到第一激发态($n=1$)时,产生的吸收峰称为基频峰。它所对应的振动频率等于它所吸收的红外线的频率。基频峰的强度一般都较大,因而基频峰是红外吸收光谱上最主要的一类吸收峰。

(2)泛频峰

从振动能级基态($n=0$)跃迁至第二($n=2$),第三($n=3$),…,第 n 激发态时,产生的吸收峰称为倍频峰。由 $n=0$ 跃迁至 $n=2$ 时,所产生的吸收峰称为二倍频峰。由 $n=0$ 跃迁至 $n=3$ 时,所产生的吸收峰称为三倍频峰。依次类推。倍频峰的振动频率总是比基频峰频率的整倍数略低一点。倍频峰的强度比基频峰的弱得多。二倍频峰还经常可以观测得到,三倍频峰及其以上的倍频峰,因跃迁几率很小,一般都很弱,常观测不到。

除倍频峰外,尚有合频峰 n_1+n_2,$2n_1+n_2$,…;差频峰 n_1-n_2,$2n_1-n_2$,…;倍频峰、合频峰及差频峰统称为泛频峰。合频峰和差频峰多数为弱峰,一般在图谱上不易辨认。

(3)特征吸收峰

组成分子的各种基团,如 C=O、—OH、N—H 等,都有自己特定的红外吸收区域,分子其他部分对其吸收位置影响较小。通常把这种能代表基团存在、并具有较高强度的吸收谱带称为基团频率,其所在的位置一般又称为特征吸收峰,如—C≡N 的特征吸收峰在 $2247\ \mathrm{cm^{-1}}$ 处。

(4)相关峰

因为一个官能团有数种振动形式,而每一种具有红外活性的振动一般相应产生一个吸收峰,有时还能观测到泛频峰,因而常常不能只由一个特征峰来肯定官能团的存在。例如分子中如有—CH=CH₂ 存在,则在红外光谱图上能明显观测到 $\nu_{as(=CH_2)}$、$\nu_{C=C}$、$\gamma_{=CH}$、$\gamma_{=CH_2}$ 四个特征峰。这一组峰是因—CH=CH₂基的存在而出现的相互依存的吸收峰,若证明化合物中存在该官能团,则在其红外谱图中这四个吸收峰都应存在,缺一不可。在化合物的红外谱图中由于某个官能团的存在而出现的一组相互依存的特征峰,可互称为相关峰。用以说明这些特征吸收峰具有依存关系,并区别于非依存关系的其他特征峰,如—C≡N 基只有一个 $\nu_{C≡N}$ 峰,而无其他相关峰。用一组相关峰鉴别官能团的存在是个较重要的原则。在有些情况下因与其他峰重叠或峰太弱,因此并非所有的相关峰都能观测到,但必须找到主要的相关峰才能确认官能团的存在。

2.红外吸收峰的强度

(1)吸收峰强度的表示方法

在红外光谱图上,通常采用百分透射率($T\%$)或吸光度(A)作纵坐标以表示吸收的大小,直观表现出吸收的强弱。分子吸收光谱的吸收峰强度,可用摩尔吸光系数 ε 表示。红外吸收峰的强度通常粗略地用以下 5 个级别表示:

vs	s	m	w	vw
极强峰	强峰	中强峰	弱峰	极弱峰
$\varepsilon>100$	$\varepsilon=20\sim100$	$\varepsilon=10\sim20$	$\varepsilon=1\sim10$	$\varepsilon<1$

(2)影响吸收峰强度的因素

①峰强与分子跃迁几率有关。跃迁几率越大,吸收越强。

基频峰>倍频峰>合频峰>差频峰

②峰强与分子振动时偶极矩变化的大小有关。振动时偶极矩变化越大,吸收越强。

a.极性强的分子或基团,吸收峰越强。

例如:$C=O$、OH、$C-O-C$、$Si-O$、$N-H$、NO_3 均为强峰,$C=C$、$C=N$、$C-C$、$C-H$ 均为弱峰。

b.分子的对称性越低,吸收峰越强。

例如:三氯乙烯的 $\nu_{C=C}$ 在 1585 cm^{-1} 处有一中强峰,四氯乙烯的结构完全对称,$\nu_{C=C}$ 吸收峰消失。

c.基团的振动方式不同,其电荷分布也不同。

其吸收峰的强度依次为:$\nu_{as}>\nu_s>\delta$

3.红外吸收峰的形状

如图 4-3 所示是常见的几种红外吸收峰的形状:

宽峰	尖峰	肩峰	双峰

图 4-3　红外吸收峰的形状

4.红外吸收光谱的分区

(1)基团频率区和指纹区

①基团频率区(4000~1330 cm^{-1})

有机分子常见的基团频率在本区。

a.X$-$H 伸缩振动区(4000~2500 cm^{-1});X 可以是 C、N、O、S 原子。

C$-$H 的伸缩振动可以分为饱和碳氢($-C-H$)和不饱和碳氢($=C-H$、$\equiv C-H$)两种。饱和碳氢的伸缩振动在 3000~2800 cm^{-1} 范围内产生吸收峰,属于强吸收。不饱和碳氢的伸缩振动在 3000 cm^{-1} 以上,以此可以判别化合物中是否含有不饱和 C$-$H 键。苯环的 C$-$H 键伸缩振动在 3030 cm^{-1} 附近产生几个吸收峰,它的特征是强度比饱和碳氢键的小、但比较尖锐。不饱和双键的碳氢键(＝C—H)的吸收出现在 3010～3040 cm^{-1},不饱和三键的碳氢键(≡C—H)在更高的 3300 cm^{-1} 区域附近产生吸收峰。

O—H 的伸缩振动在 3650～3200 cm^{-1} 范围内产生吸收峰,谱带较强,它可以作为判断物质属于醇类、酚类和有机酸类的重要依据。一般羧酸羟基的吸收峰频率低于醇和酚中羟基的频率,并为宽而强的吸收。需注意的是水分子在 3300 cm^{-1} 附近有吸收,在制备样品时需要除去水分。

N—H 键(脂肪胺和酰胺)的伸缩振动在 3500～3100 cm^{-1} 范围内产生吸收峰,属于中等强度的尖峰。

b. 三键和累积双键伸缩振动区(2500～1900 cm^{-1}):该区域主要是 C≡C、C≡N 键伸缩振动频率区,以及 C＝C＝C、C＝C＝O 等累积双键的不对称伸缩振动频率区。

C≡C 键分为 R—C≡CH 和 R'—C≡C—R 两种类型。R—C≡CH 中的 C≡C 伸缩振动在 2140～2100 cm^{-1} 附近出现吸收峰;R'—C≡C—R 的吸收峰出现在 2260～2190 cm^{-1} 附近;R—C≡C—R 分子是对称结构,不会产生吸收峰。

C≡N 键的伸缩振动在非共轭的情况下在 2260～2240 cm^{-1} 附近出现吸收峰。

c. 双键伸缩振动区(1900～1200 cm^{-1}):该区域主要是 C＝C、C＝O 等键的伸缩振动频率区。

C＝O 伸缩振动在 1900～1650 cm^{-1} 范围内出现吸收峰,是红外吸收光谱中最特征、强度也是最强的谱带。根据此范围内的吸收峰可判断酮类、醛类、酸类、酯类以及酸酐等有机化合物。酸酐中的 C＝O 吸收带因为振动耦合而呈现双峰。

烯烃类化合物的 C＝C 伸缩振动在 1667～1640 cm^{-1} 范围内出现吸收峰,属于中等强度或弱的吸收峰。芳香族化合物环内 C＝C 伸缩振动分别在 1600～1585 cm^{-1} 以及 1500～1400 cm^{-1} 出现两个吸收峰,这是芳环骨架结构振动的特征吸收峰,可用于判断芳环是否存在。

饱和 C—H 变形振动在 1500～1300 cm^{-1} 范围内出现吸收峰;—CH$_3$ 在 1380 cm^{-1} 及 1450 cm^{-1} 处有两个峰;—CH$_2$— 在 1470 cm^{-1} 处有一个峰;—CH— 在 1340 cm^{-1} 处有一个峰。

②指纹区(1330～400 cm^{-1})

该区域的振动类型为基团频率之外的其他类型振动。振动类型复杂且重叠,谱带位置变动很大,基态特征性较差,它受分子结构的影响十分敏感,任何细致的结构差别都会引起光谱明显改变,如同人的指纹一样,很少有两个化合物指纹区的吸收峰完全相同。

a. 1300～900 cm^{-1} 区域:这个区域主要是 C—C、C—N、C—P、C—S、P—O、Si—O、C—X(卤素)等单键的伸缩振动和 C＝S、S＝O、P＝O 等双键的伸缩振动和一些变形振动吸收频率区。其中判断是否存在甲基主要观察在 1380 cm^{-1} 附近有没有甲基的对称伸缩振动吸收峰;C—O 单键伸缩振动在 1050～1300 cm^{-1} 范围内出现吸收峰,是该区域内最强的吸收峰;醇中的 C—O 单键吸收峰在 1100～1050 cm^{-1} 范围内;酚在 1250～1100 cm^{-1} 范围内;酯在此区间有两组吸收峰,分别是 1240～1160 cm^{-1} 和 1160～1050 cm^{-1}。

b. 900～400 cm^{-1} 区域:这个区域主要是一些重原子和一些基团的变形振动频率区。如苯环上 H 原子的面外变形振动的吸收峰就出现在此区域,峰位置取决于环上的取代形式。如果在此区域内无强吸收峰,一般表示不存在芳香族化合物。

③常见官能团的特征吸收频率

用红外光谱来确定化合物中某种基团是否存在时,需熟悉基团频率。先在基团频率区观察它的特征峰是否存在,同时也应找到它们的相关峰作为旁证。常见官能团的特征频率见表4-2。

表 4-2　　　　　　　　　　　常见官能团的特征频率

化合物种类	官能团	振动形式	振动频率/cm^{-1}
芳烃	=C—H	伸缩振动	3100～3000
	C=C	苯环骨架振动	约1600和约1500
	C—H(苯)	面外变形振动	约670
	C—H(单取代)	面外变形振动	770～730和715～685
	C—H(邻位双取代)	面外变形振动	770～735
	C—H(间位双取代)	面外变形振动	约880和780～690
	C—H(对位双取代)	面外变形振动	850～800
醇	—OH	伸缩振动	约3650或3400～3300(含有氢键)
	C—O	伸缩振动	1260～1000
醚	C—O—C(脂肪烃)	伸缩振动	1300～1000
	C—O—C(芳香烃)	伸缩振动	约1250和约1120
醛	O=C—H	伸缩振动	2820和2720
	C=O	伸缩振动	约1725
酮	C=O	伸缩振动	约1715
	C—C	伸缩振动	1300～1100
酸	—OH(游离OH)	伸缩振动	3580～3500
	—OH(二聚体)	伸缩振动	3200～2500
	C=O	伸缩振动	1760～1710
	C—O—C	伸缩振动	1320～1210
	—OH	面内变形振动	1440～1400
	—OH	面外变形振动	950～900
酯	C=O	伸缩振动	1750～1735
	C—O—C(乙酸酯)	伸缩振动	1260～1230
	C—O—C	伸缩振动	1210～1160
酰卤	C=O	伸缩振动	1810～1775
	C—Cl	伸缩振动	730～550
酸酐	C=O	伸缩振动	1830～1800和1775～1740
	C—O	伸缩振动	1300～900
胺	N—H	伸缩振动	3500～3300(双峰)
	N—H	变形振动	1640～1500
	C—N(烷基碳)	伸缩振动	1200～1025
	C—N(芳基碳)	伸缩振动	1360～1325
	N—H	面外变形振动	约800

（续表）

化合物种类	官能团	振动形式	振动频率/cm^{-1}
酰胺	N—H	伸缩振动	3500～3180
	C=O	伸缩振动	1680～1630
	N—H（伯酰胺）	变形振动	1640～1550
	N—H（仲酰胺）	变形振动	1570～1515
	N—H	面外变形振动	约700

（2）四个吸收区域和八个吸收段

①四个吸收区域（表4-3）

表4-3　　　　　　　　　　　中红外光区四个区域的划分

区域	基团	吸收频率/cm^{-1}	振动形式	吸收强度	说明
第一区域	—OH（游离）	3650～3580	伸缩	m,sh	判断有无醇类、酚类和有机酸的重要依据
	—OH（缔合）	3400～3200	伸缩	s,b	
	—NH$_2$,—NH（游离）	3500～3300	伸缩	m	
	—NH$_2$,—NH（缔合）	3400～3100	伸缩	s,b	
	—SH	2600～2500	伸缩		
	C—H伸缩振动 不饱和C—H				不饱和C—H伸缩振动出现在3000 cm^{-1}以上
	≡C—H（三键）	3300 附近	伸缩	s	末端=C—H出现在3085 cm^{-1}附近强度上比饱和C—H稍弱,但谱带较尖锐
	=C—H（双键）	3040～3010	伸缩	s	
	苯环中C—H	3030 附近	伸缩	s	
	饱和C—H				饱和C—H伸缩振动出现在3000 cm^{-1}以下（3000～2800 cm^{-1}）,取代基影响较小
	—CH$_3$	2960±5	反对称伸缩	s	
	—CH$_3$	2870±10	对称伸缩	s	三元环中的CH$_2$出现在3050 cm^{-1} —C—H出现在2890 cm^{-1},很弱
	—CH$_2$	2930±5	反对称伸缩	s	
	—CH$_2$	2850±10	对称伸缩	s	
第二区域	—C≡N	2260～2220	伸缩	s针状	干扰少
	—N≡N	2310～2135	伸缩	m	R—C≡C—H,2140～2100 cm^{-1}; R—C≡C—R',2260～2190 cm^{-1}; 若R'=R,对称分子无红外谱带
	—C≡C—	2260～2100	伸缩	v	
	—C=C=C—	1950 附近	伸缩	v	

（续表）

区域	基团	吸收频率/cm^{-1}	振动形式	吸收强度	说明
第三区域	C＝C	1680～1620	伸缩	m,w	
	芳环中 C＝C	1600,1580	伸缩	v	苯环的骨架振动
		1500,1450			
	—C＝O	1900～1650	伸缩	s	其他吸收带干扰少,是判断羰基(酮类、酸类、酯类、酸酐等)的特征频率,位置变动大
	—NO$_2$	1600～1500	反对称伸缩	s	
	—NO$_2$	1300～1250	对称伸缩	s	
	S＝O	1220～1040	伸缩	s	
第四区域	C—O	1300～1000	伸缩	s	C—O 键(酯、醚、醇类)的极性很强,故强度强,常成为谱图中最强的吸收
	C—O—C	900～1150	伸缩	s	醚类中 C—O—C 的 ν_{as} 为 1100±50 cm^{-1} 是最强的吸收,C—O—C 对称伸缩在 1000～900 cm^{-1},较弱
	—CH$_3$,—CH$_2$	1460±10	—CH$_3$ 反对称变形,CH$_2$ 变形	m	大部分有机化合物都含有 CH$_3$、CH$_2$ 基,因此此峰经常出现
	—CH$_3$	1370～1380	对称变形	s	
	—NH$_2$	1650～1560	变形	m—s	
	C—F	1400～1000	伸缩	s	
	C—Cl	800～600	伸缩	s	
	C—Br	600～500	伸缩	s	
	C—I	500～200	伸缩	s	
	＝CH$_2$	910～890	面外摇摆	s	
	—(CH$_2$)$_n$—,$n>4$	720	面内摇摆	v	

注:s—强吸收,b—宽吸收带,m—中等强度吸收,w—弱吸收,sh—尖锐吸收峰,v—吸收强度可变。

②八个吸收段

（Ⅰ）O—H、N—H 键伸缩振动段

O—H 伸缩振动在 3700～3100 cm^{-1},游离的羟基的伸缩振动频率在 3600 cm^{-1} 左右,形成氢键缔合后移向低波数,谱带变宽,特别是羧基中的 OH,吸收峰常展宽到 3200～2500 cm^{-1}。该谱带是判断醇、酚和有机酸的重要依据。一、二级胺或酰胺等的 NH 伸缩振动类似于 OH 键,但 NH$_2$ 为双峰,NH 为单峰。游离的 NH 伸缩振动在 3500～3300 cm^{-1},

强度中等,缔合将使峰的位置及强度都发生变化,但不及羟基显著,向低波数移动也只有 100 cm⁻¹左右。

（Ⅱ）不饱和 C—H 伸缩振动段

烯烃、炔烃和芳烃等不饱和烃的 C—H 伸缩振动大部分在 3100～3000 cm⁻¹,只有端炔基(≡CH)的吸收在 3300 cm⁻¹。

（Ⅲ）饱和 C—H 伸缩振动段

甲基、亚甲基、叔碳氢及醛基的碳氢伸缩振动在 3000～2700 cm⁻¹,其中只有醛基 C—H 伸缩振动在 2720 cm⁻¹附近(特征吸收峰),其余均在 3000～2800 cm⁻¹。和不饱和 C—H 伸缩振动比较可以发现,3000 cm⁻¹是区分饱和与不饱和烃的分界线。

（Ⅳ）三键与累积双键段

在 2400～2100 cm⁻¹范围内的红外吸收光谱带很少,只有 C≡C,C≡N 等三键的伸缩振动和 C=C=C,N=C=O 等累积双键的不对称伸缩振动在此范围内,因此易于辨认,但必须注意空气中 CO₂的干扰(2349 cm⁻¹)。

（Ⅴ）羰基伸缩振动段

羰基的伸缩振动在 1900～1650 cm⁻¹,所有羰基化合物在该段均有非常强的吸收峰,而且往往是谱带中第一强峰,特征性非常明显。它是判断有无羰基存在的重要依据。其具体位置还和邻接基团密切相关,对推断羰基类型化合物有重要价值。

（Ⅵ）双键伸缩振动段

烯烃中的双键和芳环上的双键以及碳氮双键的伸缩振动在 1500～1675 cm⁻¹。其中芳环骨架振动在 1500～1600 cm⁻¹之间有两个到三个中等强度的吸收峰,是判断有无芳环存在的重要标志之一。而 1600～1675 cm⁻¹的吸收,对应往往是 C=C 或 C=N 的伸缩振动。

（Ⅶ）C—H 面内变形振动段

烃类 C—H 面内变形振动在 1300～1475 cm⁻¹。一般甲基、亚甲基的变形振动位置都比较固定。由于存在着对称与不对称变形振动(对于 CH₃),因此通常看到两个以上吸收峰。亚甲基的变形振动在此区域内仅有 δ_s(～1465 cm⁻¹),而 δ_{as} 即 ρ_{CH_2} 出现在 ～720 cm⁻¹处。

（Ⅷ）不饱和 C—H 面外变形振动段

烯烃 C—H 面外变形振动 γ_{C-H} 在 800～1000 cm⁻¹。不同取代类型的烯烃,其 γ_{C-H} 位置不同,因此可用以判断烯烃的取代类型。芳烃的 γ_{C-H} 在 900～650 cm⁻¹,对于确定芳烃的取代类型是很特征的。

5. 基团频率的影响因素

由于分子内部结构和外部条件的不同,使得同样的基团在不同分子和不同环境中的基团频率并不总是固定在某一频率上,而是在一定频率范围内波动。影响基团频率变化的因素有内部因素和外部因素。

（1）外部因素

试样状态,测定条件的不同以及溶剂极性的影响等外部因素都会引起基团频率的位移。一般气态时 C=O 的伸缩振动频率最高,非极性溶剂的稀溶液次之,而液态或固态的振动频率最低。

同一化合物的气态、液态或固态光谱有较大的差异,因此在查阅标准谱图时,要注意试样的状态及制样的方法等。

(2)内部因素

①电子效应

a.诱导效应

由于取代基具有不同的电负性,通过静电诱导作用,引起分子中电子分布发生变化,从而改变了键力常数,使得基团的特征频率发生变化。一般来说,随着取代基数目的增加或取代基电负性的增大,这种静电的诱导效应也增大,从而导致基团的振动频率向高波数移动。

b.共轭效应

共轭效应使共轭体系中的电子云密度平均化,结果使原来的双键伸长,力常数削弱,所以振动频率降低。例如酮分子中的 $C=O$,因与苯环共轭而使 $C=O$ 的力常数减小,振动频率降低。

c.偶极场效应

分子内的邻近基团通过空间偶极场作用,使电子云分布改变,振动频率变化的现象,叫场效应。如氯代丙酮的一种异构体,卤素和氧都是键偶极的负极,所以发生负负相斥,使羰基上的电子云移向两极的中间,增加了双键的电子云密度,力常数增加,因此频率升高。

②氢键

氢键的形成使电子云密度平均化,从而使伸缩振动频率降低。最明显的是羧酸的情况。羰基和羟基之间容易形成氢键,使羰基的频率降低。游离的羧酸的 $C=O$ 伸缩振动频率出现在 1760 cm^{-1} 左右,而在液态或固态时,由于羧酸形成二聚体形式,$C=O$ 伸缩振动频率都在 1700 cm^{-1} 左右。

③振动耦合

振动耦合是指当两个化学键振动的频率相等或相近并具有一个公共原子时,由于一个键的振动通过公共原子使另一个键的长度发生改变,产生一个"微扰",从而形成了强烈的相互作用。这种相互作用的结果,使振动频率发生变化,一个向高频移动,一个向低频移动。例如酸酐的两个羰基,振动耦合而裂分为两个谱峰(~ 1820 cm^{-1} 和 ~ 1760 cm^{-1})。

④费米共振

当弱的倍频峰位于某强的基频峰附近时,它们的吸收峰强度常常随之增加,或发生谱峰分裂,这种倍频与基频之间的振动耦合叫做费米共振。例如:C_6H_5COCl 的 $\nu_{C=O}$ 为 1773 cm^{-1} 和 1736 cm^{-1}。这是由于 $\nu_{C=O}$(1774 cm^{-1})和 $C_6H_5-C=O$ 间的 $C-C$ 变角振动(880~860 cm^{-1})的倍频发生费米共振,使 $C=O$ 吸收峰裂分。

⑤立体障碍

由于立体障碍,羰基与双键之间的共轭作用受到限制时,$\nu_{C=O}$ 较高。如图 4-4 所示。

图 4-4　立体障碍影响基团频率位移

在（Ⅱ）中，由于接在 C＝O 上的 CH_3 的立体障碍，C＝O 与苯环的双键不能处在同一平面，结果共轭受到限制，因此 $\nu_{C=O}$ 振动频率比（Ⅰ）稍高。

⑥环的张力

环的张力越大，$\nu_{C=O}$ 振动频率就越高。在下面几个酮中，四元环的张力最大，因此它的 $\nu_{C=O}$ 振动频率就最高。如图 4-5 所示。

图 4-5　环的张力影响基团频率位移

子任务 2　解析红外光谱图

一、谱图解析的一般程序

1. 确定未知物的不饱和度

如果待测样品的化学式已知，可计算其不饱和度。所谓不饱和度（U）是表示有机分子中碳原子的饱和程度。计算不饱和度的经验公式为：

$$U = 1 + n_4 + \frac{n_3 - n_1}{2}$$

式中 n_1、n_3、n_4 分别为分子式中一价、三价和四价原子的数目。通常规定双键和饱和环状结构的不饱和度为 1，三键的不饱和度为 2，苯环的不饱和度为 4，链状饱和烃的不饱和度为 0。二价原子如氧、硫等不参加计算。

2. 谱图解析

解析红外谱图的主要目的是推导样品可能的分子结构。谱图解析没有一个确定的程序可循，往往具有一定的经验性，主要根据峰的位置、强度和形状三个要素进行结构推测。

谱图解析一般可归纳为两种方式：

(1)两区域法(特征区和指纹区)解析

①特征区

根据第一强峰有可能推断化合物具有哪些官能团，进而估计出化合物的类别。确定化合物是芳香族还是脂肪族、饱和烃还是不饱和烃，主要由 C—H 伸缩振动类型来判断。C—H 伸缩振动多发生在 3100～2800 cm^{-1}，以 3000 cm^{-1} 为界，高于 3000 cm^{-1} 为不饱和烃，低于 3000 cm^{-1} 为饱和烃。芳香族化合物的苯环骨架振动吸收在 1620～1470 cm^{-1}，若在(1600 ± 20) cm^{-1}、(1500 ± 25)cm^{-1}有吸收,确定化合物是芳香族。

②指纹区

作为化合物含有什么基团的旁证,指纹区许多吸收峰都是特征区吸收峰的相关峰,可以用来确定化合物的细微结构。

(2)按基团顺序解析

①首先查对$\nu_{C=O}$(1900~1650 cm^{-1},s)的吸收是否存在,如存在,则可进一步查对下列羰基化合物是否存在:

a.酰胺:查对ν_{N-H}(~3500 cm^{-1},m−s),有时为等强度双峰是否存在;

b.羧酸:查对ν_{O-H}(3300~2500 cm^{-1})宽而散的吸收峰是否存在;

c.醛:查对CHO基团的ν_{C-H}(~2720 cm^{-1})特征吸收是否存在;

d.酸酐:查对$\nu_{C=O}$(~1810 cm^{-1}和~1760 cm^{-1})的双峰是否存在;

e.酯:查对ν_{C-O}(1300~1000 cm^{-1},m−s)特征吸收是否存在;

f.酮:查对以上基团吸收都不存在时,则此羰基化合物很可能是酮;另外,酮的$\nu_{as(C-C-C)}$在1300~1000 cm^{-1}有一弱吸收峰。

②如果谱图上无$\nu_{C=O}$吸收带,则可查对是否为醇、酚、胺、醚等化合物:

a.醇或酚:查是否存在ν_{O-H}(3600~3200 cm^{-1},s、宽)和ν_{C-O}(1300~1000 cm^{-1},s)特征吸收;

b.胺:查是否存在ν_{N-H}(3500~3100 cm^{-1})和ν_{N-H}(1650~1580 cm^{-1},s)特征吸收;

c.醚:查是否存在ν_{C-O-C}(1300~1000 cm^{-1})特征吸收,且无醇、酚的ν_{O-H}(3600~3200 cm^{-1})特征吸收。

③查对是否存在C=C双键或芳环吸收带:

a.查有无链烯的$\nu_{C=C}$(~1650 cm^{-1})特征吸收;有无芳环的$\nu_{C=C}$(~1600 cm^{-1}和~1500 cm^{-1})特征吸收;

b.查有无链烯或芳环的$\nu_{=C-H}$(~3100 cm^{-1})特征吸收。

④查对是否存在C≡C或C≡N三键吸收带:

a.查有无$\nu_{C≡C}$(~2150 cm^{-1},w、尖锐)特征吸收;查有无$\nu_{≡C-H}$(~3200 cm^{-1},m、尖)特征吸收;

b.查有无$\nu_{C≡N}$(2260 cm^{-1}~2220 cm^{-1},m-s)特征吸收。

⑤查对是否存在硝基化合物:

查有无$\nu_{as(NO_2)}$(~1560 cm^{-1},s)和$\nu_{s(NO_2)}$(~1350 cm^{-1})特征吸收。

⑥查对是否存在烃类化合物:

如在试样光谱中未找到以上各种基团的特征吸收峰,而在~3000 cm^{-1},~1470 cm^{-1},~1380 cm^{-1},和720~780 cm^{-1}有吸收峰,则它可能是烃类化合物。烃类化合物具有最简单的红外吸收光谱图。

对于已知物的鉴定,只要将试样的谱图与标准样品的谱图对照,或与文献中对应的标准物的谱图进行对照。如果两张谱图中各吸收峰的位置和形状完全相同,峰的相对强度一样,就可以认为样品是该标准物。对于复杂有机化合物,仅仅由红外光谱确定其结构是困难的,通常需要结合其他谱图进行综合解析,才能得到可靠的结论。

3.标准谱图的使用

在进行定性分析时,对于能获得相应纯品的化合物,一般通过谱图对照即可。对于没有已知纯品的化合物,则需要与标准谱图进行对照,最常见的标准谱图有 3 种,即萨特勒标准红外光谱集(the Sadtler Standard Spectra)、分子光谱文献"DMS"(Documentation of Molecular Spectroscopy)穿孔卡片和 ALDRICH 红外光谱库(The Aldrich Library of Infrared Spectra)。从计算机谱图库中也可调出大量标准谱图。

二、谱图解析练习

【例 4-1】 有一无色液体,其化学式为 C_8H_8O,红外光谱如图 4-6 所示,试推测其结构。

图 4-6 C_8H_8O 的红外光谱图

解:(1)计算不饱和度:$U = 1 + 8 - \dfrac{8}{2} = 5$

(2)各峰的归宿为:

$\tilde{\nu}/cm^{-1}$	归宿	结构单元	不饱和度	化学式单元
3100~3000				
1600 1590 1460	ν_{C-H}不饱和 $\nu_{C=O}$芳环	R ⬡	4	C_6H_5
760 690	γ_{C-H}一取代 $\nu_{C=O}$			
1695		R′ 〉C=O R″	1	CO
3000~2900	ν_{C-H}饱和			
1360	δ_{C-H}甲基 邻近羰基	CH₃	0	CH₃
1450	使其增强			

说明:该化合物是单取代芳核,且邻接酮羰基,使羰基吸收波数降低。一个芳核和一个羰基,不饱和度为 5,还剩下一个甲基,从 1370 cm^{-1} 峰的增强,说明是甲基酮。综上所

述,此化合物为 。

【例 4-2】 某未知物的分子式为 C_7H_8O,在下列波数处有吸收峰:①~3040 cm^{-1};②~1010 cm^{-1};③~3380 cm^{-1};④~2935 cm^{-1};⑤~1465 cm^{-1};⑥~690 cm^{-1} 和 740 cm^{-1}。在下列波数处无吸收峰:①~1735 cm^{-1};②~2720 cm^{-1};③~1380 cm^{-1};④~1182 cm^{-1}。请鉴别存在的(及不存在的)每一吸收峰所属的基团,并写出该化合物的结构式。

解:(1)计算不饱和度: $U = 1 + 7 - \dfrac{8}{2} = 4$,则化合物可能有苯环。

(2)存在的吸收峰可能所属的基团为:①苯环上 C—H 伸缩振动;②C—O 的伸缩振动;③O—H 伸缩振动(缔合);④ $\diagdown$CH$_2$ 的伸缩振动;⑤ $\diagdown$CH$_2$ 的弯曲振动;⑥苯环单取代后 C—H 的面外弯曲振动。不存在的吸收峰可能所属的基团为:①不存在 C=O;②不存在—CHO;③不存在—CH$_3$;④不存在 C—O—C。

故该化合物最可能结构为苯甲醇 。

【例 4-3】 化合物 C_8H_7N 的红外光谱具有如下特征吸收峰,请推断其结构:①~3020 cm^{-1};②~1605 及~1510 cm^{-1};③~817 cm^{-1};④~2950 cm^{-1};⑤~1450 及 1380 cm^{-1};⑥~2220 cm^{-1}。

解:(1)计算不饱和度: $U = 1 + 8 + \dfrac{1-7}{2} = 6$,则可能为苯环加上两个双键或一个三键。

(2)各特征吸收峰的可能归宿:①=CH,可能为苯环上 C—H 伸缩振动;②为苯环的骨架(呼吸)振动;③可能为苯环对位取代后 C—H 的面外弯曲振动;④可能为—CH$_3$ 的伸缩振动;⑤可能为—CH$_3$ 的弯曲振动;⑥可能为三键的伸缩振动,应为 C≡N。故该化合物最可能结构为对甲基甲腈 $H_3C-$$-C≡N$ 。

技能训练测试题

一、选择题

1.红外吸收光谱的产生是由于(　　　)。

A.分子外层电子、振动、转动能级的跃迁

B.原子外层电子、振动、转动能级的跃迁

C.分子振动、转动能级的跃迁

D.分子外层电子的能级跃迁

2.醇羟基的红外光谱特征吸收峰为(　　　)。

A. 1000 cm^{-1}　　　　　　　　　　　　B. 2000~2500 cm^{-1}

C. 2000 cm^{-1}　　　　　　　　　　　　D. 3600~3650 cm^{-1}

3.在下面各种振动模式中,不产生红外吸收带的是( )。

A.乙炔分子中的—C≡C—对称伸缩振动

B.乙醚分子中的 C—O—C 不对称伸缩振动

C.CO_2分子中的 O—C—O 不对称伸缩振动

D.HCl 分子中的 H—Cl 键伸缩振动

4.有一含氧化合物,如用红外光谱判断它是否为羰基化合物,主要依据的谱带范围为( )。

A.3500～3200 cm^{-1} B.1950～1650 cm^{-1}

C.1500～1300 cm^{-1} D.1000～650 cm^{-1}

5.在多原子分子中,以下分子的振动形式中强度最大的是( )。

A.面内弯曲振动   B.面外弯曲振动

C.对称伸缩振动   D.不对称伸缩振动

二、填空题

1.在中红外光区中,一般把 4000～1330 cm^{-1}区域叫做_____,而把 1330～400 cm^{-1}区域叫做_____。

2.在分子中,原子的运动方式有三种,即_____、_____和_____。

3.在振动过程中键或基团的_____不发生变化,就不吸收红外光。

4.影响基团频率的内部因素有 _____、_____、_____、费米共振、_____、_____。

5.设有四个基团:CH_3、$C≡C$、$C=C—CH_3$、$C=O$ 和四个吸收带:3300 cm^{-1}、3030 cm^{-1}、2960 cm^{-1}、2720 cm^{-1}。则 3300 cm^{-1}是由_____基团引起的,3030 cm^{-1}是由_____基团引起的。

三、简答题

1.试说明分子振动的形式有哪几种。

2.试说明产生红外吸收的条件。

3.中红外光区可分为哪四个吸收区域和八个吸收段?

4.试说明按基团顺序解析红外吸收光谱的方法步骤。

四、计算题

计算下列分子的不饱和度:

①C_8H_{10} ②$C_8H_{10}O$ ③$C_4H_{11}N$ ④$C_{10}H_{12}S$ ⑤$C_8H_{17}Cl$ ⑥$C_7H_{13}O_2Br$

任务2 认识红外光谱仪

【任务分析】

从化合物的红外光谱可以识别其含有的功能团,从而推测化合物的类型和结构;通过对某个选定吸收带面积的测量,可以对化合物进行定量分析,故红外光谱仪是化学、物理、地质、生物、医药、环保及材料科学等的重要研究工具。

为了完成本任务,应学习红外光谱仪的相关组成结构和工作原理,明确质检中心提供的仪器的型号,认真阅读仪器的使用说明书(不同生产厂家、不同型号的仪器,其使用操作规程是不同的),以达到迅速熟练操作仪器的目的。

学习目标

1. 知识目标

(1) 了解红外光谱仪的分类。

(2) 熟悉红外光谱仪的组成和各部分作用。

2. 能力目标

(1) 会使用红外光谱仪,会进行固体红外样品的制备(含压片机的使用等)。

(2) 熟悉红外光谱仪日常的维护。

(3) 会利用红外光谱图进行定性解析。

3. 素质目标

(1) 具有独立工作能力。

(2) 具有团结协作能力。

(3) 具有按规范、规程操作的习惯。

(4) 具有安全操作意识和意外事故处理能力。

子任务 1 熟悉红外光谱仪的组成及各部分作用

目前生产和使用的红外光谱仪主要有色散型和干涉型两大类。色散型分为棱镜分光型和光栅分光型,干涉型为傅立叶变换红外吸收光谱仪(FT-IR)。

一、色散型红外光谱仪

色散型红外光谱仪,又称经典红外光谱仪,它主要由光源、吸收池、单色器、检测器、放大器及记录机械装置五个部分组成。图 4-7 为双光束红外光谱仪工作原理示意图。

图 4-7　双光束红外光谱仪工作原理示意图

1. 基本原理

光源发出的光被分为两束强度相同的光束,一束通过样品池,一束通过参比池。通过参比池的光束经衰减器(亦称光楔或光梳)与通过样品池的光束会合于斩光器(亦称切光器)处,使两光束交替进入单色器色散之后,同样交替投射到检测器上进行检测。单色器的转动与光谱仪记录装置谱图图纸横坐标方向相关联。横坐标的位置表明了单色器的某一波长(波数)的位置。若样品对某一波数的红外光有吸收,则两光束的强度便不平衡,参比光路的强度比较大。因此检测器产生一个交变的信号,该信号经放大、整流后负反馈于连接衰减器的同步马达,该马达使光楔更多地遮挡参比光束,使之强度减弱,直至两光束又恢复强度相等。此时交变信号为零,不再有反馈信号,此即"光学零位平衡"原理。移动光楔的马达同步联动记录装置的记录笔,沿谱图图纸的纵坐标方向移动,因此纵坐标表示样品的吸收程度。单色器转动的全过程就得到一张完整的红外光谱图。

2. 仪器主要部件

(1)光源(图 4-8):

光源可以提供发射高强度连续红外光的炽热物体。

①能斯特灯

能斯特灯是由稀土金属氧化物烧结的空心棒或实心棒。直径约 $1\sim2$ mm,长度约 $25\sim30$ mm,两端绕有 Pt 丝作为导线。主要成分有:氧化锆(75%)、氧化钇、氧化钍等,并含有少量的氧化钙、氧化钠、氧化镁等。

图 4-8　光源

优点是:发光强度大,稳定性好,寿命长,不需水冷;缺点是:机械性能较差,易脆,操作较不方便,价格较贵。

②硅碳棒

硅碳棒是由 SiC 加压在 20000 K 烧结而成的,两端较粗(约 $\phi7\times27$mm),中间较细(约 $\phi5\times50$ mm)。

优点是:发光体不要预热,发光面积大,波长范围宽(可低至 200 cm^{-1}),坚固、耐用,使用方便及价格较低;缺点是:电极触头发热需水冷,工作时间长时电阻增大。

其他光源如高压汞灯,用于远红外区;钨丝灯常用于近红外区;可调二氧化碳激光光源,用于监测某些大气污染物的浓度和测定水溶液中的吸收物质。

(2)样品室

样品室(图 4-9)一般为一个可插入试片插板(用于固体试样)或样品池(用于液体或气体试样)的样品槽。

样品池的类型有固定液体池(图 4-10)、可拆液体池(图 4-11)、气体池等。

图 4-9　样品室

图 4-10　固定液体池

图 4-11　可拆液体池

液体池一般由后框架、垫片、后窗片、间隔片、前窗片和前框架等部分组成。一般,后框架和前框架由金属材料制成;前窗片和后窗片为氯化钠、溴化钾、KRS-5 和 ZnSe 等晶体薄片;间隔片常由铝箔和聚四氟乙烯等材料制成,起着固定液体样品的作用,厚度为 $0.01\sim2$ mm。常用对红外光透过性好的碱金属、碱土金属的卤化物,如 NaCl、KBr、CsBr、CaF$_2$ 等或 KRS-5(TlI 58%,TlBr 42%)等材料做成窗片,常见的窗片材料见表 4-4。

窗片必须注意防湿及损伤。固体试样常与纯 KBr 混匀压片,然后直接测量。

表 4-4　　　　　　　　　　　　　　　　窗片材料

材料 名称	化学 组成	透光范围		水中溶解度 /(g/100 mL)	折射率
		cm^{-1}	μm		
氯化钠	NaCl	5000~625	2~16	35.7(0 ℃)	1.54
溴化钾	KBr	5000~400	2~25	53.5(0 ℃)	1.56
碘化铯	CsI	5000~165	2~61	44.0(0 ℃)	1.79
KRS-5	TlBr+TlI	5000~250	2~40	0.02(20 ℃)	2.37
氯化银	AgCl	5000~435	2~23	不溶	2.0
氟化钙	CaF$_2$	5000~1110	2~9	0.0016(20 ℃)	1.43
氟化钡	BaF$_2$	5000~830	2~12	0.17(20 ℃)	1.46

①中红外光谱区的透光材料:氯化钠或溴化钾(易吸水),应放在干燥器中,在湿度较小的环境中操作。含水试样采用:KRS-5、ZnSe、CaF$_2$ 等材料。

②近红外光谱区的透光材料:石英、玻璃。

③远红外光谱区的透光材料:KRS-5、聚乙烯膜或颗粒。

气体样品一般都灌注于如图 4-12 所示的气体池内进行测定。它的两端黏合有可透过红外光的窗片。窗片的材质一般是 NaCl 或 KBr。进样时,一般先把气槽抽真空,然后再灌注样品。

(3)单色器

单色器是色散型红外光谱仪的核心部件,主要由棱镜或光栅等色散元件、入射和出射狭缝、反射镜、凹面镜等构成。它位于吸收池和检测器之间,作用是把通过吸收池进入入射狭缝的复合光分解成单色光照射到检测器上。

图 4-12　气体池

(4)检测器

红外光谱仪的检测器的作用是将照射到上面的红外光转变成电信号,主要有高真空热电偶、测热辐射计和气体检测器。此外,还有可在常温下工作的硫酸三甘肽(TGS)热电检测器和只能在液氮温度下工作的碲镉汞(MCT)光电导检测器等。

①高真空热电偶

根据热电偶的两端点由于温度不同而产生温差热电势这一原理,让红外光照射热电偶的一端。此时,两端点间的温度不同,产生电势差,在回路中有电流通过,而电流的大小则随照射的红外光的强弱而变化。为了提高灵敏度和减少热传导的损失,热电偶要密封在一高真空的容器内。

②测热辐射计

它是以很薄的热感原件作受光面,装在惠斯登电桥的一个臂上,当光照射到受光面上时,由于温度的变化,热感原件的电阻也随之变化,以此实现对辐射强度的测量。但由于电桥线路需要非常稳定的电压,因而现在已很少使用这种检测器。

③气体检测器

常用的气体检测器为高莱池,它的灵敏度较高,其结构如图 4-13 所示。

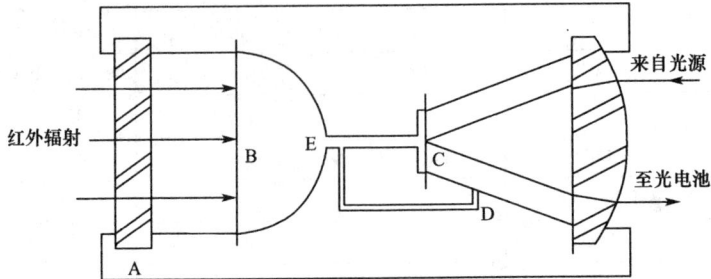

图 4-13　高莱池示意图

A—盐窗;B—涂黑金属膜;C—软镜膜;D—泄气膜;E—氙气盒

当红外光通过盐窗照射到涂黑金属膜 B 上时,B 吸收热能后,使氙气盒 E 内的氙气温度升高而膨胀。气体膨胀产生的压力,使封闭气室另一端的软镜膜凸起。另一方面,从光源射出的光到达软镜膜时,它将光反射到光电池上,于是产生与软镜膜的凸出度成正比,也是与最初进入气室的辐射成正比的光电流。这种检测器可用于整个红外波段。但采用的是有机膜,易老化,寿命短,且时间常数较长,不适用于扫描红外检测。

光电检测器和热释电检测器由于灵敏度高,响应快,因此均用作傅立叶变换红外光谱仪的检测器。

(5)放大器及记录机械装置

由检测器产生的电信号是很弱的,信号必须经电子放大器放大。放大后的信号驱动光楔和马达,使记录笔在记录纸上移动。现代的仪器还配有微机处理系统,可控制仪器自动操作、谱图中各种参数设置、谱图检索等。

二、傅立叶变换红外光谱仪(FT-IR)

傅立叶变换红外光谱仪是红外光谱仪器的第三代。它主要由光源、迈克尔逊干涉仪、检测器、记录系统四个部分组成。

1.基本原理

如图 4-14 所示,由红外光源发出的红外光经校准成为平行红外光束进入干涉仪系统,经干涉仪调制后得到一束干涉光。干涉光通过样品,获得含有光谱信息的干涉信号到达检测器上,由检测器将干涉信号变为电信号。此处的干涉信号是一时间函数,即由干涉信号绘出的干涉图,其横坐标是动镜移动时间或动镜移动距离。这种干涉图经过 A/D 转换器送入计算机,由计算机进行傅立叶变换的快速计算,即可获得以波数为横坐标的红外光谱图。然后通过 D/A 转换器送入绘图仪而绘出人们十分熟悉的标准红外光谱图。

图 4-14 傅立叶变换红外光谱仪原理图

2. 仪器主要部件

(1)光源

要求光源能发射出稳定、能量强、发射度小的具有连续波长的红外光。一般用能斯特灯、硅碳棒或涂有稀土金属化合物的镍铬旋状灯丝。

(2)迈克尔逊干涉仪

FT-IR 的核心部分就是迈克尔逊干涉仪。由定镜、动镜、分束器和探测器组成。核心部件是分束器,简称 BS。其作用是使进入干涉仪中的复合光变为干涉光。不同红外光谱范围所用 BS 不同。BS 的种类及适用范围见表 4-5。

表 4-5　分束器分类及适用范围

名　称	适用波数范围/cm^{-1}
石英近红外	15000～2000
CaF$_2$近红外 Si	13000～1200
宽范围 KBrGe	10000～370
中红外 KBrGe	5000～370
6 μm Mylar(膜)远红外	500～50

(3)检测器

检测器可分为热检测器和光检测器两大类。一般用硫酸三甘肽(TGS)作热检测器,该检测器响应速度快,可用于快速扫描。

(4)记录系统

傅立叶变换红外光谱仪红外谱图的记录、处理一般都是在计算机上进行的。可以在软件上直接进行扫描操作,可以对红外谱图进行优化、保存、比较、打印等。此外,仪器上的各项参数可以在工作软件上直接调整。

3. FT-IR 的优点

(1)扫描速度快,一般在 1 s 内即可完成光谱范围的扫描,扫描速度最快可以达到60 次/s。

(2)光束全部通过,辐射通量大,检测灵敏度高。

(3)具有多路通过的特点,所有频率同时测量。

(4)具有很高的分辨率,在整个光谱范围内分辨率达到 0.1 cm^{-1}是很容易做到的。

(5)具有极高的波数准确度。若用 He-Ne 激光器,可提供 0.01 cm^{-1}的测量精度。

子任务2 学习红外光谱仪的基本操作

一、仪器与试剂

1.仪器

TJ270-30(A)型双光束红外光谱仪;压片机、模具和样品架;玛瑙研钵、不锈钢药匙、不锈钢镊子、红外灯。常见红外光谱仪附件、压片机和红外灯如图4-15、图4-16、图4-17所示。

图4-15 红外光谱仪附件

图4-16 压片机

图4-17 红外灯

2.试剂

苯甲酸(分析纯),KBr 粉末(光谱纯),无水乙醇(分析纯),擦镜纸。

二、实验内容与操作步骤

1.准备工作

(1)用分析纯的无水乙醇清洗玛瑙研钵,用擦镜纸擦干后,再用红外灯烘干。

(2)试样的制备

取 2~3 mg 苯甲酸与 200~300 mg 干燥的 KBr 粉末,置于玛瑙研钵中,在红外灯下混匀,充分研磨(颗粒粒度 2 μm 左右)后,用不锈钢药匙取约 70~80 mg 于压片机模具的两片压舌下。将压力调至 28 kgf 左右,压片,约 5 min 后,用不锈钢镊子小心取出压制好的试样薄片,置于样品架中待用。

2.试样的分析测定

(1)开机

首先分别打开计算机、红外系统主机与控制开关,再连接好 USB 电缆线,然后单击"开始\程序\TJ270"或双击桌面快捷方式,进行系统初始化并运行系统程序。

(2)测试样品

①系统参数设置

单击"文件\参数设置"或直接单击工具栏中 参数设置 即可。此时,弹出参数设置菜单。

参数设置应根据样品要求来确定,若无要求或要求不确定,一般按照如下设置:

将测量模式设置为"透过率",扫描速度设置为"快",狭缝宽度设置为"正常",响应时间设置为"正常",X−范围设置为"4000~400",Y−范围设置为"0~100",扫描方式设置为"连续",次数设置为"1"即可。

②系统校准

此处,样品以真空作为参照物。

在确认样品室中未放置任何物品的情况下,单击菜单栏中的"系统操作\系统校准"或直接按 F2 快捷键,进行系统 0 和 100% 的校准。

③扫描

将事先处理好的样品放入样品室中的样品光样品池中,单击"测量方式\扫描"或直接单击工具栏中的 扫描 ,开始进行扫描。

④数据处理

扫描结束后,可在右侧的信息栏中的"当前谱线\名称"一栏中,输入样品名称及操作者。

单击"文件\保存"或直接单击工具栏中 保存 来保存图谱。

单击"文件\打印"或直接点击工具栏中 打印 来打印图谱。

单击"数据处理\读取数据"来进行列表读取或光标读取,或直接单击工具栏中 光标读取 来直接进行光标读取。

单击"数据处理\峰值检出"或直接单击工具栏中 峰值检索 来进行峰值检出。

3. 退出系统与关机

样品测试结束后,单击"文件\退出系统"或直接单击右上角的关闭按钮退出红外操作系统。分别关闭控制开关、红外主机与计算机。

三、结束工作

1. 用无水乙醇清洗玛瑙研钵、不锈钢药匙、镊子。

2. 清理台面,填写仪器使用记录。

四、注意事项

1. 在红外灯下操作时,用溶剂(乙醇,也可以用四氯化碳或氯仿)清洗盐片,不要离灯太近,否则,移开灯时温差太大,盐片会碎裂。

2. 取出试样压片时为防止压片破裂,应用泡沫或其他物品作缓冲。

3. 谱图处理时,平滑参数不要选择太高,否则会影响谱图的分辨率。

任务考核

【考核评分表】

序号	作业项目	考核内容	配分	操作要求	考核记录	扣分	得分
一	试样制备、压片	模具清洗	2	规范			
		试样和 KBr 粉末干燥	2	规范			
		试样和 KBr 粉末的称量	2	合理			
		试样和 KBr 粉末的混合,研磨	4	规范			
		压片操作	4	规范			
		试片的质量	6	薄、均匀、透明			
二	试样分析	开除湿机	2	正确规范			
		开机预热	2	提前进行			
		试样片和参比片的放置	2	正确			
		开电脑,开工作站	2	正确规范			
		参数设置	4	正确规范			
		系统校准	4	正确规范			
		样品扫描	4	正确规范			
		谱图处理	6	熟练规范			
		谱图保存	2	规范			
三	关机	退出工作站	2	规范			
		关电脑	2	规范			
		关机	2	规范			
四	数据处理和实训报告	主要吸收峰归属解析	20	正确			
		定性结果	10	正确			
		谱图、报告	10	正确、完整、规范、及时			
五	文明操作结束工作	清洗模具,放回干燥器,仪器结束工作	6	关除湿机,仪器拔电源,盖防尘罩;台面无水迹或少水迹、废纸废液不乱扔乱倒、结束工作完成良好			
六	总分						

技能训练测试题

一、填空题

1.色散型红外光谱仪,又称_____,主要由_____、_____、_____、放大器及记录机械装置五个部分组成。

2.常见的红外光源主要有_____和_____。

3. 红外分光光度计的检测器主要有_____、_____和气体检测计；此外还有_____和_____等。

4. 在迈克尔逊干涉仪中，核心部分是_____，简称_____。

5. 中红外透光材料中，常用的有_____和_____。

二、选择题

1. FTIR 中的核心部件是(　　)。

A. 硅碳棒　　　　　　　　　　　B. 迈克尔逊干涉仪

C. DTGS　　　　　　　　　　　　D. 光楔

2. 下列红外光源中可用于远红外光区的是(　　)。

A. 碘钨灯　　　　　B. 高压汞灯　　　　　C. 能斯特灯　　　　　D. 硅碳棒

3. 高莱池属于(　　)。

A. 高真空热电偶检测器　　　　　B. 气体检测器

C. 测热辐射计　　　　　　　　　D. 光电导检测器

4. 液体池的间隔片常由(　　)材料制成，起着固定液体样品的作用。

A. 氯化钠　　　　　B. 溴化钾　　　　　C. 聚四氟乙烯　　　　　D. 铝箔

5. 红外光谱分析中，对含水样品的测试可采用(　　)材料作载体。

A. NaCl　　　　　B. KBr　　　　　C. KCl　　　　　D. CaF_2

三、简答题

1. 试简要说明经典色散型红外光谱仪的组成及工作原理。

2. 试说明迈克尔逊干涉仪的组成及工作原理。

3. 简要说明红外光谱仪的日常维护。

任务 3　头孢拉定的定性鉴别

【任务分析】

根据中国药典 2000 年版二部规定，头孢拉定成品分析需进行：性状测定，鉴别（定性），检查（包括结晶度、酸度、头孢氨苄、有关物质、水分、炽灼残渣、重金属等项目），含量测定（主成分定量）。定性鉴别可以采用薄层色谱法、高效液相色谱法、红外光谱法。这里我们重点学习利用红外光谱法进行定性。

学习目标

1. 知识目标

熟悉红外定性分析的一般步骤。

2. 能力目标

(1) 掌握固体红外样品的制备（含压片机的使用等）、液体红外样品的制备（含液体池的使用）等、红外气体槽的使用。

(2) 熟练掌握红外光谱仪的使用。

3. 素质目标

(1) 具有独立工作能力。

(2) 具有团结协作能力。

(3)具有灵活运用所学知识解决实际问题的能力。

(4)具有安全操作意识和意外事故处理能力。

子任务 1　制　样

一、试样的前处理与制备要求

1.前处理

试样中的微量杂质（<0.1％～1％）可以不需要进行处理,超过 0.1％～1％,就需分离出去微量杂质。分离提纯的方法:重结晶、精馏、萃取、柱层析、薄层层析、气液制备色谱等。对于一些难提纯的混合组分,也要尽可能减少组分数。

2.制备要求

①试样应该是单一组分的纯物质,纯度应大于 98％或符合商业标准。

②试样中应不含游离水。水本身会产生红外吸收,严重干扰样品光谱,而且会侵蚀吸收池的盐窗。

③试样的浓度和测试厚度应合适,以使光谱图中大多数峰的透射比在 10％～80％范围内。太稀或太薄时,一些弱峰可能不出现,太浓或太厚时,可能使一些强峰的记录超出,无法确定峰的位置。

二、试样制备

1.气体

(1)样品:气体、蒸气压高的液体、固体或液体分解所产生的气体。

(2)样品池类型:气体池(池体直径约 40 mm,长度有 100、200、500 mm 等各种类型)。

(3)进样:气体池的两端黏合有可透过红外光的窗片。窗片的材质一般是 NaCl 或 KBr。进样时,一般先把气槽抽真空,然后再灌注样品。气体池要有优良的气密性。

2.液体

(1)样品池的类型:固定池、可拆池。

(2)液体样品的制备

①液膜法

a.适合测定对象:高沸点(沸点>80 ℃)、黏稠型液体。

b.适合样品池:可拆池。

c.制样:在可拆池两盐片之间,滴上 1～2 滴液体样品,使之形成一层薄薄的液膜。液膜厚度可借助于池架上的固紧螺丝作微小调节。这种方法重现性较差,不宜作定量分析。

d.液膜厚度的选择:

脂肪族碳氢化合物:～0.02 mm;

卤化物、芳香族化合物:～0.01 mm;

含氧、氮的有机物:～0.005 mm;

含硅、氟的有机物:～0.03 mm。

液膜<0.015 mm 以下时,可以借助窗片的附着力,使其自然形成液膜。

②溶液法

a.适合测定对象:红外吸收很强,用液膜法不能得到满意谱图的液体样品的定性。该法也特别适用于定量。

b.适合样品池:可拆池。

c.制样:用溶剂 CS_2、CCl_4、$CHCl_3$ 等溶解吸收很强的液体后,再用液膜法进行测定。溶剂主要起稀释作用。

d.溶剂选择的要求:溶剂在所测量的光谱区域中没有吸收,例如:CS_2(在 $600\sim1350$ cm^{-1} 常用)、CCl_4(在 $1350\sim4000$ cm^{-1} 常用)、$CHCl_3$(在 $900\sim4000$ cm^{-1} 常用);溶剂对样品无强烈的溶剂化作用,通常为非极性溶剂;溶剂对盐窗没有腐蚀作用;溶剂对样品应有足够溶解能力。

③液体池法

a.适合测定对象:沸点低、挥发性较大的液体或吸收很强的固、液体需配成溶液进行测量的试样。

b.适合样品池:固定池。

c.制样:液体池由两个盐(NaCl 或 KBr)片作为窗板,中间夹一薄层垫片板,形成一个小空间,盐片上有小孔,用注射器注入样品。吸收池应倾斜 $30°$,用注射器(不带针头)吸取待测的样品,由下孔注入直到上孔看到样品溢出为止,用聚四氟乙烯塞子塞住上、下注射孔,用高质量的纸巾擦去溢出的液体后,便可进行测试。测试完毕,取出塞子,用注射器吸出样品,由下孔注入溶剂,冲洗 $2\sim3$ 次。冲洗后,用吸耳球吸取红外灯附近的干燥空气吹入液体池内以除去残留的溶剂,然后放在红外灯下烘烤至干,最后将液体池存放在干燥器中。

3.固体

(1)KBr 压片法

a.适合测定对象:压片法是测定固体试样应用最广泛的方法,对于不溶于有机溶剂或没有合适溶剂的高聚物更为常用。

b.压片方法:需用专门的模具和油压机,把 $1\sim2$ mg 固体样品放在玛瑙研体中研细,加入 $100\sim200$ mg 磨细干燥的碱金属卤化物(多用 KBr)粉末,混合均匀后,加入压模内,在压片机上边抽真空加压,制成厚约 1 mm、直径约为 10 mm 左右的透明片子,在红外灯下烘干,然后置于仪器光路中测量。

c.必须注意的问题:压片法一般用 KBr 作为分散剂(也称稀释剂)。主要是因为 KBr 在 $400\sim4000$ cm^{-1} 区域中无吸收,且 KBr 与大多数的有机化合物的折光系数相近,可减少光散射引起的光能损失。此外 KBr 在高压下的可塑性及冷胀现象也利于制成薄片。KBr 的纯度要求要高,不含有水分;为了减少光散射,样品及 KBr 的粒度应 <2 μm,且颗粒必须均匀分散。稀释剂的比例为样品/稀释剂 $\approx1/100$。

油压机压力为 $(5\sim10)\times10^7$ Pa($5\sim10$ t/cm^2);加压同时要抽去空气。

(2)石蜡糊法

将 $2\sim5$ mg 样品磨细(粒度 <2 μm),滴入几滴重烃油(折光系数应与样品相近),研成糊状,涂于盐片上测量。调糊剂常用石蜡油,其光谱较简单,但由于其 C—H 吸收带常

对样品有影响,则可用全氟烃油代替。

常用的液体分散介质:液体石蜡油($n_d = 1.46$)、六氯丁二烯($n_d = 1.55$)、氟化煤油。这些液体分散介质自身也有各自的吸收峰。

（3）薄膜法（$10 \sim 50 \ \mu m$）

薄膜法主要用于某些高分子聚合物的测定。把样品溶于挥发性强的有机溶剂中,然后滴加于水平的玻璃板上,或直接滴加在盐板上,待有机溶剂挥发后形成薄膜,置于光路中测量。有些高聚物可以热熔后涂制成膜或加热后压制成膜。

（4）熔融法

样品置于晶面上,加热熔化,合上另一晶片。对于熔点较低,而且热稳定性好的样品,可以采用此法。

（5）漫反射法

样品加分散剂研磨,加到专用漫反射装置中,适用于某些在空气中不稳定,高温下能升华的样品。

注:本任务头孢拉定样品的制备参见子任务 3（头孢拉定的定性鉴别）。

子任务 2　红外光谱定性分析

红外光谱的定性分析,大致可以分为官能团定性和结构分析两个方面。官能团定性即根据化合物的特征基团频率来检定待测物质含有哪些基团,从而确定有关化合物的类别。结构分析或称之为结构剖析,则需要由化合物的红外吸收光谱并结合其他实验资料来推断有关化合物的化学结构式。

定性分析的一般步骤如下:

（1）试样的分离和精制

试样不纯会给光谱的解析带来困难,因此对混合试样要进行分离,对不纯试样要进行提纯,用各种分离手段（如分馏、萃取、重结晶、层析等）提纯未知试样,以得到单一的纯物质。

（2）收集未知试样的有关资料和数据

了解试样的来源、元素分析值、相对分子质量、熔点、沸点、溶解度、有关的化学性质,以及紫外吸收光谱、核磁共振波谱、质谱等,这样可以大大节省谱图解析的时间。

（3）确定未知物的不饱和度

详见任务 1（认识红外光谱法）中的子任务 2（解析红外光谱图）。

（4）谱图解析

详见任务 1（认识红外光谱法）中的子任务 2（解析红外光谱图）。

子任务 3　头孢拉定的定性鉴别

(药典)

一、头孢拉定红外光谱图（图 4-18）

中文名：头孢拉定
英文名：Cefradine
分子式：$C_{16}H_{19}N_3O_4S$
试样制备：KBr压片法
备注：取供试品适量，溶于甲醇，于室温挥发
　　　至干，取残渣测定。
Note:Dissolve a proper quantity in little methanol,
　　　evaporate to dryness at room temperature.

光谱号　722

图 4-18　头孢拉定红外光谱图

二、红外定性分析

取本品和头孢拉定对照品各适量，分别溶于甲醇，于室温挥发至干，取残渣按照红外分光光度法测定，本品的红外光吸收图谱应与头孢拉定对照品的图谱一致。

(附加)子任务 4　二甲苯的红外吸收光谱绘制与解析

一、仪器与试剂

（1）仪器

红外光谱仪、液体池、3 支 1 mL 注射器、两块 KBr 晶片、毛细管数支、擦镜纸。

（2）试剂

邻二甲苯、间二甲苯、对二甲苯（均为分析纯）各 1 瓶，三种二甲苯的试样各 1 瓶，无水乙醇（分析纯）1 瓶。

二、实验内容与操作步骤

(1)准备工作

①开机。

②用注射器装上无水乙醇清洗液体池 3~4 次;直接用无水乙醇清洗两块 KBr 晶片,用擦镜纸擦干后,置于红外灯下烘烤。

(2)标样的分析测定

①扫描背景。

②扫描标样:在液体池中依次加入邻二甲苯、间二甲苯和对二甲苯标样后,置于样品室中进行扫描,保存,记录下各标样对应的文件名。或者用毛细管分别蘸取少量的邻二甲苯、间二甲苯和对二甲苯标样均匀涂渍于一块 KBr 晶片上,用另一块夹紧后置于样品室中迅速扫描。

(3)试样的分析测定

①扫描背景。

②扫描试样:按扫描标样的方法对三种试样进行扫描,记录下各试样对应的文件名。

(4)结束工作

①关机。

②用无水乙醇清洗液体池和 KBr 晶片。

③整理台面,填写仪器使用记录。

三、注意事项

(1)每做一个标样或试样前都需用无水乙醇清洗液体池或两块 KBr 晶片,然后再用该标样或试样润洗 3~4 次。

(2)用液膜法测定标样或试样时要迅速,以防止标样或试样的挥发。

四、数据处理

(1)对各谱图进行优化处理。

(2)对三种标样的谱图进行比较,指出其异同点。

(3)分析三种标样的谱图,判断其各属于何种二甲苯。

任务考核

【考核评分表】

序号	作业项目	考核内容	配分	操作要求	考核记录	扣分	得分
一	液体池的清洗、装样	液体池的清洗	6	规范			
		取样	6	规范			
		液层厚度的控制	4	合理			

（续表）

序号	作业项目	考核内容	配分	操作要求	考核记录	扣分	得分
二	试样分析	开除湿机	2	正确规范			
		开机预热	2	提前进行			
		液体池的放置	2	正确			
		开电脑,开工作站	2	正确规范			
		参数设置	4	正确规范			
		系统校准	4	正确规范			
		样品扫描	4	正确规范			
		谱图处理	6	熟练规范			
		谱图保存	2	规范			
三	关机	退出工作站	2	规范			
		关电脑	2	规范			
		关机	2	规范			
四	数据处理和实训报告	主要吸收峰归属解析	20	正确			
		定性结果	10	正确			
		谱图、报告	10	正确、完整、规范、及时			
五	文明操作结束工作	清洗液体池,放回干燥器。仪器结束工作	10	关除湿机,仪器拔电源,盖防尘罩;台面无水迹或少水迹、废纸废液不乱扔乱倒、结束工作完成良好			
六	总分						

技能训练测试题

一、简答题

1.制备红外样品的方法有哪些？说明注意事项。

2.简述红外光谱对试样的要求。

3.试说明红外定性分析的一般步骤。

4.怎样查对未知样品中是否存在 C＝O 基团？

二、讨论题

分组讨论并解析头孢拉定红外图谱。

子项目 2　头孢拉定的定量分析(高效液相色谱法)

【项目分析】

依据中国药典 2000 版二部,头孢拉定的定量分析通常采用高效液相色谱法进行分析。

任务 1　认识高效液相色谱法

【任务分析】

质检中心已经提供了完成本子项目所需要的仪器和试剂,包括高效液相色谱仪、流动相、过滤装置、脱气装置、头孢拉定样品等。我们的任务是首先学习高效液相色谱法的基本原理,然后学习如何使用高效液相色谱仪来完成样品的测定。

📖 学习目标

1.知识目标

(1)了解高效液相色谱法与气相色谱、经典液相色谱的异同。

(2)熟悉高效液相色谱法的分类。

2.能力目标

熟悉高效液相色谱法的应用领域。

3.素质目标

(1)具有高度的责任感和"质量第一"的理念。

(2)具有实事求是的工作作风。

(3)具有较好的团结协作能力。

子任务 1　认识高效液相色谱法的特点

气相色谱法与高效液相色谱法的比较:气相色谱法虽具有分离能力好,灵敏度高,分析速度快,操作方便等优点,但是受技术条件的限制,沸点太高的物质或热稳定性差的物质都难于应用气相色谱法进行分析。而高效液相色谱法可以在室温下进行分离,只要求试样能制成溶液,而不需要汽化,因此不受试样挥发性的限制。对于高沸点、热稳定性差、相对分子量大(大于 400 以上)的有机物(这些物质几乎占有机物总数的 $75\%\sim80\%$)原则上都可应用高效液相色谱法来进行分离、分析。据统计,在已知化合物中,能用气相色谱分析的约占 20%,而能用液相色谱分析的约占 $70\%\sim80\%$。

高效液相色谱法的应用范围远远大于气相色谱法。它广泛用于合成化学、石油化学、生命科学、临床化学、药物研究、环境监测、食品检验及法学检验等领域。

以液体为流动相的色谱称为液相色谱。柱色谱、薄层色谱、纸色谱等都属于此类色谱。高效液相色谱法(High Performance Liquid Chromatography, HPLC)是在经典液相色谱法的基础上,随着现代科学技术的发展而发展起来的一种高效、高速、高灵敏度的分离方法,目前它已经成为现代仪器分析中最重要的分离分析方法之一。

一、HPLC 的特点

与经典液相色谱相比,HPLC 的柱效更高,分析速度更快,实现了自动化检测,其主要特点见表 4-6。

表 4-6   高效液相色谱法的特点

项 目	特 点
高压	HPLC 固定相颗粒极细,填充十分紧密以提高柱效,流动相流经柱时受到阻力很大,为了较快通过色谱柱,必须对流动相施加高压。
高速	HPLC 完成分析所需时间通常为数分钟至数十分钟,比经典液相色谱法要快得多。
高效	HPLC 使用高效固定相,柱效很高。
高灵敏度	HPLC 采用了高灵敏度检测器,检测灵敏度很高。
应用范围广	既能分析一般化合物,也能分析沸点高、热稳定性差和具有生理活性的物质,还能分析离子型化合物和高聚物。

二、HPLC 与 GC 的比较

HPLC 与 GC 的基本概念和理论基本一致,但 HPLC 所用的流动相、固定相、应用范围、仪器组成等与 GC 不同。两种方法比较见表 4-7。

表 4-7   气相色谱与高效液相色谱的比较

方法 项目	高效液相色谱法	气相色谱法
进样方式	样品制成溶液	样品需加热汽化或裂解
流动相	1.液体流动相可为离子型、极性、弱极性、非极性溶液,可与被分析样品产生相互作用,并能改善分离的选择性; 2.液体流动相动力黏度为 10^{-3} Pa·s,输送流动相压力高达 $2\sim20$ MPa	1.气体流动相为惰性气体,不与被分析的样品发生相互作用; 2.气体流动相动力黏度为 10^{-5} Pa·s,输送流动相压力仅为 0.1~0.5 MPa
固定相	1.分离机理:可依据吸附、分配、筛析、离子交换、亲和等多种原理进行样品分离,可供选用的固定相种类繁多; 2.色谱柱:固定相粒度大小为 $5\sim10$ μm;填充柱内径为 $3\sim6$ mm,柱长 $10\sim25$ cm,柱效为 $10^3\sim10^4$;毛细管柱内径为 $0.01\sim0.03$ mm,柱长 $5\sim10$ m,柱效为 $10^4\sim10^5$;柱温为常温	1.分离机理:依据吸附,分配两种原理进行样品分离,可供选用的固定相种类较多; 2.色谱柱:固定相粒度大小为 $0.1\sim0.5$ mm;填充柱内径为 $1\sim4$ mm,柱效为 $10^2\sim10^3$;毛细管柱内径为 $0.1\sim0.3$ mm,柱长 $10\sim100$ m,柱效为 $10^3\sim10^4$,柱温为常温~300 ℃
检测器	选择型检测器:UVD,PDAD,FD,ECD 通用型检测器:ELSD,RID	通用型检测器:TCD,FID(有机物) 选择型检测器:ECD*,FPD,NPD
应用范围	可分析低分子量低沸点样品;高沸点、中分子、高分子有机化合物(包括非极性、极性);离子型无机化合物;热不稳定,具有生物活性的生物分子	可分析低分子量、低沸点有机化合物;永久性气体;配合程序升温可分析高沸点有机化合物;配合裂解技术可分析高聚物
仪器组成	溶质在液相的扩散系数(10^{-5} cm²·s⁻¹)很小,因此在色谱柱以外的死空间应尽量小,以减少柱外效应对分离效果的影响	溶质在气相的扩散系数(0.1 cm²·s⁻¹)大,柱外效应的影响较小,对毛细管气相色谱应尽量减小柱外效应对分离效果的影响

注:①UVD—紫外吸收检测器;PDAD—二极管阵列检测器;FD—荧光检测器;ECD—电化学检测器;RID—折光指数检测器;ELSD—蒸发激光散射检测器;TCD—热导检测器;FID—氢火焰离子化检测器;ECD*—电子俘获检测器;FPD—火焰光度检测器;NPD—氮磷检测器。

子任务 2　熟悉高效液相色谱的分类

按分离机理分类高效液相色谱可分为液固吸附色谱、液液分配色谱、键合相色谱、凝胶色谱、离子色谱等。

一、液固吸附色谱

1. 分离原理

液固色谱是以固体吸附剂作为固定相,固体吸附剂是一些多孔性的极性微粒物质,如氧化铝、硅胶等。液固色谱实质是根据物质在固定相上的吸附作用不同而进行分离的。当试样随流动相通过吸附剂时,由于流动相和试样中各组分对吸附剂的吸附能力不同,于是各组分分子和流动相分子对吸附剂表面活性中心发生吸附竞争。与吸附剂结构和性质相似的组分易被吸附,呈现了高保留值,反之,与吸附剂结构和性质差异较大的组分不易被吸附,呈现了低保留值。

2. 固定相

吸附色谱固定相可分为极性和非极性两大类。极性固定相主要有硅胶、氧化铝、分子筛等。非极性固定相有高强度多孔微粒活性炭和近来开始使用的 $5\sim10~\mu m$ 的多孔石墨化炭黑,以及高交联度苯乙烯-二乙烯基苯共聚物的单分散多孔微球($5\sim10~\mu m$)与碳多孔小球等。

极性吸附剂可进一步分为酸性吸附剂和碱性吸附剂。酸性吸附剂包括硅胶和硅酸镁等,碱性吸附剂有氧化铝、氧化镁等。酸性吸附剂适合于分离碱性物质,比如脂肪胺和芳香胺;碱性吸附剂适合于分离酸性物质,比如酚、羧酸和吡咯衍生物等。

吸附剂的结构类型主要以薄壳型硅胶和全多孔硅胶为主。实际工作中,应根据分析样品的特点及分析仪器来选择合适的吸附剂,选择时考虑的因素有吸附剂的形状、粒度、比表面积等。表 4-8 列出了液固色谱法中常用的固定相的物理性质。

表 4-8　　　　　　　　　　液固色谱法常用的固定相的物理性质

类型	商品名称	形状	粒度/μm	比表面积/$(m^2 \cdot g^{-1})$	平均孔径/nm	生产厂家
全多孔硅胶	YQG	球形	5～10	300	30	北京化学试剂研究所
	YQG-1	球形	37～55	400～300	10	青岛海洋化工厂
	Chromegasorb	无定形	5,10	500	60	ES Industries
	Chromegaspher	球形	3,5,10	500	60	ES Industries
	Si 60,Si 100	球形	5,10	250	100	Merck(德)
	Nucleosil 50	球形	5,7,10	500	50	Macherey-Nagel
薄壳硅胶	YBK	球形	25～37～50	14～7～2	—	上海试剂一厂
	Zipax	球形	37～44	1	80	Du pont(美)
	Corasil I,II	球形	37～50	14～7	5	Waters(美)
	Perisorb A	球形	30～40	14	6	Merck(德)
	Vydac SC	球形	30～40	12	5.7	Separation Group(美)

（续表）

类型	商品名称	形状	粒度/μm	比表面积 /$(m^2 \cdot g^{-1})$	平均孔径 /nm	生产厂家
堆积硅胶	YDG	球形	3,5,10	300	10	上海试剂一厂
全多孔氧化铝	Spherisorb AY	球形	5,10,30	100	15	Chrompak(荷兰)
	Spherisorb AX	球形	5,10,30	175	8	Chrompak(荷兰)
	Lichrosorb ALOXT	无定形	5,10,30	70	15	Merck(美)
	Micro Pak-AL	无定形	5,10	70	——	Varian(美)
	Bio-Rab AG	无定形	74	200	——	Bio-Rad(美)

平均孔径(D)：指多孔基体所有孔洞的平均直径。

3. 流动相

在液固色谱中，选择流动相的基本原则是极性大的试样用极性较强的流动相，极性小的则用极性弱的流动相。

流动相的极性强度可用溶剂强度参数 $\varepsilon°$ 表示。$\varepsilon°$ 是指每单位面积吸附剂表面的溶剂的吸附能力，$\varepsilon°$ 越大，表明流动相的极性也越大。表 4-9 列出了以氧化铝为吸附剂时，一些常用流动相洗脱强度的次序。

表 4-9　　　　　　　　　　　　氧化铝上的洗脱序列

溶　剂	$\varepsilon°$	溶　剂	$\varepsilon°$
正戊烷	0.00	二氯乙烷	0.44
异戊烷	0.01	四氢呋喃	0.45
环己烷	0.04	丙酮	0.56
四氯化碳	0.18	乙腈	0.65
甲苯	0.29	二甲基亚砜	0.75
氯仿	0.40	异丙醇	0.82
二氯甲烷	0.42	甲醇	0.95

为了获得合适的溶剂极性，常采用两种或两种以上不同极性的溶剂按一定比例混合后使用，如果样品各组分的分配比 k' 值差异比较大，可采用梯度洗脱（即间断或连续地改变流动相的组成或其他操作条件，从而改变其色谱洗脱能力的过程）。

4. 应用

液固色谱是以表面吸附性能为依据的，主要用来分析具有极性官能团且极性较小的化合物。它对同系物的选择性很小，对不同族化合物具有好的选择分离能力。因此液固色谱有利于按族分离化合物。此外，液固色谱还适于分离异构体。

二、液-液分配色谱

1. 分离原理

在液-液分配色谱中，一个液相作为流动相，另一个液相（即固定液）则涂渍在惰性载体或硅胶上作为固定相。

作为固定相的液相与流动相互不相溶，它们之间有一个界面。试样溶于流动相后，在色谱柱内经过分界面进入固定相中，试样中各组分在两相间进行分配，很快达到分配平衡。各组分的分配服从分配定律，分配系数 K 大的组分，保留值大，后出柱。

依据所使用的固定相和流动相的相对极性的不同，分配色谱法可分为：正相分配色谱法和反相分配色谱法。如果固定相的极性大于流动相的极性，称为正相分配色谱法。在正相分配色谱法中，固定相载体上涂布的是极性固定液，流动相是非极性溶剂，它适于极性化合物的分离，极性小的组分先流出，极性大的组分后流出。如果固定相的极性小于流动相的极性，称为反相分配色谱法。固定相载体上涂布极性较弱或非极性的固定液，而用极性较强的溶剂作流动相。它适于非极性化合物的分离，其流出顺序与正相分配色谱相反，即极性组分先被洗脱，非极性组分后被洗脱。

2. 固定相

液液分配色谱固定相由两部分组成，一部分是惰性载体，另一部分是涂渍在惰性载体上的固定液。在分配色谱中使用的惰性载体（也叫担体），主要是一些固体吸附剂，如全多孔球形或无定形微粒硅胶、全多孔氧化铝等。在分配色谱法中常用的固定液如表 4-10所示。

表 4-10 分配色谱法常用的固定液

正相分配色谱法的固定液		反相分配色谱法的固定液
β,β'-氧二丙腈	乙二醇	甲基硅酮
1,2,3-三(2-氰乙氧基)丙烷	乙二胺	氰丙基硅酮
聚乙二醇 400,600	二甲基亚砜	聚烯烃
甘油、丙二醇	硝基甲烷	正庚烷
冰乙酸	二甲基甲酰胺	

涂渍固定相最大的缺点是固定液容易流失，导致保留值减小，柱选择性下降。另外稳定性和重复性不易保证。实际工作中，一般可采用如下几种方法来防止固定液的流失：

①应尽量选择对固定液仅有较低溶解度的溶剂作为流动相。

②在分析柱前加一根预饱和柱。流动相进入色谱柱前，先通过预饱和柱，预先用固定液把流动相饱和，这种流动相再流经色谱柱时就不会再溶解固定液了。

③使流动相保持低流速经过固定相，并保持色谱柱温度恒定。

④选择时若溶解样品的溶剂对固定液有较大的溶解度，应避免过大的进样量。

3. 流动相

理想的流动相应符合以下条件：①对试样有适当的溶解度，以防在柱头产生沉淀。②与固定相不互溶，不与试样发生化学反应。③应与所用检测器相匹配。④黏度应较小，以获得较高的柱效。⑤纯度高，毒性小，价格便宜，不污染环境和腐蚀仪器。

流动相一般由洗脱剂和调节剂两部分组成。前者的作用是将试样溶解和分离，后者则用以调节前者的极性和强度，以改变组分在柱中的移动速度和分离状态。在正相分配色谱中，流动相主体采用低极性溶剂如正己烷、庚烷等，可加入<20％的极性改性剂，如1-氯丁烷、异丙醚、二氯甲烷、四氢呋喃、氯仿、乙酸乙酯、乙醇、乙腈等。在反相分配色谱

中,通常以水作流动相的主体,可加入一定量(<10%)的改性剂,如二甲基亚砜、乙二醇、乙腈、甲醇、丙酮、对二氧六环、乙醇、四氢呋喃、异丙醇等。

4.应用

液-液分配色谱法对极性化合物和非极性化合物都能达到满意的分离效果,如烷烃、烯烃、芳烃、稠环、染料、甾族等化合物。由于不同极性键合固定相的出现,分离的选择性可得到很好的控制。

三、键合相色谱法

采用化学键合相的液相色谱法称为键合相色谱。键合固定相是利用特定的化学反应,将各种不同的有机基团以化学键的形式连接到载体表面的游离羟基上而制得的。形成化学键合相必须具备两个条件:一是载体表面应有某种活性基团(如硅胶表面的硅醇基),二是固定液应有与载体表面发生化学反应的官能团。键合固定相的化学稳定性和热稳定性好,在使用中固定液不易流失。在 pH=2~8 的溶液中不变质,选择性好,有利于梯度洗脱,它的使用大大改善了固定相的柱效能和分离性能。目前键合固定相色谱法已逐渐取代分配色谱法,获得了日益广泛的应用,在高效液相色谱法中占有极其重要的地位。

根据键合固定相与流动相相对极性的强弱,可将键合相色谱法分为正相键合相色谱法和反相键合相色谱法。在正相键合相色谱法中,键合固定相的极性大于流动相的极性,适用于分离极性与强极性化合物。在反相键合相色谱法中,键合固定相的极性小于流动相的极性,适用于分离非极性、极性或离子型化合物,其应用范围比正相键合相色谱法广泛得多。在高效液相色谱法中,约 70%~80% 的分析任务是由反相键合相色谱法来完成的。

1.分离原理

键合相色谱中的固定相特性和分离机理与分配色谱法都存有差异,所以一般不宜将化学键合相色谱法统称为液-液分配色谱法。

①正相键合相色谱的分离原理

正相键合相色谱使用的是极性键合固定相[以极性有机基团如胺基($-NH_2$)、腈基($-CN$)、醚基($-O-$)等键合在硅胶表面制成的],溶质在此类固定相上的分离机理属于分配色谱。

②反相键合相色谱的分离原理

反相键合相色谱使用的是极性较小的键合固定相(以极性较小的有机基团如苯基、烷基等键合在硅胶表面制成的),其分离机理可用疏溶剂作用理论来解释。这种理论认为:键合在硅胶表面的非极性或弱极性基团具有较强的疏水特性,当用极性溶剂为流动相来分离含有极性官能团的有机化合物时,一方面,分子中的非极性部分与疏水基团产生缔合作用,使它保留在固定相中;另一方面,被分离物的极性部分受到极性流动相的作用,促使它离开固定相,并减小其保留作用。显然,键合固定相对每一种溶质分子缔合和解缔能力之差,决定了溶质分子在色谱分离过程中的保留值。由于不同溶质分子这种能力的差异是不一致的,因此流出色谱柱的速度是不一致的,从而使得各种不同组分得到了分离。

2.固定相

化学键合固定相广泛使用全多孔或薄壳型微粒硅胶作为基体,这是由于硅胶具有机械强度好、表面硅羟基反应活性高、表面积和孔结构易控制的特点。

化学键合固定相按极性大小可分为非极性、弱极性、极性化学键合固定相三种,具体类型及其应用范围见表 4-11。

表 4-11　　　　　　　　　　键合固定相的类型及应用范围

类型	键合官能团	性质	色谱分离方式	应用范围
烷基 C_8、C_{18}	$-(CH_2)_7-CH_3$ $-(CH_2)_{17}-CH_3$	非极性	反相、离子对	中等极性化合物,溶于水的高极性化合物,如:小肽、蛋白质、甾族化合物(类固醇)、核碱、核苷、核苷酸、极性合成药物等
苯基 $-C_6H_5$	$-(CH_2)_3-C_6H_5$	非极性	反相、离子对	非极性至中等极性化合物,如:脂肪酸、甘油酯、多核芳烃、酯类(邻苯二甲酸酯)、脂溶性维生素、甾族化合物(类固醇)、PTH 衍生化氨基酸
酚基 $-C_6H_4OH$	$-(CH_2)_3-C_6H_4OH$	弱极性	反相	中等极性化合物,保留特性相似于 C_8 固定相,但对多环芳烃、极性芳香族化合物、脂肪酸等具有不同的选择性
醚基 $-CH-CH_2$ 　　　O	$-(CH_2)_3-O-CH_2-CH-CH_2$ 　　　　　　　　　　　　O	弱极性	反相或正相	醚基具有斥电子基团,适于分离酚类、芳硝基化合物,其保留行为比 C_{18} 更强(k' 增大)
二醇基 $-CH-CH_2$ 　OH　OH	$-(CH_2)_3-O-CH_2-CH-CH_2$ 　　　　　　　　　　　OH　OH	弱极性	正相或反相	二醇基团比未改性的硅胶具有更弱的极性,易用水润湿,适于分离有机酸及其齐聚物,还可作为分离肽、蛋白质的凝胶过滤色谱固定相
芳硝基 $-C_6H_5-NO_2$	$-(CH_2)_3-C_6H_5-NO_2$	弱极性	正相或反相	分离具有双键的化合物,如芳香族化合物、多环芳烃
腈基 $-CN$	$-(CH_2)_3-CN$	极性	正相 (反相)	正相相似于硅胶吸附剂,为氢键接受体,适于分析极性化合物,溶质保留值比硅胶柱低;反相可提供与 C_8、C_{18}、苯基柱不同的选择性
胺基 $-NH_2$	$-(CH_2)_3-NH_2$	极性	正相 (反相、阴离子交换)	正相可分离极性化合物,如芳胺取代物,脂类,甾族化合物,氯代农药;反相分离单糖、双糖和多糖等碳水化合物;阴离子交换可分离酚、有机羧酸和核苷酸
二甲胺基 $-N(CH_3)_2$	$-(CH_2)_3-N(CH_3)_2$	极性	正相、阴离子交换	正相相似于胺基柱的分离性能;阴离子交换可分离弱有机碱
二胺基 $-NH(CH_2)_2NH_2$	$-(CH_2)_3-NH-(CH_2)_2-NH_2$	极性	正相、阴离子交换	正相相似于胺基柱的分离性能;阴离子交换可分离有机碱

非极性烷基键合相是目前应用最广泛的柱填料,尤其是 C_{18} 反相键合相(简称 ODS),在反相液相色谱中发挥着重要作用,它可完成高效液相色谱分析任务的 $70\%\sim80\%$。

3.流动相

在键合相色谱中使用的流动相类似于液-固吸附色谱、液-液分配色谱中的流动相。

①正相键合相色谱的流动相

正相键合相色谱中,采用和正相液-液分配色谱相似的流动相,流动相的主体成分为己烷(或庚烷)。为改善分离的选择性,常加入的优选溶剂为质子接受体乙醚或甲基叔丁基醚;质子给予体氯仿;偶极溶剂二氯甲烷等。

②反相键合相色谱的流动相

反相键合相色谱中,采用和反相液-液分配色谱相似的流动相,流动相的主体成分为水。为改善分离的选择性常加入甲醇、乙腈、四氢呋喃等。实际使用中,一般采用甲醇-水体系已能满足多数样品的分离要求。由于甲醇的毒性比乙腈小 5 倍,且价格便宜 $6\sim7$ 倍,因此,反相键合相色谱中应用最广泛的流动相是甲醇-水体系。

4.应用

①正相键合相色谱法的应用

正相键合相色谱多用于分离各类极性化合物如染料、炸药、甾体激素、多巴胺、氨基酸和药物等。

②反相键合相色谱法的应用

反相键合相色谱系统由于操作简单,稳定性与重复性好,已成为一种通用型液相色谱分析方法。极性、非极性,水溶性、油溶性,离子性、非离子性,小分子、大分子,具有官能团差别或分子量差别的同系物,均可采用反相液相色谱技术实现分离。

四、凝胶色谱法

凝胶色谱法又称条件排阻色谱法或空间排阻色谱法等,它是基于分子大小不同而进行分离的一种色谱方法。

凝胶色谱法的固定相凝胶是一种化学惰性的多孔性凝胶材料。当试样随流动相在凝胶外的间隙和凝胶孔穴中流动时,分子体积大的不能渗透到凝胶孔穴中,就较快地随流动相流走;中等大小的分子,能选择渗透到部分孔穴中去,流出稍慢;分子体积小的,则渗透到凝胶内部的孔穴中,通过一个平衡过程,较慢地被冲洗出来。分子体积越小,渗透到孔穴越深,流出越慢,这样,样品就按分子大小先后从柱中流出。

凝胶色谱法主要用来分离、鉴定高分子聚合物。由于聚合物的相对分子量及其分布与其性能有着密切的关系,因此凝胶色谱的结果可用于研究聚合机理,选择聚合工艺及条件,并考察聚合材料在加工和使用过程中相对分子质量的变化等。

技能训练测试题

一、简答题

1.简述高效液相色谱法与气相色谱法的异同点。

2.某天然化合物的分子量大于 400,你认为用什么方法分析比较合适?

3.液固吸附色谱中常用的固定相是什么? 在选择固定相时应注意哪些问题?

4.按固定相与流动相相对极性的不同,液-液分配色谱可分为哪两类方法?

5.何谓键合固定相? 请查阅资料了解 C_{18} 键合固定相的制备与性能特点。

二、判断题

1.液-液色谱流动相与被分离物质相互作用,流动相极性的微小变化,都会使组分的保留值出现较大的改变。(   )

2.高效液相色谱适用于大分子、热不稳定及生物试样的分析。(   )

3.在液相色谱中,为避免固定相的流失,流动相与固定相的极性差别越大越好。(   )

4.正相分配色谱的流动相极性大于固定相极性。(   )

5.反相分配色谱适于非极性化合物的分离。(   )

6.化学键合固定相具有良好的热稳定性,不易吸水,不易流失,可用梯度洗脱。(   )

7.在液相色谱中,流动相的流速变化对柱效影响不大。(   )

8.在液-液色谱中,为改善分离效果,可采用梯度洗脱。(   )

9.液相色谱的流动相又称为淋洗液,改变淋洗液的组成、极性可显著改变组分分离效果。(   )

10.在液相色谱中,某组分的保留值大小实际反映了组分与流动相和固定相的分子间作用力的大小。(   )

任务2 认识高效液相色谱仪

【任务分析】

高效液相色谱是目前应用最多的色谱分析方法,高效液相色谱仪定量定性分析皆可,被广泛应用到生物化学、食品分析、医药研究、环境分析、无机分析等各种领域。

为了完成本任务,应学习高效液相仪的相关组成结构和工作原理,明确质检中心提供的仪器的型号,认真阅读仪器的使用说明书(不同生产厂家、不同型号的仪器,其使用操作规程是不同的),以达到迅速熟练操作仪器的目的。

学习目标

1.知识目标

(1)熟悉高效液相色谱仪的工作流程。

(2)熟悉高效液相色谱仪的组成和各部分作用。

(3)熟练掌握高效液相色谱仪的使用。

2.能力目标

(1)会进行样品液制备,流动相配制、过滤、脱气、更换,色谱柱安装。

(2)会操作仪器进行样品分析、数据处理。

3.素质目标

(1)具有独立工作能力。

(2)具有团结协作能力。

(3)具有按规范、规程操作的习惯。

(4)具有安全操作意识和意外事故处理能力。

子任务 1　熟悉高效液相色谱仪的工作流程

高效液相色谱仪由贮液器、输液泵、进样器、色谱柱、检测器和记录器组成,其整体组成类似于气相色谱,但是针对其流动相为液体的特点作出很多调整。高效液相色谱仪的输液泵要求输液量恒定平稳;进样系统要求进样便利、切换严密;由于液体流动相黏度远远高于气体,为了降低柱压,高效液相色谱的色谱柱一般比较粗,长度也远小于气相色谱柱。高效液相色谱仪与结构仪器的联用是一个重要的发展方向。

高效液相色谱仪种类繁多,仪器的结构和流程也是多种多样,但就基本原理而言都是相同的。高效液相色谱仪的基本组成(图 4-19)分为:高压输液系统、进样系统、分离系统、检测系统和数据记录处理系统。还可以根据需要配备一些附属装置,如梯度混合装置、在线脱气机、自动进样器、溶剂管理器、预柱或保护柱、柱温控制器、自动馏分收集装置、工作站等。高效液相色谱仪结构示意图如图 4-20 所示。

图 4-19　高效液相色谱仪的基本组成

图 4-20　高效液相色谱仪结构示意图

高效液相色谱仪的工作流程为:贮液器中的流动相被高压输液泵吸入后输出,经压力和流量测量后导入进样器。将分析试样注入进样口,流动相将试样依次带入预柱、色谱柱,在色谱柱中各组分被分离,并依次随流动相流至检测器,组分溶液最后和洗脱液一起进入废液槽。被检测器检测到的信号经放大器放大后,用记录器记录下来,得到一系列色谱峰,或者检测信号被微机处理,直接显示或打印结果。

子任务 2　熟悉高效液相色谱仪的组成和各部分作用

一、高压输液系统

高压输液系统一般包括贮液器、高压输液泵、过滤器、梯度洗脱装置等。

1. 贮液器

贮液器主要用来提供足够数量的符合要求的流动相以完成分析工作。一般是以不锈钢、玻璃、聚四氟乙烯或特种塑料聚醚醚酮(PEEK)衬里为材料,容积一般为 0.5~2 L。放置位置要高于泵体,保持一定的输液静压差。

所有溶剂在放入贮液器之前必须经过 0.45 μm 滤膜过滤(图 4-21),除去溶剂中的机械杂质,以防输液管道或进样阀产生阻塞现象。滤膜分有机溶剂专用和水溶液专用两种。目前专供色谱分析用的"色谱纯"溶剂除最常用的甲醇外,其余多为分析纯,有时要进行除去紫外杂质、脱水、重蒸等纯化操作。

所有溶剂在使用前必须脱气。因为色谱柱是带压力操作的,而检测器在常压下工作。若流动相中所含的空气不除去,则流动相通过柱子时其中的气泡收到压力而压缩,流出柱子后到检测器时因常压而将气泡释放出来,造成检测器噪声增大,基线不稳,仪器不能正常工作,这在梯度洗脱时尤其突出。

液相色谱流动相脱气使用较多的方法有超声波振荡脱气、惰性气体鼓泡吹扫脱气以及在线(真空)脱气装置三种。超声波振荡脱气的方法是将配制好的流动相连同容器一起放入超声水槽中,脱气 10~20 min 即可。该法操作简便,又基本能满足日常分析的要求,所以目前仍被广泛采用(图 4-22)。

图 4-21　过滤装置　　　　图 4-22　脱气装置

2. 高压输液泵

高压输液泵(图 4-23)是高效液相色谱仪的关键部件,其作用是将流动相以稳定的流速或压力输送到色谱分离系统。

高压输液泵要求密封性好,输出流量恒定,压力平稳,可调范围宽,耐腐蚀等。

高压输液泵一般可分为恒压泵和恒流泵两大类,如图 4-24 所示。

图 4-23　高压输液泵

图 4-24　高压输液泵类型

恒流泵始终输送恒定流量的液体,与柱压力的大小和压力的变化无关。因此保留值的重复性好,基线稳定,能满足高精度分析和梯度洗脱的要求。目前常用的恒流泵有往复泵和注射泵。往复泵又可分为单柱塞式、双柱塞式和隔膜式。单、双柱塞泵是 HPLC 最常用的色谱泵。

恒压泵又称气动放大泵,采用适当的气动装置,使高压惰性气体直接加压于流动相,输出无脉冲的液流。这种泵简单价廉,但流速不够稳定,随溶剂黏度不同而改变,仅适用于对流速精度要求不高的场合。

3. 过滤器

在高压输液泵的进口和它的出口与进样阀之间,应设置过滤器。高压输液泵的活塞和进样阀阀芯的机械加工精密度非常高,微小的机械杂质进入流动相,会导致上述部件的损坏;同时机械杂质在柱头的积累,会造成柱压升高,使色谱柱不能正常工作。

过滤器的滤芯是用不锈钢结构材料制造的,孔径为 $2\sim3\ \mu m$,耐有机溶剂的侵蚀。若发现过滤器堵塞(发生流量减小的现象),可将其浸入稀 HNO_3 溶液中,在超声波清洗器中用超声波振荡 $10\sim15$ min,即可将堵塞的固体杂质洗出。若清洗后仍不能达到要求,则应更换滤芯。

4. 梯度洗脱装置

梯度洗脱也称溶剂程序,是指一个样品在分离过程中,溶剂组分或溶剂强度随洗脱时间按一定规律连续变化的洗脱方式。

　　梯度洗脱装置(图 4-25)依据梯度装置所能提供的流路个数可分为二元梯度、三元梯度等,依据溶液混合的方式又可分为高压梯度和低压梯度。高压梯度一般只用于二元梯度,即用两个高压泵分别按设定比例输送两种不同溶液至混合器,在高压状态下将两种溶液进行混合,然后以一定的流量输出。其主要优点是:只要通过梯度程序控制器控制每台泵的输出,就能获得任何一种形式的梯度曲线,而且精度很高,易于实现自动化控制。其主要缺点是:必须使用两台高压输液泵,因此仪器价格比较昂贵,故障率也相对较高。低压梯度是将两种溶剂或四种溶剂按一定比例输入泵前的一个比例阀中,混合均匀后按一定的流量输出,其主要优点是只需要一个高压输液泵,成本低廉,使用方便。

图 4-25　梯度洗脱装置示意图

　　总的来说,梯度洗脱具备以下特点:改善分离,加快分析速度;改善峰形,减少拖尾;可能引起基线漂移。图 4-26 显示了等度洗脱与梯度洗脱在分离度上造成的不同影响。

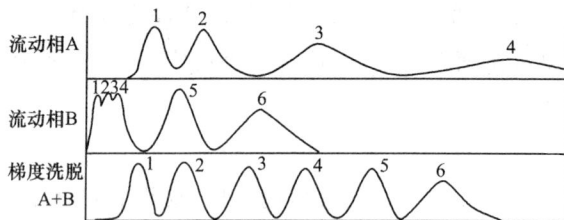

图 4-26　等度洗脱与梯度洗脱

二、进样系统

　　进样系统包括进样口、注射器、六通阀和定量管等。进样系统的作用是将样品溶液准确送入色谱柱。对其要求是密封性好,死体积小,重复性好,进样时引起色谱分离系统的压力和流量波动要很小。常用的进样装置有以下两种:

1. 六通阀进样器

　　现在的液相色谱仪所采用的手动进样器几乎都是耐高压、重复性好和操作方便的阀进样器。六通阀进样器是最常用的,进样体积由定量管确定,常使用的是 10 μL、20 μL 体积的定量管。六通阀进样器的结构如图 4-27 所示,外观如图 4-28 所示。

图 4-27 六通阀进样器

图 4-28 六通阀进样前视图(a)和侧后视图(b)

操作时先将阀柄置于图 4-27(a)所示的采样位置(Load),这时进样口只与定量管接通,处于常压状态。用平头微量注射器(液相色谱进样针类似于气相色谱进样针,只是其针头为平头,以免扎破六通阀管路。体积应约为定量管体积的 3～5 倍)注入样品溶液,样品停留在定量管中,多余的样品溶液从 6 处溢出。将进样器阀柄顺时针转动 60°至图 4-27(b)所示的进样位置(Inject)时,流动相与定量管接通,样品被流动相带到色谱柱中进行分离分析。

2.自动进样器

自动进样器可实现批量进样。操作者只需将样品按顺序装入贮样装置,计算机可自动控制定量阀、取样、进样、复位、清洗和样品盘转动等一系列操作全部按预定程序自动进行。自动进样器的进样量可连续调节,进样重复性高,适合于大量样品的分析,节省人力,可实现自动化操作。

三、分 离 系 统

分离系统包括色谱柱、恒温装置和连接管等部件。色谱柱是高效液相色谱的核心部件,对色谱柱的要求是柱效高、选择性好、柱容量大、分析速度快。

1.色谱柱

色谱柱包括柱管和固定相两部分,色谱柱管由内部抛光的不锈钢或塑料、玻璃、铝等材料制成,其外观和结构如图 4-29、图 4-30 所示。目前,液相色谱常用的标准柱是内径为 4.6 mm 或 3.9 mm、长度为 10～50 cm 的直型不锈钢柱。填料颗粒度为 5～10 μm,柱效的理论值可达 5000～10000 块/m 理论塔板数。

图 4-29　HPLC 色谱柱

图 4-30　色谱柱结构示意图

柱接头　螺母　柱管　后垫圈 前垫圈　过滤片　填料

色谱柱通常由专门的厂家生产提供。色谱柱填充完毕后是有方向的,即流动相的方向应与柱的填充方向一致。色谱柱的管外都以箭头显著标示了该柱的使用方向,安装和更换色谱柱时一定要使流动相能按箭头所指方向流动。

为了保护分析柱不被污染,有时需要在分析柱前加一保护柱(预柱)如图 4-31,即在分析柱的入口端、装一与分析柱相同固定相的短柱,可以防止来自流动相和样品中不溶性微粒堵塞色谱柱。保护柱一般柱长为 30～50 mm,柱内装有 0.2 μm 的过滤片。保护柱可以经常且方便地更换,可提高色谱柱的使用寿命、保持柱效。

图 4-31　可换柱芯式保护柱

2. 色谱柱恒温装置

柱温是液相色谱的重要操作参数,提高柱温有利于增加样品在流动相中的溶解度,从而缩短分析时间;有利于改善传质过程,减少传质阻力,提高柱效;有利于降低流动相黏度,从而降低柱压。

高效液相色谱仪中常用的色谱柱恒温装置有水浴式、电加热式和恒温箱式三种。液相色谱常用的柱温范围为室温至 65 ℃。若高于最高使用温度,会导致流动相汽化而使分析工作无法进行。

四、检测系统

HPLC 检测器是用于连续监测被色谱系统分离后的柱流出物组成和含量变化的装置。其作用是将柱流出物中样品组成和含量的变化转化为可供检测的信号,完成定性定量分析的任务。

1. HPLC 检测器的要求

理想的 HPLC 检测器应具有灵敏度高、响应快、重现性好、线性范围宽、适用范围广、对流动相流量和温度波动不敏感、死体积小等特点。实际上很难找到满足上述全部要求的 HPLC 检测器,但可以根据不同样品的情况和分离目的来选择合适的检测器。

2. HPLC 检测器的分类

HPLC 检测器一般分为两类:通用型检测器和专用型检测器。

通用型检测器可连续测量色谱柱流出物(包括流动相和样品组分)的全部特性变化,通常采用差分测量法。这类检测器包括示差折光检测器、电导检测器和蒸发光散射检测器等,适用范围广,但灵敏度低,易受温度和流量波动的影响,造成较大的漂移和噪声,一般不适合痕量分析和梯度洗脱。

专用型检测器用以测量被分离样品组分某种特性的变化,这类检测器对样品中组分的某种物理或化学性质敏感。这类检测器包括紫外检测器、荧光检测器和安培检测器等,灵敏度高,对流动相流量和温度变化不敏感,可用于痕量分析和梯度洗脱。

常见检测器的性能指标见表 4-12。

表 4-12   **常见检测器的性能指标**

检测器 性能	可变波长 紫外吸收	折光指数 (示差折光)	荧光	电导
测量参数	吸光度(AU)	折光指数(RIU)	荧光强度(AU)	电导率/(μS/cm)
池体积/μL	1~10	3~10	3~20	1~3
类型	选择性	通用性	选择性	选择性
线性范围	10^5	10^4	10^3	10^4
最小检出浓度/(g/mL)	10^{-10}	10^{-7}	10^{-11}	10^{-2}
最小检出量	≈1 ng	≈1 μg	≈1 pg	≈1 mg
噪声(测量参数)	10^{-4}	10^{-7}	10^{-3}	10^{-3}
用于梯度洗脱	可以	不可以	可以	不可以
对流量敏感性	不敏感	敏感	不敏感	敏感
对温度敏感性	低	10^{-4}℃	低	2%/℃

(1)紫外-可见光检测器

紫外-可见光检测器(UV-Vis)如图 4-32 所示,又称紫外可见吸收检测器、紫外吸收检测器,或直接称为紫外检测器,是目前液相色谱中应用最广泛的检测器。它适用于对紫外光(或可见光)有吸收的样品的测定。在各种检测器中,其使用率占 70% 左右,约 80% 的样品可以使用这种检测器。紫外检测器灵敏度高,精密度及线性范围较好,对温度和流速不敏感,可用于梯度洗脱。几乎所有的液相色谱装置都配有紫外-可见光

图 4-32 紫外-可见光检测器

检测器。其缺点是不适用于对紫外光无吸收的样品,流动相选择有限制(流动相截止波长必须小于检测波长)。表 4-13 列出了一些常用溶剂的紫外截止波长。

表 4-13   **一些常用溶剂的紫外截止波长**

溶剂	CS_2	氯仿	四氢呋喃	苯	乙腈	甲醇	水
紫外截止波长/nm	380	245	212	210	190	205	187

紫外-可见光检测器的工作原理是基于待测组分对特定波长紫外线的选择性吸收,组分浓度与吸光度的关系服从朗伯-比尔定律,也就是说对于给定的检测池,在固定波长下,紫外-可见光检测器可输出一个与样品浓度成正比的光吸收信号——吸光度(A)。紫外-可见光检测器有固定波长和可见波长两类。

　　紫外-可见光检测器的基本结构与一般紫外-可见光分光光度计是相同的,均包括光源、分光系统、试样室和检测系统四大部分,如图 4-33 所示。

图 4-33　紫外-可见光检测器光学系统图

1—光源;2—聚光透镜;3—滤光片;4—入口狭缝;5—平面反射镜;

6—光栅;7—光分束器;8—参比光电二极管;9—流通池;10—光电二极管

　　光源 1(氘灯)发射的光经聚光透镜 2 聚焦,由可旋转组合滤光片 3 滤去杂散光,再通过入口狭缝 4 至平面反射镜 5,经反射后到达光栅 6,光栅将光衍射色散成不同波长的单色光。当某一波长的单色光经平面反射镜 5 反射至光分束器 7 时,透过光分束器的光通过样品流通池 9,最终到达检测样品的光电二极管 10;被光分束器反射的光到达检测基线波动的参比光电二极管 8;通过比较可以获得测量和参比光电二极管的信号差,此即为样品的检测信息。这种可变波长紫外吸收检测器的设计,使它在某一时刻只能采集某一特定的单色波长的吸收信号。光栅的偏转可由预先编制的采集信号程序加以控制,以便于采集某一特定波长的吸收信号,并可使色谱分离过程洗脱出的每个组分峰都获得最灵敏的检测。

　　在紫外-可见光检测器中,与紫外-可见分光光度计仪器结构的主要区别是将吸收池改为流通池。一般标准池体积为 $5\sim8$ μL,光程长为 $5\sim10$ mm,内径小于 1 mm,结构常采用 H 形,以适应高效液相色谱进样量小,柱外谱带展宽小的要求。流通池的结构如图 4-34 所示。如图 4-35 是用紫外检测器得到的色谱图。

图 4-34　紫外检测器流通池图

1—流通池;2—测量臂;

3—参比臂;4—入射光;5—出射光

图 4-35　紫外检测器色谱图

(2)二极管阵列检测器(PDA)

二极管阵列检测器(PDA)如图 4-36 所示,其本质是紫外吸收检测器。光电二极管阵列检测器与普通紫外检测器的区别主要在于进入流通池的不再是单色光,获得的检测信号不再是单一波长上的,而是在全部紫外波段上的色谱信号。因此 PDA 得到的不是一般意义上的色谱图,而是具有三维空间的立体色谱光谱图,如图 4-37 所示。

图 4-36　二极管阵列检测器

图 4-37　二极管阵列检测器色谱图

PDA 不仅可用于被测组分的定性分析,还可用化学计量学方法辨别色谱峰的纯度及分离情况,其全部检测过程均由计算机控制完成。

(3)荧光检测器

荧光检测器(FD)(图 4-38)的作用和结构与常用的荧光分光光度计基本相同,就是利用某些溶质在受紫外光激发后,能发射可见光(荧光)的性质来进行检测的。它是一种具有高灵敏度和高选择性的浓度型检测器。对于不发生荧光的物质,可使其与荧光试剂反应,制成可发生荧光的衍生物后再进行测定。图 4-39 为荧光检测器光路示意图。

图 4-38 荧光检测器

图 4-39 荧光检测器光路示意图

1—光电倍增管;2—发射滤光片;3—透镜;4—样品流
通池;5—透镜;6—光源;7—透镜;8—激发滤光片

荧光检测器的优点是选择性好、灵敏度高、对温度及流速等要求相对较低,但线性范围较窄。此检测器特别适合于痕量分析,在环境监测、药物分析、生化分析中有着广泛的应用。

(4)折光指数检测器

折光指数检测器(RID),又称示差折光检测器,它是通过连续监测参比池和测量池中溶液的折射率之差来测定试样浓度的检测器。溶液的光折射率是溶剂(流动相)和溶质各自的折射率乘以其物质的量浓度之和,溶有样品的流动相和流动相本身之间光折射率之差即表示样品在流动相中的浓度。原则上凡是与流动相光折射率有差别的样品都可用它来测定,其检测限可达$(10^{-6} \sim 10^{-7})$g·mL^{-1}。表 4-14 列出了常用溶剂在 20 ℃时的折射率。

表 4-14　　　　　　　　　常用溶剂在 20 ℃时的折射率

溶剂	折射率	溶剂	折射率
水	1.333	苯	1.501
乙醇	1.362	甲苯	1.496
丙酮	1.358	己烷	1.375
四氢呋喃	1.404	环己烷	1.462
乙烯乙二醇	1.427	庚烷	1.388
四氯化碳	1.463	乙醚	1.353
氯仿	1.446	甲醇	1.329
乙酸乙酯	1.370	乙酸	1.329
乙腈	1.344	苯胺	1.586
异辛烷	1.404	氯代苯	1.525
甲基异丁酮	1.394	二甲苯	1.500
氯代丙烷	1.389	二乙胺	1.387
甲乙酮	1.381	溴乙烷	1.424

HPLC 都使用反射式折光指数检测器,因其池体积很小(一般为 5 μL 左右),可获得较高灵敏度。

折光指数检测器对温度的变化很敏感,使用时温度变化要求保持在±0.001 ℃范围内。此检测器对流动相流量变化也敏感,要求流动相组成完全恒定,稍有变化都会对测定产生明显的影响,因此一般不宜做梯度洗脱。此外,折光指数检测器灵敏度较低,不宜用作痕量分析。

折光指数检测器的普及程度仅次于紫外检测器,属于总体性能检测器,对所有物质都有响应,是一种通用型检测器,也属于浓度敏感型检测器,非破坏型检测器。它对没有紫外吸收的物质,如高分子化合物、糖类、脂肪烷烃等都能够进行检测。折光指数检测器还适用于流动相紫外吸收本底大,不适于紫外吸收检测的体系。在凝胶色谱中,折光指数检测器是必不可少的,尤其是对聚合物,如聚乙烯、聚乙二醇、丁苯橡胶等的分子量分布的测定。此外,折光指数检测器在制备色谱中也经常使用。

(5)蒸发激光散射检测器

蒸发激光散射检测器(ELSD)是近年新出现的高灵敏度、通用质量型检测器。它可以用来检测挥发性低于流动相的任何样品组分,特别适于无紫外吸收的样品,主要用于糖类、高级脂肪酸、磷脂、硫族化合物等无紫外吸收或紫外末端吸收的化合物。此外,ELSD 对流动相的组成不敏感,可以用于梯度洗脱。ELSD 的检测灵敏度要高于低波长紫外检测器和折光指数检测器,检测限可低至 10^{-10} g。ELSD 可用于梯度洗脱,且响应值仅与光束中溶质颗粒的大小和数量有关,而与溶质的化学组成无关。

五、数据处理系统(色谱工作站)

高效液相色谱的分析结果除可用记录仪绘制谱图外,现已广泛使用色谱数据处理机和色谱工作站来记录和处理色谱分析的数据。

子任务3　学习高效液相色谱仪的使用

一、高效液相色谱分析操作过程

样品的采集→样品的制备→标准样品溶液的制备→流动相的配制→色谱柱的安装和流动相的更换→开机→分析样品(包括进样、数据采集、定性分析、谱图优化和数据处理)→关机与结束工作。

二、高效液相色谱仪的基本操作

见"附录:仪器使用手册"高效液相色谱仪部分。

任务考核

【考核评分表】

序号	作业项目	考核内容	配分	操作要求	考核记录	扣分	得分
一	流动相的处理	流动相的配制	2	正确			
		滤膜选择	1	正确			
		抽滤装置的安装	2	正确			
		流动相过滤	2	正确			
		流动相脱气	2	正确			
二	试液配制	容量瓶使用	3	正确规范(洗涤、试漏、定容)			
		移液管使用	3	正确规范(润洗、吸放、调刻度)			
三	色谱仪开机	色谱柱的选择	2	正确			
		色谱柱的安装	2	正确			
		开检测器	1	正确			
		开高压泵	1	正确			
		检测器预热	1	已进行			
		更换流动相	2	正确			
		排除管道气泡	2	正确			
		"purge"键排气	2	正确			
		流量参数设定	2	正确			
		时间参数设定	2	正确			
		波长参数设定	2	正确			
		柱平衡	2	正确			
四	试样分析	开电脑,开工作站	1	正确			
		方法设定	2	正确			
		洗涤进样针	2	正确			
		取样	2	正确			
		进样	4	正确			
		采集谱图	2	正确			
		优化谱图	4	正确			
		保存谱图	2	正确			
五	关机	流动相冲柱	2	已进行			
		关工作站,关电脑	1	正确			
		关检测器	1	正确			
		关高压泵	1	正确			

（续表）

序号	作业项目	考核内容	配分	操作要求	考核记录	扣分	得分
六	数据处理和实训报告	主要吸收峰定性	20	正确			
		定性结果	5	正确			
		谱图、报告	10	正确、完整、规范、及时			
七	文明操作结束工作	物品摆放，仪器结束工作	5	仪器拔电源，盖防尘罩；台面无水迹或少水迹、废纸废液不乱扔乱倒、结束工作完成良好			
八	总分						

技能训练测试题

一、判断题

1. 紫外吸收检测器是离子交换色谱法通用型检测器。（　　　）

2. 检测器性能好坏将对组分分离产生直接影响。（　　　）

3. 高效液相色谱法采用梯度洗脱，是为了改变被测组分的保留值，提高分离度。（　　　）

4. 液相色谱柱一般采用不锈钢柱、玻璃填充柱。（　　　）

5. 示差折光检测器属于通用型检测器，适于梯度淋洗色谱。（　　　）

6. 在液-液色谱中，为改善分离效果，可采用梯度洗脱。（　　　）

二、填空题

1. 高效液相色谱仪最基本的组件是 _____ 、_____ 、_____ 、_____ 和_____。

2. 高压输液系统一般包括_____ 、_____ 、_____ 和_____ 等。

3. 高压输液泵按工作方式的不同可分为_____ 和_____ 两大类。

4. 梯度洗脱装置依据溶液混合的方式可分为_____ 和_____ 。

5. 高效液相色谱仪中，常用的进样器有_____ 和_____ 。

三、简答题

1. 简述 HPLC 对检测器的要求。

2. 简述高效液相色谱仪的日常维护。

任务 3　头孢拉定的定量分析

【任务分析】

根据中国药典 2000 年版二部规定，头孢拉定成品分析需进行：性状，鉴别（定性），检查（包括结晶度、酸度、头孢氨苄、有关物质、水分、炽灼残渣、重金属等项目），含量测定（主成分定量）。主成分定量主要利用高效液相色谱法进行分析。

🔷 **学习目标**

1.知识目标

(1)熟悉液相色谱的定性与定量方法。

(2)熟练掌握高效液相色谱仪的使用。

2.能力目标

(1)会熟练进行样品液制备,流动相配制、过滤、脱气、更换,色谱柱安装。

(2)会操作仪器进行样品分析、数据处理。

(3)会利用外标法进行定量分析。

3.素质目标

(1)具有独立工作能力。

(2)具有团结协作能力。

(3)具有灵活运用所学知识解决实际问题的能力。

(4)具有安全操作意识和意外事故处理能力。

子任务1 认识常用的定性定量方法

一、定性方法——标准对照法定性

与气相色谱法的定性分析类似。

二、定量方法——标准曲线法(又称外标法)

外标法操作示意图如图 4-40 所示。

计算公式

校正因子:$f = \dfrac{标样响应值A}{标样浓度c}$

未知组分的浓度=样品响应值$\div f$

图 4-40 外标法操作示意图

1. 方法

首先用待测组分的标准样品绘制标准曲线。具体方法是：用标准样品配制成不同浓度的标准系列，在与待测组分相同的色谱条件下，等体积准确进样，测量各峰的峰面积或峰高，用峰面积或峰高对样品浓度绘制标准曲线，此标准曲线应是通过原点的直线。若标准曲线不通过原点，则说明存在系统误差。标准曲线的斜率即为绝对校正因子。

在测定样品中的组分含量时，要用与绘制标准曲线完全相同的色谱条件作出色谱图，测量色谱峰面积或峰高，然后根据峰面积和峰高在标准曲线上直接查出注入色谱柱中样品组分的浓度。

当待测组分含量变化不大，并已知这一组分的大概含量时，也可以不必绘制标准曲线，而用单点校正法，即直接比较法定量。具体方法是：先配制一个和待测组分含量相近的已知浓度的标准溶液，在相同的色谱条件下，分别将待测样品溶液和标准样品溶液等体积进样，作出色谱图，测量待测组分和标准样品的峰面积或峰高，然后直接计算样品溶液中待测组分的含量：

$$w_i = \frac{w_\mathrm{S}}{A_\mathrm{S}} \cdot A_i \qquad\qquad w_i = \frac{w_\mathrm{S}}{h_\mathrm{S}} \cdot h_i$$

式中　w_S——标准样品溶液质量分数；

$\quad\quad\ w_i$——样品溶液中待测组分质量分数；

$\quad\quad\ A_\mathrm{S}(h_\mathrm{S})$——标准样品的峰面积（峰高）；

$\quad\quad\ A_i(h_i)$——样品中组分的峰面积（峰高）。

显然，当方法存在系统误差时（即标准工作曲线不通过原点），单点校正法的误差比标准曲线法要大得多。

2. 特点

标准曲线法的优点是：适合于大量样品的分析。

标准曲线法的缺点是：每次样品分析的色谱条件（检测器的响应性能、柱温、流动相流速及组成、进样量、柱效等）很难完全相同，因此容易出现较大误差。此外，标准工作曲线绘制时，一般使用待测组分的标准样品（或已知准确含量的样品），而实际样品的组成却千差万别，因此必将给测量带来一定的误差。

子任务 2　高效液相色谱仪定量分析练习——饮料中咖啡因含量的测定

一、原理

反相高效液相色谱法是将饮料中的咖啡因与其他组分（如单宁酸、咖啡酸、蔗糖等）分离后，将已配制的浓度不同的咖啡因标准溶液注入色谱系统。如流动相流速和泵的压力在整个实验过程中是恒定的，测定它们在色谱图上的保留时间 t_R 和峰面积 A 后，可直接用 t_R 定性，用峰面积 A 作为定量测定的参数，采用标准曲线法测定饮料中咖啡因的含量。

二、仪器和试剂

1. 仪器

高效液相色谱仪、紫外-可见光检测器、正十八烷烷基键合色谱柱、平头微量注射器（10 μL 或 25 μL）、流动相过滤器、无油真空泵、超声波脱气装置。

2. 试剂

咖啡因标准品(分析纯)、甲醇(色谱纯)、二次蒸馏水、待测饮料试液。

三、实验操作步骤

1. 流动相的预处理

配制流动相(甲醇:水＝20:80)1000 mL,并进行过滤和脱气处理。

2. 标准溶液的配制

(1)配制浓度为 0.25 mg·mL^{-1} 的咖啡因标准储备液 100 mL,用流动相溶解。

(2)标准使用液:用上述储备液配制质量浓度分别为 25 μg·mL^{-1}、50 μg·mL^{-1}、75 μg·mL^{-1}、100 μg·mL^{-1}、125 μg·mL^{-1} 的标准系列溶液。

3. 试样的预处理

市售饮料用 0.45 μm 水相滤膜减压过滤后,置于冰箱中冷藏保存。

4. 色谱柱的安装和流动相的更换

将正十八烷色谱柱安装在色谱仪上,将流动相更换为甲醇:水＝20:80 的溶液。

5. 高效液相色谱仪开机

(1)打开仪器泵和检测器的电源开关。

(2)打开电脑,打开色谱工作站。

(3)进行泵排气操作

(4)进行柱平衡操作。

6. 标样的分析

(1)待基线稳定后,分别进标准系列溶液 20 μL,记录色谱图和分析结果。

(2)每个样品平行测定 2～3 次。

7. 饮料样品的分析

重复注射饮料样品 20 μL 2～3 次,记录色谱图和分析结果。

如果样品中咖啡因的色谱峰面积超出曲线范围,可用流动相适当稀释饮料样品。

8. 关机

样品分析完毕后,按照正常步骤关机。

四、数据处理

按照标准曲线法作图,对样品中咖啡因含量进行定量测定。

子任务 3　头孢拉定的定量分析

(引自中国药典 2000 版二部头孢拉定)

色谱条件与系统适用性实验:以十八烷基硅烷键合硅胶为填充剂,水-甲醇-3.86％醋酸钠溶液-4％醋酸溶液(1565:400:30:6)为流动相,流速为 0.7～0.9 mL/min,检测波长为 254 nm。取头孢拉定对照品溶液 10 份和头孢氨苄对照品储备液(0.4 mg·mL^{-1})1 份。混匀,量取 10 μL 注入液相色谱仪测定。头孢拉定峰和头孢氨苄峰的分离度应不小于 2.0,计算数次进样结果,其相对标准差(RSD)不得超过 2.0％。理论塔板数按头孢拉定算应不小于 2500。

对照品溶液的制备:取头孢拉定对照品约 35 mg,精密称定,置 50 mL 量瓶中,加流动相溶解并稀释至刻度,摇匀,即得。

供试品溶液的制备和测定:取本品约 35 mg,精密称定,置 50 mL 量瓶中,加流动相溶解并稀释至刻度,摇匀,精密量取 10 μL 注入液相色谱仪,记录色谱图,同时用上述头孢拉定对照品溶液按此法同样测定作对照,计算出供试品头孢拉定的含量。

任务考核

【考核评分表】

序号	作业项目	考核内容	配分	操作要求	考核记录	扣分	得分
一	流动相的处理	流动相的配制	2	正确			
		滤膜的选择	1	正确			
		抽滤装置的安装	2	正确			
		流动相过滤	2	正确			
		流动相脱气	2	正确			
二	试液配制	容量瓶的使用	3	正确规范(洗涤、试漏、定容)			
		移液管的使用	3	正确规范(润洗、吸放、调刻度)			
三	色谱仪开机	色谱柱的选择	2	正确			
		色谱柱的安装	2	正确			
		开检测器	1	正确			
		开高压泵	1	正确			
		检测器预热	1	已进行			
		更换流动相	2	正确			
		排除管道气泡	2	正确			
		"purge"键排气	2	正确			
		流量参数设定	2	正确			
		时间参数设定	2	正确			
		波长参数设定	2	正确			
		柱平衡	2	正确			
四	试样分析	开电脑,开工作站	1	正确			
		方法设定	2	正确			
		洗涤进样针	2	正确			
		取样	2	正确			
		进样	4	正确			
		采集谱图	2	正确			
		优化谱图	4	正确			
		保存谱图	2	正确			

（续表）

序号	作业项目	考核内容	配分	操作要求	考核记录	扣分	得分
五	关机	流动相冲柱	2	已进行			
		关工作站,关电脑	1	正确			
		关检测器	1	正确			
		关高压泵	1	正确			
六	数据处理和实训报告	主要吸收峰定性	10	正确			
		定性结果	5	正确			
		定量结果	10	合格			
		谱图、报告	10	正确、完整、规范、及时			
七	文明操作结束工作	物品摆放,仪器结束工作	5	仪器拔电源、盖防尘罩;台面无水迹或少水迹、废纸废液不乱扔乱倒、结束工作完成良好			
八	总分						

技能训练测试题

一、简答题

1. 如何维护好高压输液泵?

2. 怎样保护好色谱柱?

3. 简述高效液相色谱仪的分析流程。

二、判断题

1. 液相色谱的流动相配置完成后应先进行超声,再进行过滤。（   ）

2. 在液相色谱分析中选择流动相比选择柱温更重要。（   ）

3. 高效液相色谱分析中,固定相极性大于流动相极性称为正相色谱法。（   ）

4. 高效液相色谱仪的工作流程同气相色谱仪完全一样。（   ）

5. 在液相色谱中,试样只要目视无颗粒就不必过滤和脱气。（   ）

6. 经液相色谱分离,组分 1 和 2 的峰顶点距离为 1.08 cm,而 $W_1 = 0.65$ cm,$W_2 = 0.76$ cm。则组分 1 和 2 不能完全分离。（   ）

三、综合思考题

1. 分组讨论头孢拉定定量分析所需的色谱条件。

2. 试对比头孢拉定定量分析时,采取标准曲线法和单点校正法对结果的影响。请问哪种方法可靠?

附录：

仪器使用手册

仪器分析实验室的最主要固定资产就是大型分析仪器,大型分析仪器经常给人一种"娇嫩"的感觉,发生故障后的维修费用通常也是惊人的。其实如果使用得当,保养得法,完全可以运转相当长时间。

不应该在仪器有故障反应时才想到对仪器进行维护,而是要定期有针对性进行维护。还要树立一个观念:维护与保养的一个重要作用就是保障保证仪器良好的检测状态,确保得到准确的检测数据。

影响分析仪器正常运行的因素主要有:1. 易损件清理更换不及时;2. 硬件使用不科学;3. 仪器本身选购及配置不当。

各种分析仪器从结构、功能、应用各方面差别极大,但是经常出现的问题以及维护保养的方向还是有一定的共性。这种共性就是:"仪器本身各个固定部件很少出问题,只有使用者经常接触到的地方才容易出故障"。

下面分别介绍酸度计、紫外-可见分光光度计、原子吸收分光光度计、气相色谱仪、高效液相色谱仪和红外光谱仪的使用、维护和常见故障及排除方法。

第一部分　酸度计的使用、维护、故障及排除

一、使用(PHS-25 型酸度计,图 5-1)

图 5-1　PHS-25 型酸度计

1. 仪器使用前的准备

仪器在电极插入之前输入端必须插入 Q₉ 短路插,使输入端短路以保护仪器。

仪器供电电源为交流市电,把仪器的三芯插头插在 220 V 交流电源上,并把电极梗插入电极梗固定座中,将电极夹插入电极梗中,将 pH 复合电极安装在电极夹上。将复合电极下端的电极保护套拔下,并且拉下电极上端的橡皮套使其露出上端小孔。用蒸馏水清洗电极。

仪器选择开关置"pH"挡或"mV"挡,开启电源,仪器预热 30 分钟。然后按以下标定。

2. 仪器的标定

仪器在使用之前,先要标定,但这不是说每次使用之前都要标定,一般在连续使用时,每天标定一次已能达到要求。

仪器的标定可按如下步骤进行:

(1)在测量电极插座处拔掉 Q_9 短路插头;

(2)在测量电极插座处插入复合电极;

(3)打开电源开关,仪器进入"pH"测量状态;

(4)按"温度"键,使仪器进入溶液温度调节状态(此时温度单位℃指示灯亮),按"△"键或"▽"键调节温度显示数值上升或下降,使温度显示值和溶液温度一致,然后按"确认"键,仪器确认溶液温度值后回到 pH 测量状态;

(5)把电极用蒸馏水清洗,然后把电极插在一已知 pH 值的缓冲溶液中(如 pH=6.86 或 pH=4.00 或 pH=9.18),按"标定"键,此时显示实测的 mV 值,待读数稳定后按"确认"键(此时显示实测的 mV 值对应的该温度下标准缓冲溶液的标称值),然后再按"确认"键,仪器转入"斜率"标定状态。溶液的 pH 值与温度关系对照见表 5-1。

表 5-1　　　　　　　　　　　　缓冲溶液的 pH 值与温度关系对照表

温度℃	0.05 mol/kg 邻苯二甲酸氢钾	混合物磷酸盐	0.01 mol/kg 硼砂
5	4.00	6.95	9.39
10	4.00	6.92	9.33
15	4.00	6.90	9.28
20	4.00	6.88	9.23
25	4.00	6.86	9.18
30	4.01	6.85	9.14
35	4.02	6.84	9.11
40	4.03	6.84	9.07
45	4.04	6.84	9.04
50	4.06	6.83	9.03
55	4.07	6.83	8.99
60	4.09	6.84	8.97

(6)仪器在"斜率"标定状态下,把电极用蒸馏水清洗,然后把电极插在一已知 pH 值的缓冲溶液中(如 pH=6.86 或 pH=4.00 或 pH=9.18),此时显示实测的 mV 值,待读数稳定后按"确认"键(此时显示实测的 mV 值对应的该温度下标准缓冲溶液的标称值),然后再按"确认"键,仪器自动进入 pH 测量状态。

注意:经标定后,如果误按"标定"键或"温度"键,则可将电源关掉后再重新开机,仪器将恢复到原来的测量状态。

注:标定的缓冲溶液一般第一次用 pH=6.86 的溶液,第二次用接近被测溶液 pH 值的缓冲液,如被测溶液为酸性时,缓冲液应选 pH=4.00;如被测溶液为碱性时,缓冲溶

液应选 pH＝9.18。

经标定的仪器，"定位"电位器不应再有变动。不用时电极的球泡最好浸在蒸馏水中，在一般情况下 24 小时之内仪器不需再标定。但遇到下列情况之一，则仪器最好事先标定：

(1)溶液温度与标定时的温度有较大的变化时；

(2)使用干燥过久的电极；

(3)换过了的新电极；

(4)"定位"调节器有变动，或可能有变动时；

(5)测量过浓酸(pH＜2)或浓碱(PH＞12)之后；

(6)测量过含有氟化物的溶液而酸度在 pH＜7 的溶液之后和较浓的有机溶液之后。

3. 测量 pH 值

已经标定过的仪器，即可用来测量被测溶液。

(1)当被测溶液和定位溶液温度相同时：

①"定位"保持不变；

②将电极夹向上移出，用蒸馏水清洗电极头部，并用滤纸吸干，再用被测溶液清洗一次。

③把电极插在被测溶液之内，摇动试杯使溶液均匀，在显示屏读出该溶液的 pH 值。

(2)当被测溶液和定位溶液温度不同时：

①"定位"保持不变；

②用蒸馏水清洗电极头部，用滤纸吸干，再用被测溶液清洗一次。

③用温度计测出被测溶液的温度值；

④按"温度"键，使仪器进入溶液温度调节状态(此时温度单位℃指示灯亮)，按"△"键或"▽"键调节温度显示数值上升或下降，使温度显示值和被测溶液温度一致，然后按"确认"键，仪器确认溶液温度值后回到 pH 测量状态；

⑤把电极插入被测溶液内，摇动试杯使溶液均匀后，读出该溶液的 pH 值。

4. 测量电极电位(mV)值：

(1)打开电源开关，仪器进入 pH 测量状态；按"pH\mV"键，使仪器进入 mV 测量即可；

(2)把 ORP 复合电极夹在电极架上；

(3)用蒸馏水清洗电极头部，用滤纸吸干，再用被测溶液清洗一次；

(4)把复合电极的插头插入测量电极插座内；

(5)把 ORP 复合电极插在被测溶液内，将溶液搅拌均匀后，即可在显示屏读出该离子选择电极的电极电位(mV)值并自动显示正负极性。

(6)如果被测信号超出仪器的测量范围或测量端开路时，显示屏显示 1－－－mV，即为超载报警。

二、电极的使用、维护

1.电极在测量前必须用已知 pH 值标准缓冲溶液进行定位校准，其 pH 值愈接近被测 pH 值愈好。

2.在每次校准、测量后进行下一次操作前，应该用蒸馏水或去离子水充分清洗电极，再用被测液清洗一次电极。

3.下电极保护套后,应避免电极的敏感玻璃泡与硬物接触,因为任何破损或擦毛都使电极失效。

4.测量结束,及时将电极保护套上,电极套内应放少量外参比补充液,以保持电极球泡的湿润,切忌浸泡在蒸馏水中。

5.复合电极的外参比溶液为 3 mol/L 氯化钾溶液,补充液可以从电极上端小孔加入,复合电极不使用时,拉上橡皮套,防止补充液干涸。

6.电极的引出端必须保持清洁干燥,绝对防止输出两端短路,否则将导致测量失准或失效。

7.电极应与输入阻抗较高的 pH 计($\geqslant 3 \times 10^{11}$ Ω)配套,以使其保持良好的特性。

8.电极应避免长期浸泡在蒸馏水、蛋白质溶液和酸性氟化物溶液中。

9.电极避免与有机硅油接触。

10.电极经长期使用后,如发现斜率略有降低,则可把电极下端浸泡在 4%HF 中 3~5 s,用蒸馏水洗净,然后在 0.1 mol/L 盐酸溶液中浸泡,使之复新。

11.被测溶液中如含有易污染敏感球泡或堵塞液接界的物质而使电极钝化,会出现斜率降低,显示读数不准现象。如发生该现象,则应根据污染物质的性质,用适当溶液清洗,使电极复新。

三、酸度计常见故障及排除方法

1.接通电源,指示灯不亮。

(1)若酸度计有电压输出则检查指示灯是否烧坏;

(2)若酸度计没有电压输出则检查保险丝是否熔断;

(3)若保险丝没有熔断则检查仪器的变压器是否由于电路局部短路而烧坏。

2.接通电源仪器表头指示不稳定或指针不定位。

(1)打开酸度计面板检查表头是否卡针,观察线圈上是否有异物;

(2)检查仪器机壳是否接地。

3.未接通电源,仪器表头指示大幅摆动;打开仪器面板检查表头背后输入端并联电阻焊接是否牢固。

4.数字式酸度计通电后显示的数字不稳定或出现漂移情况。

(1)检查酸度计的各接插件是否牢固;

(2)检查仪器的输入及输出电压是否稳定;

(3)检查仪器的线路板是否被侵蚀;

(4)检查仪器放大电路中运算放大器是否烧坏。

5.酸度计输出指示不准:检测方法不对或温度、斜率调节点不对。

6.用两种标准溶液测试不能相互定位:检查标准信号发生器是否不准。

7.酸度计在直接输入时能正常工作,但串入高阻时示值超差。

(1)检查仪器的滤波电容是否被击穿;

(2)检查仪器场效应柱的输入电阻是否偏低;

(3)检查仪器电路板是否受潮或被侵蚀。

8.数字式酸度计通电后显示的数字缺笔画。

(1)仪器的接插件接触不好；

(2)酸度计的数字显示屏损坏。

9.酸度计面板上的温度、斜率或校正调节旋钮调节失灵：检查调节失灵的旋钮与之相连的电位器是否损坏。

第二部分　紫外-可见分光光度计的使用、维护、故障及排除

紫外-可见分光光度计实训室要求为：

分光光度计应安装在稳固的工作台上(周围不应有强磁场，以防电磁干扰)，室内温度宜保持在 15～28 ℃。室内应干燥，相对湿度宜控制在 45％～65％，不应超过 70％。室内应无腐蚀性气体(如 SO_2、NO_2 及酸雾等)，应与化学分析操作室隔开，室内光线不宜过强。

仪器工作电源一般允许($220±10％V$)的电压波动。为保持光源灯和检测系统的稳定性，在电源电压波动较大的实验室，最好配备稳压器(有过电压保护)。

图 5-2　UV-7504 紫外-可见分光光度计

一、使用(UV-7504 型，图 5-2)

1.开机注意事项包括如下：

开机前需对以下情况予以确认：仪器样品室内是否有物品挡在光路上；仪器样品架定位是否正确。

仪器接通电源，即进入预热状态(约 20 分钟)，然后自动进行自检，仪器会将自检状态依次显示在显示器上。当显示器出现"546.0nm"和"0.000A/100％T"时，自检完毕，可以进入测试状态。仪器在自检过程中请不要打开仪器样品室盖门。

2.用＜方式＞键设置测试方式，根据需要选择透过率(T)或吸光度(A)或浓度(c)。

3.选择要分析的波长：按键 6(设定键)屏幕上显示"WL＝×××.×nm"字样，按键 1 或键 2 输入所要分析的波长，之后按键 7(确认键)，显示器第一列右侧显示"×××.×nm BLANKING"仪器正在变换到所设置的波长及自动调出"0ABS/100％T 请稍等"。待仪器显示出所需的波长，并且已经把参比调成 0.000A 时，即可测试。

4.将参比溶液和被测溶液分别倒入比色皿中。打开样品室盖，将盛有溶液的比色皿分别插入比色皿槽中，盖上样品室盖。一般情况下，参比放在样品架的第一个槽位中。仪器所附的比色皿，其透过率是经过配对测试的，未经配对处理的比色皿将影响样品的测试精度。

5.将参比溶液推入光路中，按"0ABS/100％T"键调整零 ABS。此时显示器显示的"BLANKING"，直至显示"100.0％T 或"0.000A"为止。

6.当仪器显示器显示出"100％T"或"0.000A"后，将被测溶液推或拉入光路中，此时，显示器上所显示的是被测样品的测试参数。根据设置的方式，可得到样品的透射比(T)或吸光度(A)参数。

二、维护

1. 开机前,首先检查工作电压是否与供电电压相符。

2. 放置仪器的工作台应平坦牢固、结实,不应有振动或其他影响仪器正常工作的现象(强烈电磁场、静电及其他干扰,都可能影响仪器的正常工作,应尽可能远离干扰源)。

3. 仪器应放置在室温为 5～31 ℃,相对湿度不大于 85% 的环境中;务必保持散热孔畅通;避开有化学腐蚀气体的地方;避免阳光直射。

4. 开机前,先确认仪器样品室内是否有东西挡在光路上。光路上有东西将影响仪器自检甚至造成仪器故障。

5. 当波长被重新设置后,请不要忘记调整 100.0%T;不要忘记调整零 ABS。

6. 比色皿的透光部分表面不能有指印、溶液痕迹。否则,会影响样品的测试精度。

7. 比色皿内的溶液面高度不应低于 25 mm,大约 25 mL。否则,会影响测试参数的精确度。

8. 被测试的样品中不能有气泡和漂浮物,否则,会影响测试参数的精确度。

9. 被测样品的测试波长在 340～1000 nm 范围内,建议使用玻璃比色皿;被测样品的测试波长在 190～340 nm 范围内,建议使用石英比色皿。

10. 每次使用后应取出所有的参比溶液和样品溶液。检查样品室是否积存有溢出溶液,经常擦拭样品室,以防废液对部件或光路系统的腐蚀。仪器使用完后应盖好防尘罩。

11. 实验完成,应及时关闭仪器,保护氘灯及钨灯的寿命。

12. 仪器长时间不用,应定期开机预热驱潮,一般一个星期开两次,每次以 30 min 为宜。

三、故障

1. 光源部分

(1)故障:钨灯不亮。

原因:钨灯灯丝烧断或保险丝被熔断。

处置:更换新钨灯或更换保险丝。

(2)故障:氘灯不亮。

原因:氘灯寿命到期或氘灯启辉电路故障。

处置:更换氘灯或需要请专业人士修理。

2. 信号部分

(1)故障:没有任何检测信号输出。

原因:没有任何光束照射到样品室内。

处置:检查光源镜是否转到位? 双光束仪器的切光电机是否转动了?

(2)故障:样品室内无任何物品的情况下,全波长范围内基线噪声大。

原因:光源镜位置不正确、石英窗表面被溅射上样品。

检查:观察光源是否照射到入射狭缝的中央? 石英窗上有无污染物?

处置:重新调整光源镜的位置,用乙醇清洗石英窗。

(3)故障:吸光值结果出现负值。

原因:没做空白记忆、样品的吸光值小于空白参比液。

处置:做空白记忆、调换参比液或用参比液配置样品溶液。

(4)故障:样品信号重现性不良。

原因:排除仪器本身的原因外,最大的可能是样品溶液不均匀所致;在简易的单光束仪器中,样品池架一般为推拉式的,有时重复推拉不在同一个位置上。

处置:采取正确的试样配置手段;修理推拉式样品架的定位碰珠。

(5)故障:样品出峰位置不对。

原因:波长传动机构产生位移。

处置:专业人员修理。

(6)故障:仪器零点飘忽不定。

原因:电位器接触不良。

处置:更换电位器。

(7)故障:T 调不到 0。

原因:光门漏光;放大器坏;暗盒受潮。

处置:修理光门;修理放大器;更换暗盒干燥剂。

(8)故障:T 调不到 100%。

原因:卤钨灯不亮;样品室有遮光现象;光路不准;放大器坏。

处置:检查灯电源电路;检查样品室;调整光路;修理放大器。

第三部分　原子吸收分光光度计的使用、维护、故障及排除

原子吸收实训室的要求如下:

1.分析测定和仪器放置的室温应为 10 ℃～30 ℃。

2.应避开阳光直射的地方。

3.应没有强烈振动,或持续的弱振动。

4.应没有强磁场、强电场,附近没有产生高频波的机器。

5.湿度应不超过 85%。

6.不存在腐蚀性气体及在测量光谱范围内有吸收的有机或无机气体;不准吸烟。

7.灰尘较少。

8.有排风装置,务必使排气罩对准仪器燃烧头的正上方。

一、使用(TAS-990 型,图 5-3)

1.打开电脑。

2.打开主机电源。

3.双击 AAWin1.2 图标 📊 。

4.选择联机后确定进行自检。

5.等自检完成后进行元素灯选择(选择工作灯和预热灯)。

6.根据向导提示用默认的参数和峰值进行寻峰操作。

图 5-3　TAS-990 型原子吸收分光光度计

7.点击 仪器(I) 中的 燃烧器参数(F) 进行燃气流量的调整,燃烧器位置调整,让光路通过燃烧缝的正上方。

8.点击 样品 图标设置样品。

9.点击 参数 图标进行参数设置。

10.检查水封。

11.打开空气压缩机电源(压力 0.25～0.3 MPa)。

12.打开乙炔气瓶开关(压力调节到 0.05 MPa 左右)。钢瓶压力到达 0.4 MPa 时更换乙炔钢瓶,纯度大于 99.9%。

13.点击图标 点火 进行点火。

14.点击 能量 图标进行能量自动平衡。将进样管放入去离子水中冲洗 2～3 min。

15.在空白溶液中点击 校零 ,点击 测量 图标后点开始依次测量标准样品和未知样品。测量结束后将进样管放入去离子水中冲洗 2～3 分钟。

16.关闭乙炔。

17.火焰熄灭后关闭空压机。(先关工作开关,再关风机开关,放水。)

18.关闭主机。

19.关闭软件。

20.关闭计算机。

二、维 护

1.原子吸收分光光度计主机长时间不用,要每隔一至两周,将仪器开机预热 1～2 h,以延长其使用寿命。

2.仪器使用完毕后,要使灯充分冷却,然后从灯架上取下存放。长期不用的灯,应每隔 3～4 个月在工作电流下点燃 2～3 h,以延长灯的寿命。

3.定期检查废液管并及时倾倒废液。

4.乙炔气路要定期检查,以免管路老化产生漏气现象,发生危险。更换乙炔气瓶后要全面试漏。

5.使用时,注意下列情况:如废液管道的水封被破坏、漏气;燃烧器峰明显变宽;助燃气与燃气流量比过大;使用氧化亚氮-乙炔火焰时,乙炔流量小于 2 L/min 等,这些情况容易引起回火。如发生回火,应立即关闭燃气,再将仪器开关、调节装置恢复到启动前的状态。查明回火原因并采取相应措施后再继续使用。

6.预混合器要定期清洗积垢,喷过浓酸、碱液后,要仔细清洗;日常工作后应用蒸馏水吸喷 5～10 分钟进行清洗。

7.每次分析操作完毕,特别是分析过高浓度或强酸样品后,要立即喷雾蒸馏水 30 s～60 s,然后取下燃烧头,用自来水充分淋洗干净,抛去水滴,再用软纸擦干净缝中水滴,装上以备下次使用,若暂时不用,应用硬纸片遮盖住缝口,以免积灰。对沾在燃烧头缝口上的积炭,可用刀片刮除。

8.喷雾器的毛细管内应经常注意是否有阻塞,否则会造成提取量减小灵敏度下降,可拔下毛细管用清洁的细金属丝小心通一下毛细管端部,将异物除去。

9.空压机在使用中应经常放水,放水应在火焰熄灭时带压进行。

10.工作台电源插座中的接地端应接地良好,这样可减少仪器的噪声。

11.严禁在乙炔管道中使用紫铜、铜及银制零件,并无油污。

12.乙炔钢瓶工作时应直立,严禁剧烈震动和撞击。工作时乙炔钢瓶应放置室外,温度不宜超过 30~40 ℃,防止日晒雨淋。开启钢瓶时,阀门旋开不超过 1.5 转,防止丙酮溢出。

13.严禁使用不透气材料制成的外套。

三、故障及排除

1.仪器显示系统

故障:电源显示器不亮。

原因:电源进线断路或接触不良,保险管损坏,电源输入线某处断路。

处置:用万用表查出故障并修复。

2.光源系统

(1)故障:空心阴极灯点不亮。

原因:灯电源出问题或未接通;灯头与灯座接触不良;灯头接线断路;灯漏气。

处置:分别检查电源、连线和插接件;若不是电路问题;再进行换灯检查。

(2)故障:灯阴极辉光颜色异常。

原因:灯内惰性气体不纯。

处置:在工作电流或大电流(80 mA,150 mA)下反向通电处理。

3.能量输出

(1)故障:空心阴极灯亮而高压开启后无能量输出。

原因:无负高压;空心阴极灯发光异常或位置不对;波长不准;燃烧器挡光;单色器故障;主机电路故障。

处置:按仪器说明书或维修手册的规定逐一处理。

(2)故障:输出能量过低。

原因:灯能量弱;光路调整不佳;透镜或单色器内光学元件被污染;波长不准;放大线路增益下降;光电倍增管衰老。

处置:检查光电倍增管是否衰老和负高压是否正常;检查单色器光学系统有无机械位置变化;重新校正波长;按维修手册规定进一步查因处理。

4.吸收信号

(1)故障:零点不对。

原因:空心阴极灯衰老,强度太弱,波长调节不准;石英窗口和聚光镜表面污染。

处置:调整自动调零电路的调整点置零。

(2)故障:静态基线漂移。

原因:光源系统和检测系统故障。

处置:查明仪器是否受潮;查明仪器单独"地线"是否良好;元素灯和灯电源的稳定性,负高压电源的稳定性等,都可能导致基线漂移。若是电源问题,应按维修手册加以处理。

(3)故障:点火基线漂移。

原因:原子化系统故障。

处置:检查吸液毛细管有无堵塞和"气泡";废液排泄是否畅通和雾室内有无积水;气源压力不稳和燃烧器预热不够;波长调不准等,按相应情况加以处理。

(4)故障:仪器没有吸收或吸光度值不稳定。

原因①:空心阴极灯使用时不亮或灯闪。

处置:不经常使用的灯,每隔三四个月取出点燃 2～3 h。每次使用时应充分预热灯 30 min 以上,如果因电压不稳导致灯闪,应立即关闭电源以免造成空心阴极灯损坏。连接稳压电源,待电压稳定后再开机使用。如未能解决,应更换空心阴极灯。

原因②:工作电流过大。

处置:对于空心阴极较小的元素灯,工作电流过大,使灯丝发热温度较高,导致原子发射线的热变宽和压力变宽,同时空心阴极灯的自吸增大,使辐射的光强度降低,导致无吸收。因此,空心阴极灯发光强度在满足需要的条件下,应尽可能采用较小的工作电流。

原因③:雾化系统内管路不畅通。

处置:有可能是吸入浓度较高或分子量较大的测试液造成的,清洗雾化器即可。

原因④:样品前处理不彻底。

处置:观察样品中有无沉淀或悬浮物,如有沉淀,应重新对样品进行处理。

(5)故障:读数不稳定。

原因:吸液毛细管堵塞;雾化器雾口腐蚀;雾化室内积废液;空气和乙炔不纯或压力不稳;试液基体浓度过大;有沉淀和夹杂物;燃烧器缝口沉积有炭和无机盐或缝口堵塞而使火焰呈锯齿形等。

处置:应针对具体问题加以检查排除。

5.火焰

(1)故障:火焰异常。

原因:燃气不稳或纯度不够。

处置:首先要排除气路故障,应检查燃气和助燃器通道是否漏气或气路堵塞。钢瓶中的乙炔是溶解于吸收在活性炭上的丙酮中的,由于丙酮的挥发导致燃烧火焰变红,遇到此故障更换乙炔瓶即可。另外,周围环境的干扰,也会使火焰异常。当空气流动严重或者有灰尘干扰时,应及时关闭门窗,以免对测定结果造成影响。

(2)故障:燃烧器火焰成 V 形燃烧。

原因:燃烧器缝口有污渍或水滴导致火焰不连续燃烧。

处置:仪器关闭后,可用柔软的刀片轻轻刮去燃烧器缝口的污渍或擦干燃烧器内腔及缝口的水滴。

第四部分　气相色谱仪的使用、维护、故障及排除

气相色谱实训室的要求如下:

1.环境温度应为+5～+35 ℃,相对湿度<85%。

2.室内应无腐蚀性气体,离仪器及气瓶 3 m 以内不得有电炉和火种。

3.室内不应有足以影响放大器和记录仪(或色谱工作站)正常工作的强磁场和放射源。

4.电网电源应为 220 V(进口仪器必须根据说明书的要求提供合适的电压),电源电压的变化应在 5%～10%范围内,电网电压的瞬间波动不得超过 5 V。电频率的变化不得超过 50 Hz 的 1%(进口仪器必须根据说明书的要求提供合适的电频率)。采用稳压器时,其功率必须大于使用功率的 1.5 倍。

5.仪器应平放在稳定可靠的工作台上,周围不得有强震动源及放射源,工作台应有 1 m 以上的空间位置。

6.有的气相色谱仪要求有良好的接地,接地电阻必须满足说明书的要求。

7.气源采用气瓶时,气瓶不宜放在室内,放室外必须防太阳直射和雨淋。

一、使用(GC1100 型,图 5-4)

1.打开氮气钢瓶总阀,将分压阀调到压力 0.2～0.4 MPa,等待 5～10 分钟。

2.打开主机电源,按"复位"键,出现"－－OK－－",按"柱箱温度(COL)"温度设置为 180 ℃,回车。"LIMT(限制温度)"200 ℃(比柱箱温度高 20～30 ℃左右),按"汽化温度(INJ)"温度设置为 200 ℃。按"检测器 A(DETA)"温度设置为 200 ℃,按"状态",仪器开始升温,此时准备灯闪烁,当温度升到设定温度后准备灯亮。

注:柱箱温度根据样品沸点等因素设置,汽化温度和检测器温度比柱箱温度高 20～50 ℃。

图 5-4 GC1100 气相色谱仪

3.开空气钢瓶总阀将分压阀调到压力 0.2～0.4 MPa;开氢气钢瓶总阀将分压阀调到压力 0.2～0.4 MPa。

4.按仪器右上侧的"点火"按钮,会听到"砰"一声爆鸣声,用金属或者玻璃等光亮表面的器物放在检测器口上会出现凝结的水雾,此时证明火焰燃烧,点火成功。

5.打开电脑工作站,用进样针送入试验样品,同时采集信号。

6.用工作站进行图谱分析。

7.工作结束后,准备关机。先关掉空气和氢气钢瓶总阀。按"复位"键,出现"－－OK－－",按"柱箱温度(COL)"温度设置为 50 ℃,回车。"LIMT(限制温度)"200 ℃(不需要改动)。按"汽化温度(INJ)"温度设置为 50 ℃。按"检测器 A(DETA)"温度设置为 50 ℃。按"状态",等温度恢复到设置温度后,关闭氮气钢瓶的总阀,关闭主机电源。

二、维护

1.色谱气源必须采用高纯气体,严禁采用任何塑料管道输气,进入仪器前要加具变色分子筛的净化系统,对载气还应串接脱氧管,不同种可燃气体不能放置同一气源室内。

2.任何采用钢瓶供气之气源,使用之最低气压不得<1 MPa,必须及时更换,换瓶时逆时针方向松开减压器支头螺丝,顺时针关闭瓶头阀,拆下钢瓶减压器,换上同种满瓶气

开启瓶头阀,顺时针旋进支头螺丝至所需压力。必须特别提醒,在每次打开钢瓶瓶头阀时,首先必须检查支头螺丝是否松开(逆时针旋转为松开)。只有在确认支头螺丝是松开的状态下方能打开瓶头阀,否则钢瓶减压器在打开瓶头阀时,高压打在低压调节器上,一次即可把减压器击坏。凡遇以上情况作责任事故处理。

3. 色谱操作人员必须经过专业培训,未有取得上岗证或资格证书不得单独操作仪器。

4. 使用 TCD 检测器时,应先开载气,并确认整个系统无泄漏情况下再把汽化室、柱室、检测室温度升至所需值,然后开启桥路电流,关机时则先关桥路电流,再降温至 60 ℃,最后关闭载气。当使用氢做载气时,应用管道把放空气接至室外。

5. 使用 FID 检测器时,开启载气,把检测器温度升至所需值,点火、然后把汽化室,柱箱温度升到位,关机时先关闭氢气、空气熄火,然后降温至 60 ℃,停载气。

6. 色谱柱的老化

新柱或长期不用的柱子需老化以去除挥发性的污染物。作法:柱子的一端接在进样器上,与检测器连接的一端拆下来,用螺帽盖好检测器入口,通入载气,设定炉温 100 ℃约 1 h,然后逐渐升温到比使用温度高约 25 ℃(切勿超过柱子的最高温度极限),保持12~24 h。毛细柱时间可短一些。

7. 进样器换垫隔垫的使用寿命取决于使用次数和针头质量,一般的规律是,每天换一次隔垫。

8. 进样器衬套、内衬管,检测器喷嘴被污染时要用合适的溶剂清洗。

9. 当 TCD 检测器开着时,如果没开或中断气流,灯丝会永久性损坏。每当改变调节影响到通过检测器的气流时,检测器一定要关着。

10. 用氢气作燃料的检测器(FID、FPD、NPD),一旦氢气接入仪器,进样口接头就必须始终接一根色谱柱或一个帽,否则氢气会流进加热室引起爆炸事故。

11. 当用 FID、FPD、NPD 时,检测器温度一定要高于 100 ℃,以免积水。

12. 所用气体需经净化器(内装变色硅胶、分子筛等)过滤以除去水分、氧气等杂质。

13. 检测器温度应在柱温以上,以防样品或流失的固定液冷凝在检测器里。

14. 每次完成测试后,进几针溶剂清洗柱子。

15. 更换填充柱时,对填充柱直接插入汽化室的仪器,应考虑留 5 cm 试样汽化空间。当采用玻璃填充柱时,只能使用 He、N_2、Ar 做载气。填充柱使用前必须在低于固定液最高使用温度 20~30 ℃,载气流速 5 mL/min 的条件下。老化 8~16 h 在基线无噪声时方可作样品分析。

16. 更换毛细管色谱柱时,当毛细管穿过石墨垫时头应向下,穿过以后用毛细管割刀切去 2~3 cm,应严格按仪器说明书规定插入汽化室,检测室之距离。用手旋上毛细管固定螺帽呈水平状至紧,用小扳手顺时针旋转 1/4 圈,检查不漏气即可,千万不要扳的过紧。

17. 分析样品瓶和进样注射器只能放置在 250 mm×160 mm×35 mm 有盖的搪瓷盘中,严禁放在仪器顶部或实验台上。

18. 仪器要定时保养专人负责,保持仪器及操作台的干净整洁,每隔一段时间要检查汽化室,检测室的衬管状况,如已污染应更换汽化室石英衬管,使保持其清洁。

19. 仪器如出现故障,应及时报告专业维修单位或专职维修人员,未经专业维修培训或未取得维修资格证书的不能进行维修工作。

20.仪器室内严禁吸烟或进行任何无关明火操作。仪器室内应配备二氧化碳灭火器,分析人员应能正确操作使用。

三、故障及排除

1. 主机

(1)故障:仪器不工作。

原因:电源不通电;保险丝烧坏。

处置:检查电源;更换保险丝。

(2)故障:各部分温度不升。

原因:加热器坏;触发板坏;保险丝坏;双向可控硅坏;温控电路板故障。

处置:换加热器;换触发板;换保险丝;换双向可控硅;温控电路板维修或更换。

(3)故障:各部分温度不正常。

原因:铂电阻坏;温控电路板故障;接线端松动。

处置:换铂电阻;温控电路板维修或更换;拧紧接线端螺丝。

2. 出峰异常

(1)故障:峰变宽。

原因:载气流量低;柱温低;存在死体积;柱污染;进样器或检测器温低。

处置:增大流量;提高柱温;检查柱接头;更换或老化柱子;进样器或检测器升温。

(2)故障:峰变尖。

原因:载气流量低;柱温高;柱污染。

处置:降低流量;降低柱温;更换或老化柱子。

(3)故障:峰拖尾。

原因:进样量过大;汽化室污染。

处置:降低进样量;清洗汽化室。

(4)故障:鬼峰。

原因:进样隔垫挥发或污染;样品分解;柱污染。

处置:更换或老化隔垫;改变分析条件;更换或老化柱子。

(5)故障:平顶峰。

原因:样品量超出检测器线性范围;超出数据处理机测量范围。

处置:减少样品量;改变衰减值或减少样品量。

3. FID

(1)故障:FID不能点火。

原因:载气、氢气、空气流量不适;检测器温度低;喷嘴堵塞;氢气或空气泄漏;氢气或空气流路堵。

处置:用流量计检查;升高检测器温度;清洗或更换喷嘴;检漏;检查流路。

(2)故障:不出峰。

原因:火焰熄灭;喷嘴无高压;漏气;灵敏度太低;数据处理机的毛病。

处置:重新点火;检查喷嘴;检漏;检查灵敏度量程与样品量;检查数据处理机。

（3）故障：基线不稳。

原因：漏气；检测器污染；管道污染；柱污染；汽化室污染；载气不纯。

处置：检漏；清洗检测器；清洗管道；更换或老化柱子；清洗汽化室；载气更换或过滤。

第五部分　高效液相色谱仪的使用、维护、故障及排除

高效液相色谱实训室的要求如下：

1. 温度：常温，建议安装空调设备，无回风口。

2. 湿度：＜60％。

3. 供水：准备室可配制 1～2 个水龙头。

4. 废液排放：应配制专门废液接收器，并能密封。

5. 供电：设置单相插座若干，设置独立的配电盘、通风柜开关；照明灯具不宜用金属制品，以防腐蚀。

6. 供气：无特殊要求无需用气。

7. 工作台防振：合成树脂台面，防振。

8. 防火防爆：配制灭火器。

9. 避雷防护：属于第三类防雷建筑物

10. 防静电：设置良好接地

11. 电磁屏蔽：无特殊要求无需电磁屏蔽。

12. 通风设备：准备室可配制通风柜。

一、使用（LC-600 型，图 5-5）

图 5-5　LC-600 型高效液相色谱仪

1. 打开仪器的电源开关（确保有足够的流动相在贮液器中，流动相应事先过滤，脱气）。

2. 打开检测器的电源开关。

3.打开电脑,点击桌面上的"仪器控制面板"图标打开仪器控制面板。

4.点击"仪器控制面板"上的文件中的"谱图处理"打开 LABTECH 色谱工作站。

5.进行泵排气操作(步骤 6、7 在更换流动相后也必须进行)(注:此操作只能在"local"本机状态下操作)。

(1)设定等梯度模式(按 Mode 选择)下,松开三通阀上的螺丝。

(2)设置仪器控制面板上的流量为 5 mL/min。

(3)点击"Purge"开始排气。

(4)等排气程序结束后,拧紧三通阀上的螺丝。

6.进行柱平衡操作(柱平衡过程一般 15 min)。

(1)按泵面板上的联机操作"Remote"键。

(2)利用软件设置条件:(流动相设置,波长设置,积分时间等)。

(3)点击:初始化"Initial"进行柱平衡。

(4)点击菜单中"文件",进入谱图处理界面。点击仪器控制面板上的检测器开始按钮"Start",空进样一次,观察流动相的基线。走稳后,点击检测器停止按钮"Stop"。

7.用流动相清洗进样器,"Load"和"Inject"位置交替清洗。将进样器调到"Load"位置,开始装载样品。

8.在 LabTech HPLC Workstation 上新建一个窗口,快速扳动进样器的扳手到"Inject"位置,开始进样,检测器自动清零并开始检测。

9.等所有的样品都分离出来后,点击控制面板上的检测器项的"Stop",停止检测器数据采集,保存采集的谱图文件。

10.对采集到的谱图文件进行分析

(1)删除除主峰之外的小峰。

(2)设置定量方法为"归一法"。

(3)点击"定量分析"图标。

(4)从"定量结果"查看"峰面积""百分比浓度"。

11.所有的工作结束后,进行系统清洗工作(此过程只用在反相色谱分析中)。

(1)如果分析过程中使用过缓冲盐,使用 20 倍柱体积的 10∶90 体积比的甲醇(或乙腈)∶水的流动相,在泵控制面板中设置泵流速为 1 mL/min,点击"RUN",开始清洗系统;

(2)先用去离子水清洗进样阀,然后用纯甲醇(或乙腈)洗进样器,注意要对"Load"和"Inject"位置交替清洗

(3)然后使用 20 倍柱体积的纯甲醇(或乙腈)清洗系统并使系统最终保存在纯溶剂中。

12.在控制面板中点击 泵控制项 中的"Stop"使泵停止运行(注意观看一下泵,确保泵已经停止运行)。

13.依次关闭色谱工作站,泵电源,检测器电源以及电脑的电源。

二、维护

1.保持贮液器的清洁,专用贮液器定期用酸、水和溶剂清洗,用普通溶剂瓶作流动相贮液器时应根据使用情况不定期废弃瓶子。

2.定期(如半个月)在稀硝酸溶液中超声清洗过滤器,保持过滤器畅通无阻。过滤器

使用 3~6 个月后或出现阻塞现象时要及时更换新的,以保证仪器正常运行和溶剂的质量。

3.使用 HPLC 试剂和新蒸的二次蒸馏水做流动相,对不是 HPLC 级的试剂要进行过滤,对流动相一定要脱气。

4.每次使用之前应放空排除气泡,确保泵头、流动池以及其他流路系统中无气泡存在,并使新流动相从放空阀流出 20 mL 左右。

5.更换流动相时一定要注意流动相之间的互溶性问题,如更换非互溶性流动相则应在更换前使用能与新旧流动相均互溶的中介溶剂清洗输液泵。

6.如用缓冲液作流动相或一段时间不使用泵,工作结束后应从泵中用超纯水或去离子水洗去系统中的盐,然后用纯甲醇或乙腈冲洗。

7.不要使用存放多日的蒸馏水及磷酸盐缓冲液。

8.时间不使用,必须用去离子水清洗泵头及单项阀,以防阀球被阀座"粘住",泵头吸不进流动相。

9.防止缓冲盐和其他残留物留在进样系统中,每次工作结束后应冲洗整个系统。

10.保护色谱柱,流速不可一次改变过大,应避免色谱柱受突然变化的高压冲击,使柱床受到冲击,引起紊乱,产生空隙。

11.采用保护柱,延长柱的寿命。如污染物堆积于保护柱头,造成柱压升高、柱效下降、峰形变差时,卸下用强溶剂反冲后再用,或更换新的保护柱。

12.经常用强溶剂冲洗柱子,将柱内强保留组分及时洗脱出来。反相柱用异丙醇:二氯甲烷(1:1)冲洗,正相(硅胶柱)用纯甲醇或异丙醇清洗,时间均不小于 1 小时。

13.色谱柱应在要求的 pH 范围和柱温范围下使用。不要把柱子放在有气流的地方或直接放在阳光下,气流和阳光都会使柱子产生温度梯度造成基线漂移。

14.样品进样量不应过载。进样前应将样品进行必要的净化,以免其中的杂质对色谱柱造成损伤。

15.尽量用流动相溶解样品,一是避免出现拖尾峰、怪峰,二是避免试样在系统中由于溶解度降低而析出。

16.对于阻塞或受伤严重的柱子,必要时可卸下不锈钢滤板,超声洗去滤板阻塞物,对塌陷污染的柱床进行清洗、填充、修补工作,此举可使柱子恢复到一定的程度(80%),有继续使用的价值。

三、故障及排除

1.柱压异常

(1)故障:压力过高。

原因:流路中有堵塞。

处置:①若溶剂过滤头堵塞,用 30% 的硝酸浸泡半个小时,再用超纯水冲洗干净。②若过滤白头堵塞,将过滤白头取出,用 10% 的异丙醇超声半个小时。③若柱子堵塞,一种情况是缓冲盐堵塞,用 95% 的水冲至压力正常;另一种情况是一些强保留的物质导致堵塞,要用比现在流动相更强的流动相冲至压力正常。用这两种方法冲洗如果压力仍不下降,可考虑将柱子的进出口反过来接在仪器上,用流动相冲洗柱子或请专业人员维修。

(2)故障:压力过低。

原因:系统泄漏。

处置:①寻找各个接口处,特别是色谱柱两端的接口,把泄漏的地方旋紧即可。②如果泵里进了空气,打开 Purge 阀,用 3~5 ml/min 的流速冲洗,如果不行,则要用专用针筒在排空阀处借住外力将气泡吸出。

2. 漂移

(1)故障:基线漂移。

原因:①柱温波动。②流通池被污染或有气体。③紫外灯能量不足。④流动相污染、变质或由低品质溶剂配成。⑤检测器没有设定在最大吸收波长处。⑥流动相的 pH 值没有调节好。⑦样品中有强保留的物质。

处置:①控制好柱子和流动相的温度。②用甲醇或其他强极性溶剂冲洗流通池(最好断开柱子)。③更换新的紫外灯。④使用高品质的化学试剂及 HPLC 级的溶剂。⑤将波长调整至最大吸收波长处。⑥加适量的酸或碱调至最佳 pH 值。⑦定期用强溶剂冲洗柱子。

(2)故障:保留时间重现性差。

原因:①温控不当。②流动相比例变化。③色谱柱没有平衡。④流速变化。⑤泵中有气泡。

处置:①调好柱温。②检查泵的比例阀是否有故障。③每一次运行之前给予足够的时间平衡色谱柱。④重新设定流速。⑤从泵中除去气泡。

3. 峰形异常

(1)故障:色谱图中未出峰。

原因:系统未进样或样品分解;泵未输液或流动相使用不正确;检测器设置不正确。

处置:针对以上情况成因作相应调整即可。

(2)故障:所有峰均为负峰。

原因:信号电缆接反或检测器输出极性设置颠倒。

处置:重新连接信号电缆或设置输出极性。

(3)故障:所有峰均为宽峰。

原因:①系统未达到平衡。②溶解样品的溶剂极性比流动相差很多。③色谱柱或保护柱被污染或柱效降低。④温度变化造成的影响。

处置:①进样前平衡色谱柱。②改变溶解样品的溶剂的极性。③重新更换色谱柱。④调节控制柱温。

(4)故障:出现双峰或肩峰。

原因:①进样量或样品浓度过高。②保护柱或色谱柱柱头堵塞。③保护柱或色谱柱污染或失效。

处置:①降低样品量和样品浓度。②清洗柱头。③更换色谱柱。

(5)故障:前伸峰。

原因:①进样量或样品浓度高。②溶解样品的溶剂较流动相极性强。③保护柱或色谱柱污染或失效。

处置:①降低样品量和样品浓度。②改变溶解样品的溶剂。③更换色谱柱。

(6)故障:拖尾峰。

原因:①柱超载。②柱效下降。

处置:①降低样品量。②更换柱子或采用保护柱。

(7)故障:出现平头峰。

原因:①检测器设置不正确。②进样体积太大或样品浓度太高。

处置:①重新设置检测器。②降低样品量和样品浓度。

(8)故障:出现鬼峰。

原因:①进样阀残余峰。②流动相污染。③流路中有小的气泡。

处置:①在每次进完样后用充足的时间来平衡和清洗系统。②更换新流动相,尽可能现配现用。③打开 Purge 阀,加大流速排除。

第六部分　红外分光光度计的使用、维护、故障及排除

红外光谱实训室的要求

1.分析测定和仪器放置的室温应在 15～30 ℃。

2.环境湿度在 65％以下。

3.无强振动源、无强电磁场干扰源。

4.室内应保持清洁,无腐蚀性气体。

5.仪器应放置在平稳牢固的水平工作台上,

6.室内最好配备排风装置,以便排除有害气体。

7.室内装有地线,以保证仪器接地良好。

8.实训室要安装空调和除湿机。

一、使用[TJ270-30(A)型,图 5-6]

图 5-6　TJ270-30(A)型双光束红外分光光度计

1.开机

首先分别打开计算机、红外系统主机与控制开关,再连接好 USB 电缆线,然后点击"开始\程序\TJ270"或双击桌面快捷方式,进行系统初始化并运行系统程序。

2.测试样品

(1)系统参数设置

点击"文件\参数设置"或直接点击工具栏中 参数设置 即可。此时,弹出参数设置

菜单。

参数设置应根据样品要求来确定,若无要求或要求不确定,一般按照如下设置:

将测量模式设置为透过率,扫描速度设置为快,狭缝宽度设置为正常,响应时间设置为正常,X-范围设置为4000～400,Y-范围设置为0～100,扫描方式设置为连续,次数设置为1即可。

(2)系统校准

此处,样品以真空作为参照物。

在确认样品室中未放置任何物品的情况下,单击菜单栏中的"系统操作\系统校准"或直接按F2快捷键,进行系统0、100%校准。

(3)扫描

将事先处理好的样品放入样品室中的样品光样品池中,单击"测量方式\扫描"或直接单击工具栏中的 扫描 ,开始进行扫描。

(4)数据处理

扫描结束后,可在右侧的信息栏中的"当前谱线"→"名称"一栏中,输入样品名称及操作者。

单击"文件\保存"或直接单击工具栏中 保存 来保存图谱。

单击"文件\打印"或直接单击工具栏中 打印 来打印图谱。

单击"数据处理\读取数据"来进行列表读取或光标读取,或直接单击工具栏中 光标读取 来直接进行光标读取。

单击"数据处理\峰值检出"或直接单击工具栏中 峰值检索 来进行峰值检出。

3.退出系统与关机

样品测试结束后,单击"文件\退出系统"或直接单击右上角的关闭按钮退出红外操作系统。

分别关闭控制开关,红外主机与计算机。

二、维护

1.经常检查仪器存放地点的温度、湿度是否在规定范围内。一般要求实验室装置空调和除湿机。即使仪器不用,也应每周开机至少两次,每次半天,同时开除湿机除湿。特别是梅雨季节,最好能每天开除湿机。

2.仪器中所有的光学元件都无保护层,绝对禁止用任何东西擦拭镜面,镜面若有积灰,应用洗耳球吹。

3.仪器不使用时用软布遮盖整台机器。长期不用,再用时需先对其性能进行全面检查。

4.能斯特灯有一定的使用寿命,要控制时间,不要随意开启和关闭,实验结束时要立即关闭。能斯特灯的机械性能差,容易损坏,因此在安装时要小心,不能用力过大,工作时要避免被硬物撞击。

5.硅碳棒容易被折断,要避免碰撞。硅碳棒在工作时,温度可达1400 ℃,要注意水冷或风冷。

6.使用后的样品池应及时清洗,干燥后存放于干燥器中。

三、故障及排除

1.故障:开机后光源不亮。

原因:光强度减弱。

处置:更换保险丝。

2.故障:光强度减弱。

原因:①硅碳棒长期使用电阻大。②电柱两端接触不良。

处置:①改变光源电压,以增加交流,提高光强度。若无效,需要更换,更换时让光源处于冷却状态。②略拧紧两端螺丝。

3.故障:能量减低。

原因:检测器连续使用时间过长或受震动而损坏。

处置:更换检测器。

参 考 文 献

[1] 中华人民共和国国家标准 GB/T 5462—2003,GB/T 534—2002,GB 4615—1984

[2] 头孢拉定.书页号:182,中国药典 2000 版二部

[3] 黄一石.仪器分析.北京:化学工业出版社,2002

[4] 黄一石.仪器分析技术.北京:化学工业出版社,2000

[5] 杨守祥.现代仪器分析教程.北京:化学工业出版社,2009

[6] 陈集,朱鹏飞.北京:化学工业出版社,2010

[7] 曹国庆,钟彤.北京:化学工业出版社,2009

[8] 陈培榕,邓勃.现代仪器分析实验与技术.北京:清华大学出版社,1999

[9] 梁述忠.仪器分析.北京:化学工业出版社,1998

[10] 刘珍.化验员读本.北京:化学工业出版社,1998

[11] 张剑荣等.仪器分析实验.北京:科学出版社,1999

[12] 董惠茹.仪器分析.北京:化学工业出版社,2000

[13] 刘瑞雪.化验员习题集.北京:化学工业出版社,1999

[14] 施荫玉,冯亚菲.仪器分析解题指南与习题.北京:高等教育出版社,1996

[15] 汪尔康.21 世纪分析化学.北京:科学出版社,1999

[16] 朱良漪.分析仪器手册.北京:化学工业出版社,1997

[17] 朱明华.仪器分析.北京:高等教育出版社,1993

[18] 杜廷发.现代仪器分析.北京:国防科技大学出版社,1994

[19] 穆华荣.分析仪器维护.北京:化学工业出版社,2000

[20] 陈允魁.仪器分析.上海:上海交通大学出版社,1992

[21] 钱晓荣,郁桂云主编.仪器分析实验教程.上海:华东理工大学出版社,2009

[22] 白玲等.仪器分析实验.北京:化学工业出版社,2010

[23] 王亦军,吕海涛.仪器分析实验.北京:化学工业出版社,2009